Accounting for Pollution Generation and Discharge
of Industrial Pollution Sources

“十四五”国家重点出版物
出版规划项目

Accounting for Pollution Generation and Discharge of Industrial Pollution Sources

工业污染源产排污核算

乔琦 白璐 张玥 等著

化学工业出版社
·北京·

内容简介

本书以工业污染源产排污行为及其量化方法为主线，主要介绍了当前我国工业生产与污染物产生排放的主要规律，产排污核算模型及产排污系数的建立原理和方法、应用案例，借助平台化手段实现系数量化的路径以及系数的应用前景等内容，旨在为多样化的工业生产与治理过程提供覆盖面更广、准确度更高的污染物产排量的获取手段。

本书较详尽地介绍了工业污染源产排污核算的背景、进展、理论基础和方法原理及应用案例，具有较强的针对性和参考价值，可供从事工业污染源控制与管理等的工程技术人员、科研人员和管理人员参考，也供高等学校环境科学与工程、生态工程及相关专业师生参阅。

图书在版编目（CIP）数据

工业污染源产排污核算/乔琦等著. --北京：化学工业出版社，2024.4
（工业污染源控制与管理丛书）
ISBN 978-7-122-44755-5

Ⅰ.①工… Ⅱ.①乔… Ⅲ.①工业污染源-排污-环境工程-会计方法-中国 Ⅳ.①X501

中国国家版本馆CIP数据核字（2024）第009933号

责任编辑：刘兴春 刘 婧 卢萌萌　　文字编辑：郭丽芹
责任校对：王 静　　装帧设计：王晓宇

出版发行：化学工业出版社
（北京市东城区青年湖南街13号 邮政编码100011）
印 装：北京建宏印刷有限公司
787mm×1092mm 1/16 印张18¼ 彩插2 字数380千字
2025年1月北京第1版第1次印刷

购书咨询：010-64518888　　售后服务：010-64518899
网 址：http://www.cip.com.cn
凡购买本书，如有缺损质量问题，本社销售中心负责调换。

定 价：138.00元　

《工业污染源控制与管理丛书》

编 委 会

顾　　　问：郝吉明　曲久辉　段　宁　席北斗　曹宏斌

编委会主任：乔　琦

编委会副主任：白　璐　刘景洋　李艳萍　谢明辉

编委成员（按姓氏笔画排序）：

白　璐　司菲斐　毕莹莹　吕江南　乔　琦　刘　静
刘丹丹　刘景洋　许　文　孙园园　孙启宏　孙晓明
李泽莹　李艳萍　李雪迎　宋晓聪　张　玥　张　昕
欧阳朝斌　周杰甫　周潇云　赵若楠　钟琴道　段华波
姚　扬　黄秋鑫　谢明辉

《工业污染源产排污核算》

著 者 名 单

著　　　者：乔　琦　白　璐　张　玥　刘景洋　李雪迎　周潇云
赵若楠　许　文　刘丹丹　孙园园

前言
PREFACE

污染物排放量是确定排污主体环境责任的重要依据，污染源产排污核算是以排污许可为核心的污染源环境管理制度的重要支撑技术。各类污染源中，工业污染源影响范围广、涉及对象多、产排污环节复杂、污染物产排量获取难度大，一直是研究和关注的重点。而工业污染源产排污数据的获取是工业污染防治管理体系的基础性工作，对掌握我国工业污染源的数量、行业和地区分布情况，以及制定相关的环境管理政策具有重要意义。

目前我国环境统计制度中工业污染源的产排污数据主要通过监测法、系数法和物料衡算法获得。其中，系数法主要源于在无法直接通过测量手段获取污染物排放量的情况下对排放量估算的需求。系数法能同时核算污染物产生量与排放量，并具备简单易懂、使用便捷和覆盖面广的特点，是目前工业污染物产排量核算中覆盖范围最广的方法，也为日常环境管理工作中量化各类排污主体环境责任、加强污染源监管、支持排污许可和环境统计等工作提供了重要的技术支撑。

本书从工业污染源的特征刻画视角出发，通过对工业生产基本代谢过程、污染来源及代谢途径辨识，深度挖掘和揭示更多工业生产活动与污染物产生和排放之间的联系，采用系统结构建模方法，开发了符合我国多元化工业生产现状的、具有高度适用性的可组合式模块化产排污核算模型。为了更加符合污染源实际排放状况，在对治理效率影响因素进行分析的基础上提出了采用污染治理设施和运行管理水平双因素法量化污染物去除率的技术思路。为提升产排污量化方法的精确性，采用统计学方法构建了参数量化及优化修正技术。本书所提出的工业污染源产排污核算研究思路和方法，是对工业污染源管理理论和研究方法的拓展和深化，有利于准确、全面和高效地刻画我国不同生产要素影响下工业污染源产排污特征，为实现工业污染的减排、优化产业结构、提高环境管理能力提供科学依据。

本书主要由乔琦、白璐、张玥、刘景洋、李雪迎、周潇云、赵若楠、许文、刘丹丹、孙园园等人著。全书分9章，其中第1章由周潇云、李雪迎等撰写；第2章由刘丹丹、孙园园、白璐等撰写；第3章由乔琦、白璐、刘景洋、李雪迎撰写；第4章由白璐、乔琦、刘景洋、张玥撰写；第5章由白璐、张玥撰写；第6章由张玥、乔琦、白璐、李雪迎撰写；第7章由李雪迎、张玥、刘丹丹撰写；第8章由张玥、乔琦、孙园园撰写；第9章由许文、白璐、张玥、周潇云等撰写；第10章由白璐、赵若楠、乔琦等撰写。全书最后由乔琦、白璐、张玥统稿并定稿。在此一并感谢本书撰写过程中予以帮助和支持的贾岩、孟立红、郭玺云等人。

限于著者水平及撰写时间，书中难免存在不足和疏漏之处，敬请读者提出修改建议。

著者

2023年6月

目录
CONTENTS

第 1 章
绪论

- 中国工业发展现状
- 工业污染源管理现状

1.1 中国工业发展现状

1.1.1 工业发展历程

当今中国已成为世界第二大经济体和世界上具有重要国际影响力的国家之一，2020年国内生产总值达到101.6万亿元。根据世界知识产权组织（WIPO）与美国康奈尔大学、欧洲工商管理学院和全球创新指数知识伙伴于2020年联合发布的信息，在131个经济体中，我国创新排名第14位，创新输入排名第26位，创新输出排名第6位，在37个中等收入经济体中排名第一。世界经济论坛发布的《2020年全球竞争力报告》中也肯定了中国在鼓励企业多样性、公平性、包容性，以及应对第四次工业革命和反垄断政策方面做出的努力。经济实力的腾飞离不开新中国成立以来工业现代化的重要决策。我国历经艰难困苦，从农业国成为如今的制造大国，正向制造强国进发。

新中国成立初期，我国工业基础十分薄弱，开启了全面建设社会主义工业的阶段。为了实现国民经济发展，自1953年起，我国每五年制定一次计（规）划，即国民经济和社会发展五年计（规）划纲要，对国家重大建设项目、生产力分布和国民经济重要比例关系等做出规划，为国民经济发展远景规定目标和方向。

20世纪中期至后期，西欧和北美等西方现代化先行国家已经进入第三次工业革命，电气技术开始广泛应用，以微电子、计算机为主要应用技术，工业产品量激增，工业现代化趋势波及全球，东亚地区尤为强劲。相比之下，我国工业还处在起步阶段，差距显著。

为了尽快发展工业，我国在苏联的156个项目支持下引进先进技术，优先发展重工业和国防工业，在较短时间内建立了自己的工业体系框架，为发展国防工业打下了基础。“一五”计划结束后，我国建成了位于东北等地的8个工业基地，工业生产能力增强，煤、钢、纱、布等重要工业产品生产量获得较大提升。1964年，我国进行工业迁移的“三线建设”，在国防、科技、工业和交通方面重点发展生产，补充了我国西部的工业建设能力，这也为后来其他工业企业发展储备了技术人才。

1978年，十一届三中全会提出了把全党的工作重点转移到社会主义现代化建设上来的决策，揭开了改革开放的序幕，开始推行社会主义市场经济体制。根据《国务院关于深化企业改革增强企业活力的若干规定》，“推行多种形式的经营承包责任制，给经营者以充分的经营自主权”，改变了一直以来大中小企业生产资料公有制的状态，改革的春风吸引了大量资金和企业家投资工商业。特别是在我国南方，出现了“外资”、“民企”和“三来一补”等富有时代特色的工业活动。我国从发达国家大规模引进技术，1978 ～ 1979年我国签订项目的协议金额达79.9亿美元。通过引进技术，使机械工业、汽车工业、电器制造等方面的生产技术水平快速发展，工业蓬勃发展，三产结构改善，同时我国还建立了石油化工、无线电、化纤等新兴工业部门。1992年，我国工业增加值突破1万亿元。

1995年5月，党中央准确分析科技发展趋势和国内外形势，做出关于加速科学技术进步的决定，确定实施科教兴国战略。通过不断学习和引进国外先进技术，加强基础研究工作以及积极推动信息化带动工业化，我国自主研究开发能力显著提高，1999年我国第一艘无人试验飞船神舟一号成功发射、"神威"计算机问世，工业的整体水平进一步提升。

2002年，党的十六大报告首次提出了新型工业化道路，即坚持以信息化带动工业化，以工业化促进信息化,走出一条科技含量高、经济效益好、资源消耗低、环境污染少、人力资源优势得到充分发挥的新型工业化道路。在此后的工业发展中，将信息化进一步丰富为智能化，并坚持人与自然、经济、社会之间的和谐发展。2010年，《国务院关于加快培育和发展战略性新兴产业的决定》提出，要重点发展七大战略性新兴产业，在节能环保、信息技术、生物产业、高端装备制造、新能源汽车等领域强化科技创新，提高整体水平，促进前沿技术研发和能力建设，鼓励成果转化和应用，积极培育市场环境，在国际合作和财税金融方面也给予了支持。

2015年，国务院印发《中国制造2025》，推动互联网、大数据、人工智能和实体经济深度融合。同年还提出了供给侧结构性改革的决策，并坚持深化改革，促进高质量发展，全力打造国家核心竞争力。2017年，国务院印发《关于深化"互联网+先进制造业"发展工业互联网的指导意见》，布局构建数字驱动的工业新生态。国家在发展创新科技、调整能源决策的同时注重监管生产安全环保理念。从国家层面调整工业产品生产许可证管理名录，将其中涉及安全、健康、环保的，规定为强制性产品认证管理，要求加强事中事后监管。为配合碳达峰、碳中和工作，工业行业低碳、智能产品产量高速增长，在减少能源消耗和二氧化碳排放中贡献卓越力量。据统计，2020年我国工业增加值达313071.1亿元，2021年第一季度规模以上高技术制造业、装备制造业增加值同比分别增长31.2%和39.9%。我国现代工业正在生态环境目标和经济社会发展的要求下不断增长新动能。

目前，我国已建成门类齐全、独立完整的现代工业体系，拥有41个工业大类，666个工业小类，工业经济规模跃居全球首位。

1.1.2 工业结构及行业分类

工业生产分类方式诸多，鉴于不同的研究或管理目标，可按照投入方式分为资源密集型、劳动密集型、资本密集型或技术密集型；或按照产品性质分为轻工业、重工业、化学工业；或按照生产对象的类别划分为采矿业，制造业，电力、热力、燃气及水生产和供应业[即《国民经济行业分类》（GB/T 4754—2017）中的门类划分]。按照生产过程的加工方式，工业生产还可分为流程型和离散型。

我国工业生产的分类方式见图1-1。

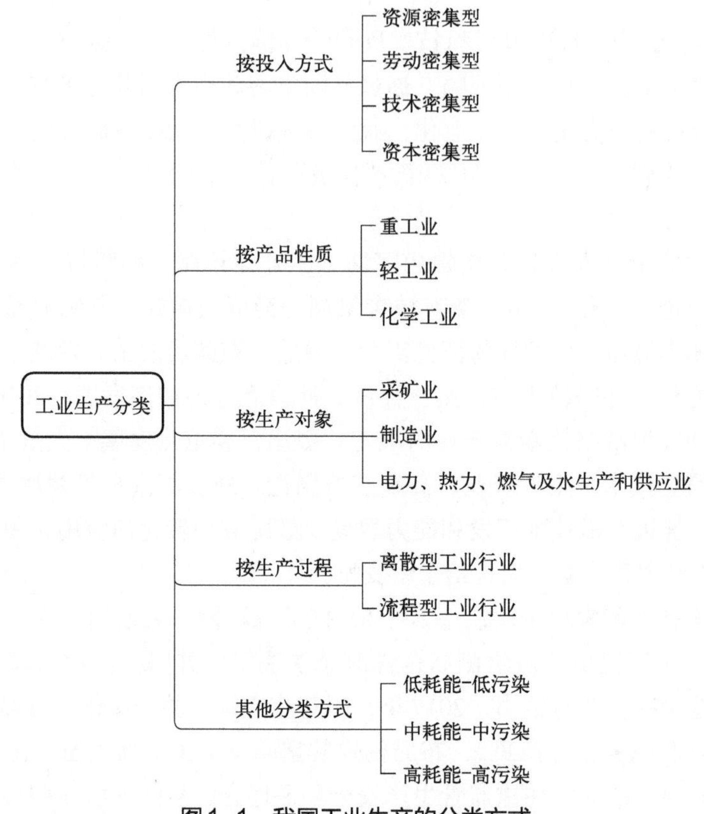

图1-1　我国工业生产的分类方式

1.1.2.1　按投入方式分

按照主要生产要素投入分为资源密集型工业、劳动密集型工业、资本密集型工业和技术密集型工业。

（1）资源密集型

在生产要素的投入中需要使用较多的土地等自然资源。土地资源作为一种生产要素包括土地、原始森林、江河湖海和各种矿产资源。传统工业化模式下，虽然生产力获得较大发展，创造了巨大财富，但对资源环境的不合理开发和使用，也使人们付出了沉重代价。目前我国资源密集型工业生产主要集中分布在矿产采掘业，如煤矿、石油、天然气和金属矿产的开采等。

（2）劳动密集型

生产活动主要依靠大量使用劳动力，而对技术和设备的依赖程度较低。其衡量的标准是在生产成本中工资和设备折旧与研究开发支出相比所占比重较大。劳动密集型生产活动属于低附加值的生产活动，其增值能力有限。一般情况下需要大量消耗资源（包括土地资源、生物资源及矿产资源）。

目前我国低附加值的劳动密集型工业生产主要集中分布在以下行业：

① 服装纺织业（如皮革、羽毛羽绒制品、纺纱纺织、鞋帽服装加工等）；

② 食品加工业（如奶粉、饮料、矿泉水、方便面、包装食品、鸡鸭牛羊肉加工等）；

③ 文教体育用品制造业（如球类、鞋类、服装类、体育器材类等）；

④ 金属制品加工业（如五金加工、门窗桌椅加工、锅碗瓢盆加工等）；

⑤ 仪器仪表及文化办公用机械制造业；

⑥ 游乐设施及玩具制造业（如景区设施、KTV娱乐设施、塑料玩具、毛绒玩具制造等）；

⑦ 木材石料加工业（如家具制造业、陶土石材加工、木竹藤棕草制品加工等）。

（3）技术密集型（也称“智力密集型”）

以知识智力资本为主要生产要素，高度依赖知识智力成果，大量聚集知识智力型员工，主要提供以智力、知识、技术、经验、信息、技能为核心生产要素产品和服务的生产活动，介于劳动密集型和资金密集型之间。在工业生产中，一般指知识密集型制造业（或“技术密集型制造业”），是依靠和运用先进、复杂的科学技术知识、手段进行的生产活动。其特点是设备、生产工艺等建立在最先进的科学技术基础上；科技人员在职工中的比重大，劳动生产率高；产品技术性能复杂，更新换代迅速。

目前我国知识密集型制造类企业主要集中分布在以下行业：

① 核工业；

② 航空航天工业；

③ 生物科技，如基因工程、克隆技术、生化工程、制药工程等；

④ 新材料开发，如纳米技术、半导体材料、超导材料、航空材料等；

⑤ 电子计算机工业，如工业计算机、个人电脑等；

⑥ 电子通信设备制造，如通信基站、程控交换机、信号发射接收设备等；

⑦ 机器人工业，如工业机器人、民用机器人等；

⑧ 微电子与信息产品制造，如微波技术、系统集成、自动检测等；

⑨ 交通工具制造，如飞机、火车、汽车、轮船、水下作业设备；

⑩ 节能设备制造，如废液废气处理设备、垃圾焚烧处理设备、污染检测设备等。

（4）资本密集型（又称“资金密集型”）

需要较多资本投入，在其生产过程中劳动、知识的有机构成水平较低，资本的有机构成水平较高，产品物化劳动所占比重较大的生产活动。资本密集型工业主要分布在基础工业和重加工业，一般被看作发展国民经济、实现工业化的重要基础。

目前我国资本密集型制造类企业主要集中分布在以下行业：

① 钢铁冶金（如炼钢厂、轧钢厂、冶炼厂）；

② 交通运输设备制造（如汽车制造、机车制造、飞机制造等）；

③ 石油化工（如炼油厂、炼化厂等）；

④ 重型机械制造业（如矿山机械、路桥机械、起重盾构机械、锻压冲轧机床、农林机械等）；

⑤ 武器装备制造（如各类军工武器制造）；

⑥ 电力工业（如水电、火电、风电、核电、电网架设、电能传送等）；

⑦ 一般电子与通信设备制造业等。

1.1.2.2 按产品性质分

按照产品性质即产品的体积大小分为重工业和轻工业。由于近代工业发展中化学工业的作用越来越强大，化学工业单独作为一类，通常我们习惯上将重工业与化学工业合并，称为重化工业。

（1）重工业

为国民经济各部门提供物质技术基础的主要生产资料的工业。指从事自然资源的开采，对采掘品和农产品进行加工和再加工的物质生产部门。具体包括：对自然资源的开采，如采矿等；对采掘品的加工、再加工，如炼铁、炼钢、石油加工、机器制造等，以及电力、煤气的生产和供应等；对重工业品的修理、翻新，如机器设备、交通运输工具的修理等。

重工业又可进一步划分为：

① 重工业采掘工业，是指对自然资源的开采，包括石油开采、天然气开采、煤炭开采、金属矿开采、非金属矿开采和木材采伐等工业。

② 重工业原材料工业，是指向国民经济各部门提供基本材料、动力和燃料的工业。包括黑色金属和有色金属冶炼及加工，炼焦及焦炭、水泥、人造板以及石油和煤炭加工，玻璃纤维原料、锯材及人造板加工等工业。

③ 重工业加工工业（制造工业），是指对工业原材料进行再加工制造的工业。包括装备国民经济各部门的机械设备制造、电子设备制造、金属结构制造、水泥制品制造、其他建筑材料制造等工业，以及为农业提供生产资料如化肥、农药等的工业。重工业产品大部分用于生产，少部分用于生活消费，如电力、生活用煤、小轿车等。

（2）轻工业

主要指提供生活消费品和制作手工工具的工业。轻工业与日常生活息息相关，例如食品、纺织、造纸、印刷、生活用品、办公用品、文化用品、体育用品等工业部门。轻工业是城乡居民生活消费品的主要来源，按其所使用原料的不同，可分为以农产品为原料的轻工业和以非农产品为原料的轻工业两类。

① 以农产品为原料的轻工业，如棉、毛、麻、丝的纺织及缝纫，皮革及其制品，纸浆及造纸，食品加工等工业。

② 以非农产品为原料的轻工业，如日用金属、日用玻璃、日用陶瓷、火柴、生活用木制品及塑料制品等工业。

轻工业产品大部分是生产消费品，一部分作为原料和半成品用于生产，例如工业用布、纸张、盐等。

（3）化学工业

又称化学加工工业，泛指生产过程中化学方法占主要地位的过程工业。化学工业属于知识和资金密集型的行业。随着科学技术的发展，它由最初只生产纯碱、硫酸等少数几种无机产品和主要从植物中提取茜素制成染料的有机产品，逐步发展为一个多行业、多品种的生产部门，出现了一大批综合利用资源和规模大型化的化工企业。包括基本化学工业和塑料、合成纤维、橡胶、药剂、染料工业等，是利用化学反应改变物质结构、成分、形态等生产化学产品的部门。例如，无机酸、碱、盐、稀有元素、涂料等。

1.1.2.3 按生产对象分

根据《国民经济行业分类》（GB/T 4754—2017），与工业生产相关的行业包括3个门类，即B采矿业、C制造业和D电力、热力、燃气及水生产和供应业，41个行业大类（代码06～46），共计666个小类行业。

（1）采矿业（包括06～12大类）

指对固体（如煤和矿物）、液体（如原油）或气体（如天然气）等自然产生的矿物的采掘；包括地下或地上采掘、矿井的运行，以及一般在矿址或矿址附近从事的旨在加工原材料的所有辅助性工作，例如碾磨、选矿和处理，均属本类活动；还包括使原料得以销售所需的准备工作；不包括水的集蓄、净化和分配，以及地质勘查、建筑工程活动。

（2）制造业（包括13～43大类）

指经物理变化或化学变化后成为新的产品，不论是动力机械制造或手工制作，也不论产品是批发销售或零售，均视为制造；建筑物中的各种制成品、零部件的生产应视为制造，但在建筑预制品工地，把主要部件组装成桥梁、仓库设备、铁路与高架公路、升降机与电梯、管道设备、喷水设备、暖气设备、通风设备与空调设备，照明与安装电线等组装活动，以及建筑物的装置，均列为建筑活动；本门类包括机电产品的再制造，指将废旧汽车零部件、工程机械、机床等进行专业化修复的批量化生产过程，再制造的产品达到与原有新产品相同的质量和性能。

（3）电力、热力、燃气及水生产和供应业（包括44～46大类）

主要涉及电力、热力、燃气及自来水等产品的集中供应活动。

1.1.2.4 按生产过程分

（1）离散型工业行业

指企业生产的产品由多个零件装配组合而成，产品不是单一的生产加工，需要将产品的各个部分进行合理调配，实现各个环节之间的协同性。离散型生产主要发生物料物理性质（形状、组合）的变化。一般常见的离散型制造行业有机械加工、家具生产、电子元器件制造、汽车制造、家用电器生产、医疗设备生产、玩具生产等。

（2）流程型工业行业

指企业通过对原材料进行混合、分离、粉碎、加热等物理或化学方法，使原材料增值。流程型工业行业通常以批量或连续的方式进行生产。典型的流程生产行业有医药、化工、石油化工、电力、钢铁等。

1.1.2.5 其他分类方式

近年来，也有研究基于可持续发展理念，从构建资源节约型社会和环境友好型社会的角度提出了产业分类，将不同行业分为低耗能-低污染、中耗能-中污染和高耗能-高污染行业，以及低耗水-低污染、高耗水-低污染和高耗水-高污染行业。

不同分类方式也反映出工业生产活动的多样性和复杂性，而生产活动的主要特征之一就是进行大量的物质输入之后，经过一系列代谢过程，主要涉及物理和化学变化，或少量的微生物作用（如食品工业的发酵），再进行物质输出。输出的物质包括最终产品以及废弃物，即污染物。

1.1.3 工业布局

在两千多年的历史长河中，中国始终坚持着“男耕女织”的生活方式。18世纪末19世纪初，英国人瓦特改良蒸汽机，手工劳动开始向动力机器生产转变，整个欧洲大陆开始了大范围的工业革命。但当时受封建思想束缚，闭关锁国政策的推行，阻碍了中外联系，影响了中国吸收先进文化和科学技术，致使中国和世界脱轨，慢慢地落后于世界。直到19世纪中叶，一场鸦片战争，列强的坚船利炮冲开了清政府闭关自守的大门，古老的中国面临了“数千年未有之大变局”。

中国的早期工业化起源于洋务运动，以军工及相关工业为核心，1887年中国重工业的比重为30.4%。此后，中国先后经历了北洋时期民族工业的繁荣、国民政府时期国营工业的崛起、新中国初期社会主义工业的大规模建设、三线时期工业的重新布局、改革开放后工业化与城镇化的齐头并进等阶段，奠定了中国今日世界工业大国的基础，也为人类工业文明发展和社会进步提供了独特的中国样本。

新中国成立初期，中国百废待兴，党和政府把重工业作为了经济建设的重中之重，引进了苏联156项技术，迈开了新中国发展的第一步，重工业建设首先是建设钢铁、煤、电力、石油、机械制造、军事工业、有色金属及基本化学工业等，重工业优先发展奠定了我国工业化的基础。20世纪60年代，以大小三线建设为中心的地区工业布局，使中国区域工业格局实现了全方位重构，攀枝花、十堰、德阳、六盘水等30多座新工业城市横空出世，为中西部地区工业发展奠定了基础，1960年重工业占比一度达到66.6%。改革开放后，工业布局的调整成为我国经济发展的重要途径，我国开始采取倾斜式的发展，建立了沿海经济特区，把工业发展的重点放到了基础较好的沿海城市，鼓励一部分人、一部分地区先富起来，先富带动后富，随着工业化建设的推进，我国各地区形成了各具特色和优势的产业，工业布局区域特点逐步明显。

1998～2007年这十年中，工业空间分布东高西低的格局没有发生根本性的变化，以2003年为转折点呈现先向东部集聚再向中西部扩散趋势，其中向中部扩散趋势尤为明显。中国工业中小企业发展经历了20世纪90年代末的乡镇企业改革、加入世界贸易组织（WTO）后的快速发展，逐步集聚到东部沿海省区。

从2007年到2017年的十年中，我国工业布局发生了巨大变化，高技术制造业企业数量增加，采矿业和电力热力等资源能源消耗密集型行业企业数量减少。与2007年相比，2017年的工业企业数量由157.55万个增加到247.74万个，增加了90.19万个，规模以上工业企业数量由33.68万个增加到37.27万个。从行业来说，我国重点行业产能集中度提高，金属制品业、非金属矿物制品业、通用设备制造业三个行业占到全国工业企业总数的31.06%。非金属矿物制品业规模以上企业占比由2007年的7.21%增加到9.25%，增加了2.04个百分点，铁路、船舶、航空航天和其他运输设备制造业与农副食品加工业分别增加了1.29个百分点和1.23个百分点。我国产业结构持续优化升级、新旧动能加速转换的发展战略取得实效，高技术制造业和战略性新兴产业正在成为经济发展的新引擎。十年来，部分重点污染行业企业数量明显减少、产品产量增加，行业集中度和规模化提高。其中，造纸制浆、皮革鞣制、铜铅锌冶炼、炼铁炼钢、水泥制造、炼焦等行业的普查对象数量分别减少24%、36%、51%、50%、37%和62%，产品产量则相应增加61%、7%、89%、50%、71%和30%。单个企业平均产量分别提高113%、67%、288%、202%、170%和242%。重点行业产业集中度提高，产业优化升级、淘汰落后产能、严格环境准入等结构调整政策取得积极成效。

2017年，我国工业企业的数量基本上呈现由东向西逐步减少的分布态势。产业布局过于集中，广东、浙江、江苏、山东、河北五省工业企业数量占到全国总数的62.61%，广东、江苏、浙江、山东四省规模以上工业企业数量占到全国总数的45.08%，河北省规模以上工业企业数量占比仅达到3.97%。

从行业分布角度来看，我国的旧钢铁产业大多分布在老工业区，也就是原材料充足的地区，这种分布可以保证在冶炼钢铁时不会出现原材料短缺的情况，随着企业的发展，钢铁产业开始靠近消费市场、沿海地区；我国火电企业主要集中于沿海省份、西南地区和中部地区，其中重庆、淄博、杭州、郑州、济宁、无锡、滨州、榆林和泰安的火电企业相对较多；我国是水泥生产第一大国，产量居世界首位，通过优化企业布局，多家中小企业退出市场，企业数量由2010年的5114家缩减到2019年2400家左右，水泥行业的集中度提高，华东地区企业数量最多；我国铁、铜、铝等大宗金属矿产对外依存度均处于历史高位，黑色金属冶炼产业主要集中在东部沿海地区，我国金属矿产资源开发相关产业呈现向西转移的态势，以广西、贵州、陕西、吉林等省区为代表的中西部省（区）金属矿产资源采选和冶炼相关产业增长更为迅猛，远超新疆、西藏等西部资源大区；2019年广东等17个省纸及纸板产量超过100万吨，其中广东、山东、浙江、江苏四省产量占总产量的59.78%。

1.2 工业污染源管理现状

1.2.1 工业污染源

工业生产中产生对生态环境有毒有害物质的生产场所、设备、装置称为工业污染源。工业污染源主要涉及大气、水、土壤环境污染，还会产生工业固体废物及噪声、电磁辐射、放射性污染等。

从存在形式看，工业污染源主要是固定污染源。例如，固定工艺环节的排放。

从排放方式看，工业污染源主要有点源、面源、高架源等。例如，固定出口排放污水、雨水径流进入土壤、高空烟囱排放等。

从排放时间看，工业污染源主要有连续源、间断源和瞬间源。例如，连续生产排出污染物、取暖锅炉烟囱排气以及工厂突发事故造成的排放等。

1.2.2 我国工业污染源管理制度

随着工业现代化发展，我国对工业污染环境影响的认识不断深入，工业污染源管理制度持续更新，具体体现在政策发展演变历程中。

新中国成立初期，我国工业建设处于启蒙阶段。尽管国家发布了一些环境保护法规，但更多的是对卫生环境的考虑。20世纪70年代，我国工业技术水平随着技术引进而提高，但“三废”并未能有效管理，污染程度加重，自然环境遭到破坏，引起国家层面重视。1973年8月召开第一次全国环境保护会议，通过了法律文件《关于保护和改善环境的若干规定（试行草案）》，其中第二章工业要合理布局对工业厂址提出要注意到环境的保护。排放有毒废气、废水的企业，不得设在城镇的上风向和水源上游。并在第八章认真开展环境监测工作中规定工业领域“要指定有关机构或设置专职人员，负责本单位、本行业的监测工作”。1979年9月颁布我国第一部环境法《中华人民共和国环境保护法（试行）》，明确规定环境影响评价、“三同时”和排污收费等基本制度。1983年12月召开的第二次全国环境保护会议上将环境保护确立为基本国策。在这一时期，我国确立了环境保护管理的三大政策和八项管理制度。实践证明这些政策和制度对我国的污染防治和环境质量改善是行之有效的，为后续环境管理打下了基础。

改革开放以来，中国实现了持续高速的经济增长，工业化水平大幅提升，伴随而来的工业污染成为制约我国经济高质量发展的重要因素。为了保护和改善生态环境状况，1989年12月，全国人大常委会正式出台了《中华人民共和国环境保护法》。1990年，《国务院关于进一步加强环境保护工作的决定》强调“依法采取有效措施防治工业污染”“按照城市性质、环境条件和功能分区，合理调整工业结构和建设布局”。这段时期出台了《征收排污费暂行办法》等法律，陆续颁布了污染防治单项法律和标准，补充完善三大政策和八项管理制度。20世纪90年代，我国将可持续发展战略确立为我国国家战略，环境管理部门升级为国家环境保护总局（正部级）。

进入21世纪，我国经济高速增长，重化工业加快发展给我国生态环境带来前所未有的压力。党的十六届五中全会首次把建设资源节约型和环境友好型社会确定为国民经济与社会发展中长期规划的一项战略任务。在此背景下，我国对污染物排放实行总量控制，以排污收费等方式促使工业生产污染减少排放。2008年成立环境保护部。为适应新形势，再次启动修订《大气污染防治法》《水污染防治法》等法律法规，并出台《放射性污染防治法》《环境影响评价法》《清洁生产促进法》《循环经济促进法》等，对工业生产方式和排放管理提出进一步要求。

“十三五”期间，围绕全面建成小康社会目标建设，我国环境目标考核从强调主要污染物总量减排调整为以改善环境质量为核心，进一步加强污染防治攻坚战和蓝天保卫战的考核体系建设。王金南院士指出，2016年以后，我国的环境保护目标责任体系建构引入生态文明建设综合评价考核和中央环保督察制度，通过建立领导干部生态环境损害终身追责制度和生态环境保护督查制度来落实“党政同责、一岗双责”。在《环境保护法》基础上，我国环境保护法律体系建设逐步完善。《环境保护税法》于2018年出台，代替了原有的排污收费政策，是国际上第一个专门以环境保护为主要政策目标的环境保护税。修订完成和出台大气、水、噪声、土壤等多部单行法，助力新形势下污染防治工作。具体来看，这些法律法规提出，相关工业污染源排放应当拥有排污许可（除《噪声污染防治法》外），对工业污染综合防治提出措施，规范各级生态环境部门监测职责，对监测污染物种类和数据管理提出要求，当地环境管理部门和税务部门依据监测信息对工业污染物排污单位依法进行排污许可信息申报、缴纳环境保护税。由此，以环境影响评价、排污许可、企业环境信息公开、生态环境损害赔偿制度为抓手，落实以排污许可制为核心的固定污染源监管制度，使企业参与到现代环境治理体系中来，在履行生态环境责任方面发挥治理主体功能。

为了解工业污染物排放情况，判断工业生产对环境的影响，科学制定针对性的环境政策，环境管理部门利用环境统计和污染源普查等方式，掌握工业污染情况数据。环境统计基于环境统计指标体系，由环境管理部门组织统计当地主要工业污染与防治数据。依法进行10年一次的全国污染源普查，普查结果为环境管理部门提供了各类工业生产活动相关的环境基本信息，以及工业企业排放的主要污染物和敏感污染物的活动水平等。普查结果对准确判断我国当前环境形势，制定实施有针对性的经济社会发展和环境保护政策、规划，不断改善环境质量，加快推进生态文明建设，补齐全面建成小康社会的生态环境短板具有重要意义。

1.2.3 工业污染源排放量的统计方法

工业污染源因影响范围广、涉及对象多、产排污环节复杂，一直是重要的环境监管对象。目前我国环境统计制度中工业污染源的排放量主要通过实测法、系数法（产排污系数法）、物料衡算法和类比法获得。

（1）实测法

利用企业实测数据（自动在线监测数据、监督性监测数据、企业自测数据）进行排污量核算的方法。

（2）系数法（产排污系数法）

利用不同产排污影响因素条件下行业单位产品（原料）污染物产生量，以及行业末端治理技术收集效率、处理效率、运行率进行排污量核算的方法。

（3）物料衡算法

根据物质质量守恒原理，通过对生产过程中的物料投入、消耗、产出情况定量分析获得产排污量的方法。

（4）类比法

通过类比产品、原料、生产工艺、规模及污染物产生排放情况相似的其他工段/工艺系数组合或企业得到本工段/工艺、企业污染物产生量和排放量的方法。

1.2.4　工业污染源产排污核算的研究意义

工业污染源由于其影响范围广、涉及对象多、产排污环节复杂，是最主要的污染源，长期以来是环境管理的重点研究对象，工业污染源达标排放是环境管理的主要目标和基本追求。目前，我国在工业污染源管理方面，运用现代治理手段，完善环境评价和总量控制制度，注重过程监管，采用以排污许可制度为核心的管理方式，力争对所有固定污染源的管理实现全覆盖。在对工业污染源管理做到技术与经济可行的同时，也应对污染控制排放做到约束有力。

污染物的产生量和排放量是排污许可证制度等环境管理工作中进行污染源排污监管的重要控制指标，是客观评价环境形势、预测环境质量的变化趋势、调整和优化环境战略、落实环境保护规划目标、保证约束性指标减排目标的评价具有可比性和科学性的重要工具。由于对污染源绝对排放水平的掌握不足、对污染源相对排放绩效不够清晰、对环境质量改善目标下反推污染源排放的要求难以明确，使得现有制度仍难实现对工业源“全天候”达标排放的约束，也导致我国在大多数情况下实施环境质量改善管理时不得不采用“经验式、神经网络式、灰箱式”的“非机理式”的调控。污染物排放量核算是准确获取污染物排放量的重要技术手段，建立科学规范的污染物产排量核算技术方法体系十分迫切和必要。

参考文献

[1] 世界知识产权组织. 2020年度全球创新指数报告[EB/OL]. https://www.wipo.int/edocs/pubdocs/en/wipo_pub_gii_2020/cn.pdf.

[2] 章志萍.《2020年全球竞争力报告》：如何有效促进全球经济转型[N]. 社会科学报，2021-01-21(007).

[3] 霍尔沃德-德里梅尔，纳亚尔. 不断变化的全球制造业格局：12个事实[J]. 中国经济报告，2018, 102(04): 68-71.

[4] 何传启. 现代工业的新前沿——中国现代化报告2014～2015: 工业现代化研究综述[C]. 北京：科学出版社，2020: 72-73.

[5] 张国宝. 新中国工业的三大里程碑：苏联援建、三线建设及大规模技术引进[J]. 中国经济周刊，2014(7): 53-55.

[6] 李金华. 新中国70年工业发展脉络，历史贡献及其经验启示[J]. 改革，2019(04): 5-15.

[7] 楠玉，刘霞辉. 中国区域增长动力差异与持续稳定增长[J]. 经济学动态，2017(03): 86-96.

[8] 经济日报. 我国已建成门类齐全现代工业体系[EB/OL]. (2019-09-22). https://www.gov.cn/xinwen/2019-09/22/content_5432064.htm.

[9] 徐祥民. 中国环境法的雏形——《关于保护和改善环境的若干规定(试行草案)》的历史地位[EB/OL]. (2020-08-22). https://cserl.chinalaw.org.cn/portal/article/index/id/517/cid/25.html.

[10] 国务院. 国务院关于进一步加强环境保护工作的决定[EB/OL]. (1990-12-05). https://www.mee.gov.cn/zcwj/gwywj/201811/t20181129_676353.shtml.

[11] 曲格平. 中国环境保护四十年回顾及思考[J]. 环境保护，2013.

[12] 王金南，董战峰，蒋洪强，等. 中国环境保护战略政策70年历史变迁与改革方向[J]. 环境科学研究，2019,32(10):1636-1644.

[13] 王灿发. 从淮河治污看我国跨行政区水污染防治的经验和教训[J]. 环境保护，2007(14): 30-35.

[14] 吕忠梅，吴一冉. 中国环境法治七十年：从历史走向未来[J]. 中国法律评论，2019(05): 102-123.

[15] 吴鹏，排污许可专家谈（二）丨全面启动固定污染源清理整顿，力促实现排污许可“全覆盖”目标[EB/OL]. (2020-03-25). https://www.mee.gov.cn/ywgz/pwxkgl/gldt/202003/t20200325_770560.shtml.

[16] 李晓亮，葛察忠. 我国工业污染源环境管理制度改革思路与方向探析[J]. 环境保护，2018,46(07): 39-43.

[17] 王金南，蒋春来，张文静. 关于“十三五”污染物排放总量控制制度改革的思考[J]. 环境保护，2015, 43(21): 21-24.

[18] 董战峰，葛察忠，贾真，等. 国家“十四五”生态环境政策改革重点与创新路径研究[J]. 生态经济，2020,36(08):13-19.

[19] 张楠. 后金融危机时代我国产业结构调整研究[D]. 重庆：重庆交通大学，2011.

[20] 赵国鸿. “重化工业化”之辨与我国当前的产业政策导向[J]. 宏观经济研究，2005(10): 3-6,40.

[21] 中华人民共和国国家质量监督检验检疫总局，中国国家标准化管理委员会. 国民经济行业分类: GB/T 4754—2017[S]. 北京：中国标准出版社，2017.

[22] 管汉晖，刘冲，辛星. 中国的工业化：过去与现在(1887—2017)[J]. 经济学报，2020, 7(03): 202-238.

[23] 王军，杜莹，张子涵. 我国工业空间格局演化的脉络特征与启示[J]. 中国名城，2019(05): 75-82.

[24] 史丹. 中国工业70年发展与战略演进[J]. 现代企业，2019(10): 4-5.

[25] 洪俊杰，刘志强，黄薇. 区域振兴战略与中国工业空间结构变动——对中国工业企业调查数据的实证分析[J]. 经济研究，2014, 49(08): 28-40.

[26] 宋周莺，刘卫东. 中国工业中小企业省区分布及其影响因素[J]. 地理研究，2013, 32(12): 2233-2243.

[27] 王金南. 我国生态环保工作取得积极进展[N]. 中国环境报，2020-06-15(003).

[28] 董雅君. 对我国钢铁产业布局政策的探讨[J]. 冶金管理，2019(23): 110, 112.

[29] 周颖，蔡博锋，刘兰翠，等. 我国火电行业二氧化碳排放空间分布研究[J]. 热力发电，2011, 40(10): 1-3, 7.

[30] 易继宁，郭佳，靳松，等. 我国金属矿产资源产业转移态势的产业梯度系数视角分析[J]. 现代矿业，2019, 35(07): 1-5, 28.

第2章 工业污染源产排污系数研究进展

- 国外研究进展
- 我国产排污系数制修订历程和研究进展
- 国内外产排污系数体系比较

工业污染源产排污系数具有表达方式直观、使用便捷和覆盖面广等特点，既可以合理、准确地量化污染物产生量、排放量，又能够满足实施排污许可、污染物排放总量控制和环境税征收排污权交易等工作需求，在持续为各项环境管理制度提供科学依据，以及在环境影响评价源强核算、污染排放清单编制、区域污染物排放量核算等方面起到重要支撑作用。

2.1 国外研究进展

2.1.1 基本概念和内涵

国外在产排污系数的研究方面以研究排放系数为主。排放系数是指单位强度下某项活动的污染物排放量。以燃煤锅炉为例，锅炉燃煤导致SO_2排放，燃煤锅炉每消耗1t煤排放的SO_2量，即为燃煤锅炉SO_2的排放系数。国外与产排污系数概念相对应的表达为排放系数或排放因子（emission factor）。排放系数主要源于在无法直接通过测量手段获取污染物排放量的情况下对排放量估算的需求。国内在涉及机动车尾气排放的研究时一般将其译为“排放因子”。

20世纪80年代以来，环境问题日趋严峻，世界各国对环境管理工具和方法的需求也越来越大，继美国之后，联合国、欧盟等组织机构及其他发达国家也纷纷开展了利用系数法进行排放量估算的研究，发布了很多系统化的系数手册。例如，欧盟最佳可得技术参考文件（BAT reference documents，BREFs）、IPCC国家温室气体清单指南[政府间气候变化专门委员会（IPCC）发布]、EMEP/CORINAIR空气污染物排放清单指南（欧洲环境署发布）、UNDP/UN DESA排放清单手册（联合国开发计划署和联合国经济社会事务部发布）、全球空气污染物排放清单手册（全球空气污染论坛发布）、澳大利亚的国家污染物排放清单（National Pollutant Inventory，NPI）等。迄今为止，排放系数已经成为多个国家和地区、行业和机构估算和预测污染物排放量、建立污染物排放模型、制定污染物排放清单的基础性工具。

2.1.2 代表性国家和地区的产排污核算体系

2.1.2.1 美国

对排污系数的研究最早起源于20世纪60年代末期的美国，其用于估算空气污染源污染物的排放量，建立污染物排放清单（emission inventory），并于1972年由美国环境保护署（US EPA）修订并出版了《空气污染物排放系数汇编》（*Compilation of Air Pollutant Emission Factors*），俗称“AP-42”。长久以来AP-42一直作为美国空气质量管理的主要工具。在接下来的数十年间，随着排污系数在各个领域的充分应用，US EPA也不断对原有数据进行更新修订，最后一次全面修改的AP-42（第五版）中提供了绝大多数工业行业的固定源和面源的排污系数，从分类来看，既包括典型高污染行业，也包括特定的污染源，共分15大类，如表2-1所列。从涉及的污染源排放的污染物指标来看，全部为空气污染物，共分为6大类，如表2-2所列。其中有害大气污染物（hazardous air pollutants，HAPs）统一采用《国家环境空气质量标准》（*National Ambient Air Quality Standards*，NAAQS）和《清洁空气法修正案》（1990）中指定的污染物。

表2-1　AP-42中涵盖的行业和污染源分类

典型行业	特定的污染源
石油工业、有机化学工业、无机化学工业、粮食和农业、木制品制造业、矿产加工业、冶金工业、固体废弃物处置行业	燃烧源、固定内燃烧源、蒸发损耗源、混合源、生物温室气体源、军事爆炸源、液体储藏罐

资料来源：US EPA，*Compilation of Air Pollutant Emission Factors* (the 5th edition)。

表2-2　AP-42中所有污染物指标

种类	颗粒物	有机化合物	SO_2	NO_x	铅	有毒有害及其他非标污染物
污染物指标	PM_{10}、PM_x、TSP、PP、SP、FP、CP等	TOC、CH_4、乙烷、VOCs、其他		NO、NO_2、N_2O等		HAPs、其他非标污染物

资料来源：US EPA，*Compilation of Air Pollutant Emission Factors* (the 5th edition)。

从给出的排污系数形式来看，AP-42对于每一个排污系数，都会根据数据的质量、代表性以及在开发系数时所采用的检测方法的可靠性，给出一个相应的等级，分别用A、B、C、D、E来标识，其中A表示最好，B、C、D、E依次递减。这种分级，虽然只是一个近似分级，在很大程度上只是开发者从数据的可靠性上给出的主观专业判断，并不代表统计误差界限或置信区间，但却可以为系数使用者提供一个数据质量参考。以AP-42第一章烟煤和亚烟煤燃烧活动的排污系数为例，给出的排污系数如表2-3所列。

表2-3　AP-42中烟煤和亚烟煤燃烧排污系数

燃烧条件	SO_x		CO	
	排污系数/（lb[①]/t）	系数等级	排污系数/（lb/t）	系数等级
旋风炉，烟煤	38*S*	A	0.5	A
旋风炉，亚烟煤	35*S*	A	0.5	A
抛煤机炉排，烟煤	38*S*	B	5	A
抛煤机炉排，亚烟煤	35*S*	B	5	A
火上加煤机	38*S*	B	6	B
下饲式加煤机	31*S*	B	11	B
手动加煤	31*S*	D	275	E

① 1lb=0.453592kg。

注：表中*S*表示煤中硫的含量。

资料来源：US EPA，*Compilation of Air Pollutant Emission Factors* (the 5th edition)。

2.1.2.2 欧盟

欧盟综合污染预防与控制（integrated pollution prevention and control，IPPC）指令的最佳可得技术参考文件中提供了工农业生产活动中的高污染行业如能源工业、化学工业、矿业、废物管理业以及农业中的家禽养殖和屠宰业等行业的大气、水和土壤污染物的排污系数。欧盟IPPC指令，即综合污染预防与控制指令（96/61/EC），是欧盟委员会于1996年9月24日颁布的旨在对工业和农业生产活动所产生的大气、水和土壤污染实现综合性预防和控制的指令，该指令通过最佳可得技术（best available techniques，BAT）指导企业实现最少的原材料和能源的消耗、最低的有毒有害物质使用、最少的废弃物排放以及最便捷的报废产品的再生循环。欧洲综合污染防控局针对每个具体的小类行业，统一起草了最佳可得技术参考文件（BREFs），该文件除了对最佳可得技术进行一般性的分析和描述外，还通过最佳可得技术相关的排放或消耗水平进行定量的评估和比较，因此在每个行业的BREFs文件中都可以找到相应最佳可得技术水平下的各污染物的排放水平，即排污系数。到2023年为止，已经颁布或正在编写中的BREFs文件共有36个，包括30个具体的小类行业，如表2-4所列。

表2-4 IPPC指令中的BREFs文件汇总

代码	BREFs文件	代码	BREFs文件
LCP	大型火力发电厂	CWW	化工行业普通废水与废气处理/管理系统
REF	矿物油和天然气精炼厂	WT	废物处理工业
I&S	钢铁冶金生产	WI	废物焚烧
FMP	黑色金属加工工业	MTWR	采矿业尾矿和废石管理
NFM	有色金属工业	PP	纸浆与造纸工业
SF	锻冶和铸造业	TXT	纺织业
STM	金属和塑料表面处理	TAN	生皮鞣革
CL	水泥和石灰制造业	SA	屠宰场及畜产副产品工业
GLS	玻璃制造业	FDM	食品、饮料及乳业
CER	陶瓷制造业	ILF	猪及家禽集约饲养
LVOC	大量有机化学品	STS	使用有机溶剂的表面处理
OFC	精细有机化工制造	CV	工业冷却系统
POL	聚合物生产	ESB	储藏排放
CAK	氯碱制造业	MON	监测总则
LVIC-AAF	大量无机化学品——氨、酸、肥料工业	ECM	经济及对多种环境介质的影响
LVIC-S	大量无机化学品——固体及其他	ENE	能效技术
SIC	专用无机化学品生产		

资料来源：中国-欧盟对话支持项目之IPPC BREFs文件纲要与指南（2005）。

欧盟BREFs文件中所提供的排放水平涉及的污染物包括大气污染物、水污染物和固体废物，具体指标如表2-5所列。

表2-5　BREFs文件中的污染物指标

大气污染物	水污染物	固体废物
（1）二氧化硫及其他硫化合物； （2）氮氧化物及其他氮化合物； （3）一氧化碳； （4）挥发性有机物； （5）金属及其化合物； （6）粉尘； （7）石棉（悬浮颗粒、纤维）； （8）氯及其化合物； （9）氟及其化合物； （10）砷及其化合物； （11）氰化物； （12）已经证实在空气中具有致癌、致畸和致突变的物质和配制品； （13）多氯代二苯并二噁英和多氯代二苯并呋喃	（1）在水生环境中可能会生成的有机卤化物等物质； （2）有机磷化合物； （3）有机锡化合物； （4）已经证实在水环境中具有致癌、致畸和致突变的物质和配制品； （5）永久性的烃类化合物和永久性的、生物可积累的有机有毒物质； （6）氰化物； （7）金属及其化合物； （8）砷及其化合物； （9）生物杀灭剂和植物健康产品； （10）悬浮物； （11）加剧富营养作用（特别是硝酸盐和磷酸盐）的物质； （12）对氧平衡具有不良影响的物质（并能采用如生化需氧量、化学需氧量等参数进行测定的物质）	（1）一般固体废物如废渣、污泥等； （2）危险废物

资料来源：中国-欧盟对话支持项目之IPPC BREFs文件纲要与指南（2005）。

以制浆与造纸行业为例，根据工艺组合的最佳可得技术，在其BREFs文件中给出了相应的污染物指标的排放水平，如表2-6所列。

表2-6　制浆与造纸行业最佳可得技术的排放水平

项目	排放环节				
	木材处理	冷凝物	溢出物	洗涤损失	漂白
COD/(kg/ADt)	1 ～ 10	2 ～ 8	2 ～ 10	6 ～ 12	15 ～ 65
废水量/(m^3/t纸浆)	0.6 ～ 2（湿式去皮） 0.1 ～ 0.5（干式去皮）	4 ～ 8	4 ～ 10	2 ～ 3	5 ～ 10
BOD_5/(kg/ADt)	0.9 ～ 2.6（湿式去皮） 0.1 ～ 0.4（干式去皮）	7 ～ 10			
TP/(kg/ADt)					0.04 ～ 0.06
TN/(kg/ADt)					<0.1
项目	排放环节				
	石灰窑	树皮锅炉	其他蒸汽锅炉		
SO_x	2.5 ～ 16mg/MJ	0.04 ～ 0.1kg/t	25 ～ 100mg/MJ		
NO_x	130 ～ 200mg/MJ（烧油） 200 ～ 320mg/MJ（烧气）	0.3 ～ 0.7kg/t	60 ～ 150mg/MJ		
颗粒物	0.1 ～ 1kg/ADt（静电沉淀） 1 ～ 4kg/ADt（仅经过湿涤）	0.1 ～ 1kg/t	20 ～ 20mg/MJ		
废水处理污泥	10kg/t制浆干燥固体				
有害废料	0.2kg/t制浆干燥固体				

资料来源：中国-欧盟对话支持项目之纺织与造纸行业BREFs文件。

注：AD表示风干吨（air dry ton）。

2.1.2.3 其他国家或组织

20世纪80年代之后，世界各国对环境管理工具和方法的需求越来越大，继美国之后，一些国际组织如联合国、欧洲环境署等，以及很多发达国家如英国、澳大利亚、加拿大等也都纷纷开展了排污系数和排放清单的研究工作，颁布了很多官方排污系数和排放清单的手册；同时，许多研究机构、监测部门、学者也纷纷展开对排污系数的研究，这些排污系数的研究成果散见于各种文献、研究报告和出版物上，成为官方数据的有益补充。

表2-7中列出了国外其他主要产排污系数研究情况。

表2-7 国外产排污系数一览表

性质	系数来源	颁布组织和机构
官方	IPCC国家温室气体清单指南	政府间气候变化专门委员会（IPCC）
	EMEP/CORINAIR空气污染物排放清单指南	欧洲环境署（EEA）
	UNDP/UN DESA排放清单手册	联合国开发计划署（UNDP）和联合国经济社会事务部（UN DESA）
	全球空气污染物排放清单手册	全球空气污染论坛（GAP Forum）
非官方	具体研究成果、调查、测量和检测数据	大学、环境、测量和监测等部门
	经同行评议的各国文献、杂志、专著等数据	国家图书馆、环境出版社、环境新闻杂志等
	行业、技术和贸易文件	特定贸易协会出版物、图书馆或网络等

在这些系统化的排放清单手册中，IPCC出版的《IPCC国家温室气体清单指南》（1996年修订版）应用最为广泛。因为《联合国气候变化框架公约》（UNFCCC）要求其缔约国必须每年汇报各自国家温室气体的排放量，为了确保各个国家数据的透明性、一致性和可比性，UNFCCC指定各国统一以IPCC指南中提供的温室气体产排污系数作为默认数据，编制本国或地区的温室气体排放清单。IPCC除了不断更新和修订指南，还建立了排污系数的数据库。目前IPCC指南中的污染源涵盖了涉及能源、工业过程和产品用途、农业、林业和其他土地利用、废弃物及其他的22个大类、80个中类、94个小类行业；温室气体污染物包括CO_2、CH_4、卤化醚等14种（类）温室气体以及NO_x、NH_3、SO_2等温室气体前体物。

另外，UNDP和GAP Forum编制的手册中，还收集了部分发展中国家如中国、巴西、印度等国的一些排污系数。随着对排污系数研究和应用的不断开展，到目前为止，排污系数已经成为各国、地方、行业和机构估算和预测污染物产生量、制定污染物排放清单的基础性工具，同时也为制定相应的污染控制政策、法律法规提供了科学依据。

作为估算污染物排放量的方法，产排污系数法成本较低且得到的排放结果可信度较高，因此产排污系数不仅是环境领域重要的基础数据，也是世界各国掌握污染状况、制定防治政策、法律法规和设计运行环境工程设施的重要依据。长期以来，排放系数已经成为各级政府层面制定区域大气污染物排放清单以及指导大气质量管理对策、制定污染控制策略的基本工具。管理者和学者们利用排放系数估算特定污染源的排放量，建立排放清单，基于建立的排放清单还可进一步运用空气质量模型进行大气污染物浓度的估算、模拟污染物的传输并进行大气质量预测等，从而研究制定污染控制策略。

2.1.3　国外排污系数开发原理及途径

国外排污系数开发的通用模型是：第一，识别污染源的类别，确定抽样方法、样本来源和总样本量；第二，根据污染源排放污染物的种类、特性、抽样成本与数据质量等因素，确定数据质量控制方案；第三，根据数据质量控制方案，随机选择满足条件的污染源进行样本采集，在满足抽样要求的基础上，可以收集尽可能多的数据；第四，利用采集的样本数据，核算代表平均水平的排污系数。

排污系数研究中的一个关键问题，就是合理的样本采集方法的确定。采集方法既要保证获得的样本数据可靠，也要兼顾抽样的成本等。国外样本采集主要通过企业污染物的检测，图2-1所示为目前国外污染物排放量检测方法成本和结果可靠性之间的平衡。排污系数是一种用来核算污染物排放量的方法，需要通过样本数据的核算得到。总体上，当前国外排污系数核算中样本数据的采集方法，主要采用实测法和物料衡算法。

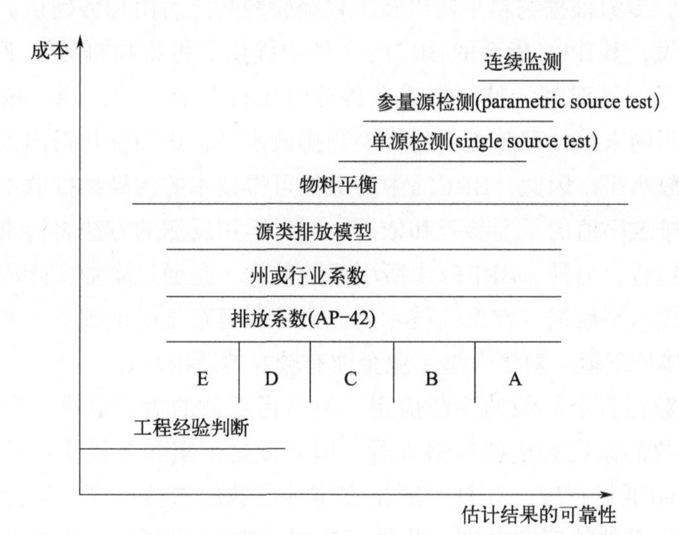

图2-1　污染物排放量检测方法成本和结果可靠性之间的平衡

资料来源：US EPA，*Compilation of Air Pollutant Emission Factors* (the 5th edition)

实测法是按照影响排污系数差异性的因素，将各类企业、生产线、污染源装置等进行归类，然后采用抽样的方法确定实测企业，在企业大量单源检测（single source test）、参量源检测（parametric source test）和连续监测数据的基础上，确定此类企业的排污系数。该方法的优点是适用范围广，与污染物种类、产品和工艺等相关性小，是目前发达国家主要采用的方法。但是，该方法对实测数据的检测方法的规范性和结果的可靠性有较高的要求，使用该方法会大幅度增加排污系数的开发成本；对于非连续生产或有周期性生产特点的企业，上述方法获得的实测数据会具有不连续或瞬时变化显著的特点，会造成排污系数开发中的随机误差增加，系数的代表性降低；另外，实测法还要求对企业的污染物产生环节和影响因素有深入了解，对其进行科学的分类，使得开发的同类企业的排污系数差异性最小化，确保数据的代表性。

物料衡算法是定量化分析生产过程中物料投入、转化和产出情况的一种方法，其基本原理是某一生产过程中投入物料和产出物料的质量守恒。如果将生产过程看作一个系统，建立该系统的物料平衡，不仅需要各产污环节的工艺参数，也要获取相应环节输入、输出和损失的物料量，特别是在污染物产生量较小时，数据和参数的精度要求也较高，一般企业很难达到这样的计量和管理水平，使得物料衡算法的应用范围受到了很大限制，在实际中也只应用于研究对象相对简单或单一，且污染物种类也比较集中的情况，如SO_2、固体废物等。

美国排污系数的主要开发途径包括3个：

① 系统开发，主要是通过EPA与各州或企业合作，各州或企业通过实测数据计算得到排污系数后上报EPA，由EPA统一公布；

② 推算，根据全国类似或相近的生产活动中的实测数据，EPA通过推算等方式计算；

③ 经验判断，专家根据物料平衡以及工程经验判断之后由EPA确认。

而对欧盟来说，其IPPC指令的BREFs文件中提供的污染物排放水平，则是完全从技术工艺角度入手，针对某一特定技术条件或特定行业或企业，测定核算出不同原材料、工艺过程、不同末端处理装置下的污染物排放水平，进而优化得出最佳可得技术条件下的污染物排放水平。因此，BREFs中的最佳可得技术的污染物排放水平成为欧盟各成员国制定本国排放限值的重要参考和依据，同时运用反演的方法将污染物排放限值与环境质量标准相结合。另外，BREFs中所引用的数据，是通过企业实际应用某个技术时实际的污染物排放水平数据，在保证技术的先进性和可行性的前提下，基于最佳可得技术设定的污染物排放限值，对于大型工业企业有较好的适用性。

随着排污系数在各个领域的广泛应用，对排污系数的需求也进一步拓展到各个行业，从对排污系数的修订和更新趋势来看，国外发达国家和各机构不约而同地建立了完善的数据修订和更新制度，并且不断拓宽排污系数的覆盖广度，细分行业和污染源分类，加大了排污系数的研究深度。此外，美国和IPCC已逐步加强排污系数不确定性的研究，目前均已取得部分的成果。2007年4月美国EPA起草了《排污系数不确定评估（草案）》并公开进行意见征集。

2.2 我国产排污系数制修订历程和研究进展

20世纪90年代初，随着清洁生产战略在我国实施，对于工业过程产排污核算方法的需求不断增加，工业污染源产排污系数概念与核算方法也应运而生。近30年来，该领域的研究不断扩展和深入，标志性的成果主要出自全国污染源普查或重点地区或重点行业的调查。2017年开始的第二次全国污染源普查（简称“二污普”）进一步对其进行补充完善，形成了目前最为系统、行业覆盖面最广的产排污核算方法体系。

产排污系数经历过三次全面修订，均是与几次大规模的污染源普查或调查同步。此外，一些环保科研类项目或依据地方特定的需求，也间断性地对部分系数进行了补充和完善。总体上，产排污系数的基础数据来自污染源调查或普查基准年前1～3年的企业活动水平、治理水平及其他相关数据，例如第一次全国污染源普查（简称“一污普”）和“二污普”中工业污染源产排污系数制定时，分别收集了2007～2008年和2017～2018年的企业数据作为样本数据。由于《全国污染源普查条例》中规定普查每10年开展一次，在缺乏动态更新机制的状况下产排污系数的更新和修订基本每10年才能进行一次。

2.2.1　以配合污染源普查或调查为主要目的的系统化研究

1996年，国家环境保护局编写的《工业污染物产生和排放系数手册》（简称“1996版”系数手册）是我国首次大规模发布的系数成果，该手册初步确立了我国产排污系数体系的雏形，其内容包含7个重点行业工业污染源产排污系数、主要燃煤设备产排污系数以及乡镇工业污染物排放系数，由48种产品的4398个系数组成，7个重点行业为有色金属工业、轻工、电力、纺织、化工、钢铁和建材。2003年广东省环境保护局通过对全省第三产业的排污情况调查，开发了该省第三产业中9个大类行业主要水污染物的排污系数，江苏、浙江等省也开展了类似的工作。2006年10月，国务院下发了“关于开展第一次全国污染源普查工作的通知”，为了配合此次普查，由中国环境科学研究院牵头，联合多家行业协会、科研单位、总公司、高校共同参与研究，按照《国民经济行业分类》（GB/T 4754—2002），第一次较为系统和全面地制定了我国主要工业行业的污染物产排污系数，涵盖了32个大类行业264个小类行业共计9307个产污系数和12958个排污系数。

2016年10月，国务院下发了“关于开展第二次全国污染源普查工作的通知”，正式启动“二污普”，普查对象包括工业污染源、农业污染源、生活污染源、集中式污染治理设施、移动源及其他产生排放污染物的设施。其中，产排污系数法仍作为工业污染源污染物排放量估算的最主要方法之一。以为普查提供技术支持为目的，设立了“第二次全国污染源普查工业污染源产排污核算”项目，由中国环境科学研究院承担，采用“1+N”的组织实施模式，在对已有产排污系数适用性、合理性和全面性评估的基础上，针对产排污系数使用过程中存在的问题及行业分类变化等因素，按照《国民经济行业分类》（GB/T 4754—2017），形成了全行业、模块化、双因子分段核算的产排污系数核算方法，41个大类工业行业（657个小类行业）以及与工业生产特征相似的“05农林牧渔专业及辅助性行业”的2个小类行业，共计934个工段（最小产污基准模块）、1300种主要产品、1589种原料、1528个工艺的31327个废水和废气污染物的产污系数以及101587种末端治理技术去除率，这是我国目前最为系统、行业覆盖面最全的工业污染源产排污系数。

2.2.2 环保科研类项目或根据地方需求开展的相关研究

根据第二次全国污染源普查工业污染源产排污核算项目组对环保科研类公益性行业科研专项以及各省（自治区、直辖市）工业污染源产排污系数研究成果的调查分析，2007～2015年间环保公益性行业科研专项474个项目中，与工业污染源产排污系数相关的有56项，涉及14个小类行业的部分工艺，行业包括镍钴矿采选、锡矿采选、锑矿采选、铜冶炼、炼铁、炼钢、水泥制造、火力发电、啤酒制造、味精制造、酒精制造、水的生产和供应、光伏设备及元器件制造等，挥发性有机物、汞、重金属、氨氮等污染物是主要研究对象。

上述研究成果主要以研究报告或地方标准的形式体现，其中部分研究成果已公开发表论文（见表2-8）。

表2-8 我国产排污系数相关研究

产排污系数类别	数据来源
电镀行业铜、镍、锌产排污系数	文献[32]
废杂铜熔炼行业废气铅产排污系数	文献[33]
铅锌冶炼行业铅、砷、镉气相产/排污系数	文献[34]
生物质电厂二氧化硫产排污系数	文献[35]
铅冶炼重金属类危险废物产排污系数	文献[36]
铬盐行业废气中重金属排污系数	文献[37]
石油加工业二氧化硫产排污系数	文献[38]
兰炭行业二氧化硫、氮氧化物产排污系数	文献[39]
海洋石油开发工业污染物产排系数	文献[40]

2.2.3 以区域大气污染源清单编制为需求导向的相关研究

大气污染源排放清单是大气环境研究和大气环境管理的重要基础，对城市和区域摸清自身大气污染来源、分析污染成因并提出合理管控措施具有十分重要的意义。近年来随着改善大气环境质量的迫切需求，国内多个省（自治区、直辖市）开展了清单编制工作。清单编制中使用的相关工业污染源产排污系数与核算方法主要来源于污染源排放特征研究领域的成果和“一污普”产排污系数等，同时根据清单编制的需求，一些研究团队也对工业污染源产排污系数进行了补充或者更新，部分地区还尝试进行了本地化系数的研究。

2014年环境保护部发布的8个大气污染源排放清单编制技术指南，分别给出了$PM_{2.5}$、PM_{10}、VOCs、NH_3的排放系数以及道路机动车、非道路移动源、扬尘以及生物质燃烧源的主要污染物排放系数。2015年贺克斌主编的《城市大气污染物排放清单编制技术手册》，基于国内污染源排放特征研究领域的大量研究成果和环境保护部发布的一系列清单编制技术指南，给出了各类污染源9种污染物的排放系数。

2.3　国内外产排污系数体系比较

表2-9列出了目前国内外常用的产排污系数体系，各体系从来源、发布组织和机构、覆盖行业/污染物、主要用途、更新机制频次、制定方法等方面来看都有所不同。

2.3.1　产排污系数的构成及污染物排放量核算方法不同

国外的工业污染源产排污系数体系主要由排放系数构成，体现了包含污染源末端治理水平在内的最终排放量，与我国的排污系数相当。我国的工业污染源产排污系数体系由两部分组成——产污系数和排污系数（治理设施去除率），统称为产排污系数。

国外对代表污染物产生水平的产污系数尚无特别研究。我国首次在“1996版”系数手册中提出并建立了产污系数的概念。产污系数，顾名思义，是指在一定的技术经济和管理等条件下，生产单位产品（或使用单位原料）所产生的污染物量；排污系数是指上述条件下经污染控制措施削减后或未经削减直接排放的污染物量。产污系数的提出与20世纪90年代初期我国开始引入清洁生产的理念密切相关。相比末端治理的削减，清洁生产更加关注技术、工艺、原材料替代或管理等因素对污染物产生量的源头削减。目前产污系数被广泛应用于评价和比较工业生产中不同工艺过程污染物的产生情况，以及过程控制、源头削减、产业结构调整等对污染物减排作用的评估。产污系数除了可以表征污染物的产生水平以外，还在一定程度上代表了技术进步和污染产生之间的关系，对于评价企业的清洁生产水平、实现工业污染源全过程污染防治都有很重要的支撑作用。

在污染物排放量的核算方面，国外一般是在获取活动水平后利用排放系数直接得到污染源的排放量。例如，AP-42是根据原料工艺过程、设备类型、产品、污染物种类以及污染控制措施等不同条件，选取手册中对应的排放系数进行污染物排放量的核算。而欧盟的BREFs文件则是通过给出不同工艺、不同控制技术下的最佳可得技术在应用时可能的污染物排放系数范围来实现排放量的量化。

我国在2017年开展“二污普”之前，排放量直接通过排放系数与活动水平信息计算获取。“二污普”对工业污染源的核算方法进行了改进，产污系数概念仍然沿用，但排

表2-9　国内外污染物排放量计算的系数法对比

系数来源	发布组织和机构	覆盖行业/污染物	主要用途	服务对象	更新机制频次	制定方法
空气污染物排放系数汇编(AP-42)	美国环境保护署(US EPA)	火电行业、石油行业、冶金行业等15个重点行业的160多个子行业，涵盖常规污染物、温室气体、有毒气体等200多种污染物	建立国家排放清单，支撑空气质量管理	美国国家环境管理部门	US EPA至少每3年根据环境信息办公室所提供的大量数据，对排放系数进行一次检查和补充修订，并适时颁布新版本的AP-42	制定时充分考虑排放源类型、污染物种类、污染物产生过程、污染物减排措施与设备等因素
欧盟最佳可得技术参考文件(BAT reference documents，BREFs)	欧盟委员会	截至2023年已颁布或正在编写中的BREFs文件共36个，包括30个具体的小类行业	欧盟BREFs给出了不同工艺、不同控制技术下的最佳可得技术，以及通过应用这种技术可能达到的污染物排放量和资源消耗量水平，是欧盟主管机关制定许可证条件和排放水平的重要依据	欧盟国家环境管理部门	至少每年要对监测结果进行一次评估	在制定时充分体现了综合污染防治全过程控制
IPCC国家温室气体清单指南	政府间气候变化专门委员会(IPCC)	温室气体（CO_2、CH_4、NO_2、氢氟烃、全氟化合物、六氟化硫）	为世界各国提供编制国家温室气体排放清单的技术规范和参考标准	编制国家温室气体清单的世界各国	以渐进的方式确保时间序列的一致性和连续性，更新指南的使用经验、新的科学信息和《联合国气候变化框架公约》的评审结果	保留GPG2000中的优良做法；借助决策树将估算方法分为三级，重点针对国家排放总量和趋势贡献最大的排放和清除类别

续表

系数来源	发布组织和机构	覆盖行业/污染物	主要用途	服务对象	更新机制频次	制定方法
EMEP/CORINAIR空气污染物排放清单指南	欧洲环境署(EEA)	覆盖260多种人为活动，污染物包括SO_2、NO_x、NMVOC、NH_3、CO、CH_4、N_2O、CO_2	指导大气排放清单的编制	欧盟国家	不定期更新	对不同种类的污染源采用分阶层的方法计算排放量和分析其排放特征
UNDP/UN DESA排放清单手册	联合国开发计划署（UNDP）和联合国经济社会事务部(UN DESA)	包括SO_x、NO_x、NMVOC、CO、NH_3、PM_{10}和$PM_{2.5}$等污染物	为发展中国家编制国家排放清单提供参考和指导	发展中国家	—	—
全球空气污染物排放清单手册	全球空气污染论坛(GAP Forum)	涵盖外燃烧、内燃机、化学工业、冶金工业等11个行业	排放量计算、空气质量模拟、制定污染防治政策	发展中国家	—	基于UNDP/UN DESA排放清单手册的更新
工业污染源产排污系数手册	中国生态环境部	《国民经济行业分类》中工业行业	工业污染源排放量核算、预测等	生态环境保护主管部门、科研机构等	依据《全国污染源普查条例》，每10年普查一次，每10年更新一次	—

污系数被弱化，污染物排放量取决于污染物产生量和去除量的差值。此外，其他的相关研究还有：段宁等提出了产排污系数的不确定性评估，即对于开发出来的产排污系数，其可靠性、代表性如何？与真实值之间的误差有多大？我国在该领域还没有进行过相关的研究。许耕野、王仲旭等提出了产污系数与产排污环节不对应导致其应用存在局限性以及偏差。其"四同组合"模式对"离散型生产"不适用。四同即"原料""产品""规模""工艺"相同，其中"工艺"往往涵盖了企业的整个生产流程。而有些企业存在部分工序独立运行。董广霞等也指出唯一的产排污系数可能会带来"四同"条件下微观企业产排污数据的较大偏差。也有专家学者指出产排污系数无法体现污染治理设施的实际处理效果。污染治理设施实际去除率是否常年稳定、真正的投运率对排污量均有较大影响，系数手册中部分行业排污系数是按污染治理设施常年稳定运行的理想状态核算的，缺少现场核查，核算结果与实际情况会产生偏离。

2.3.2 产排污系数体系的建立及系数更新机制不同

国外排污系数研究和开发比较早，目前已形成较完善的排污系数和排放清单的法定手册，建立了相应的数据库，为公众提供公开、透明的排污系数信息，并建立了更新、完善、建议等机制和途径，鼓励社会各方参与排污系数的研究与开发，且基本实现了动态更新（每年或每3年更新一次）。从排污系数开发和组织形式来看，国外都是以政府和专门机构为主导，依照相应的法律、条约，组织各行业、机构、协会和企业共同完成，并由政府或专门机构最终进行整理、汇编、出版。由于排放清单建立机制、目的或驱动力的不同，以及工业污染源数量、行业类型的不同，国外如美国和欧盟等地区的污染源清单在污染物排放量的获取方式上与国内也有所不同（见表2-9）。

我国产排污系数的制修订主要源于每10年开展一次的污染源普查，产排污系数的发布以系数手册的形式出版或公布。"1996版"系数手册的成果主要基于国家环境保护局科技标准司多年来的科研课题成果。2010年出版的系数手册和"二污普"系数手册则分别主要依托"一污普"和"二污普"的技术支持成果。从三版系数手册发布的时间来看，基本每10年发布更新一次，频次上远低于国外。而这期间，随着产业结构的调整、工业技术水平的提升和环境管理的精细化程度不断提升等，企业的生产工艺和末端治理技术变化极大，污染物的产生与排放水平也相应变动，导致很多企业在查询系数时找不到对应项，系数适用性受到影响，无法有效支撑污染源产排污量数据的更新和维护，也在一定程度上影响环境管理决策的针对性和有效性。

2.3.3 产排污系数的分类体系和覆盖面不同

在产排污系数对应的污染物上，国外的排放系数以大气污染物为主。例如，AP-42一般按照常规大气污染物和有害大气污染物（HAPs）来分类，给出需要核算的污染物种类；欧盟的BREFs文件则是包含了最佳可得技术在应用时可能产生的所有大气污染物、水污染物和固体废物，除此之外还包括一些能源消耗和水资源消耗的系数。我国的工业污染源产排污系数体系全面覆盖了主要的水污染物、大气污染物及固体废物，针对有害大气污染物目前主要涉及含重金属废气。在行业的覆盖面上，我国历次发布的工业污染源产排污系数基本覆盖了同期国民经济的全部工业行业，而与我国系数体系最接近的AP-42则仅覆盖主要的涉气行业。

在工业污染源产排污系数结构上，虽然国内外基本遵从“产污水平影响因素+排污水平影响因素”的组合分别识别、筛选和确定系数，但由于国内外工业行业主要产品、技术、工艺以及末端治理技术的不同，系数的构成也不尽相同。

此外，AP-42将排放系数根据其可靠性、准确性等原则分为A、B、C、D、E五个质量等级供核算时参考。国内“1996版”系数手册提出了系数等级划分方法，但并未对实际系数给出具体的系数等级。由于我国工业污染源产排污系数在制定时样本数据来源基本相同，“一污普”和“二污普”系数未给出系数的可信度等级。

参考文献

[1] 董广霞，周冏，王军霞，等. 工业污染源核算方法探讨[J]. 环境保护，2013,41(12): 57-59.

[2] ZHANG J, NI S Q, WU W J, et al. Evaluating the effectiveness of the pollutant discharge permit program in China: A case study of the Nenjiang River Basin[J]. Journal of Environmental Management, 2019, 251: 109501.

[3] 牟瑛，陈欢，李琨，等. 环境初始排污权核算方法比较[J]. 中国资源综合利用，2017, 35(3): 48-50.

[4] 王海兰. 产排污系数法在环评污染源核算中的广泛应用[J]. 资源节约与环保，2013(8): 63-64.

[5] 余蕾蕾，李翠莲. 环评污染源核算中的产排污系数法应用[J]. 资源节约与环保，2019(3): 22.

[6] MARÍA F B, JORGE O, RICARDO O. On the indiscriminate use of imported emission factors in environmental impact assessment: A case study in Chile[J]. Environmental Impact Assessment Review, 2017, 64: 123-130.

[7] WANG K, TIAN H Z, HUA S B, et al. A comprehensive emission inventory of multiple air pollutants from iron and steel industry in China: Temporal trends and spatial variation characteristics [J]. Science of the Total Environment, 2016, 559: 7-14.

[8] TIAN H Z, WANG Y, XUE Z G, et al. Atmospheric emissions estimation of Hg, As, and Se from coal-fired power plants in China, 2007[J]. Science of the Total Environment, 2011, 409 (16): 3078-3081.

[9] HASANBEIGI A, MORROW W, SATHAYE J, et al. A bottom-up model to estimate the energy efficiency improvement and CO_2 emission reduction potentials in the Chinese iron and steel industry[J]. Energy, 2013, 50: 315-325.

[10] KARADEMIR A. Evaluation of the potential air pollution from fuel combustion in industrial boilers in Kocaeli, Turkey [J]. Fuel, 2006, 85: 1894-1903.

[11] 冯喆，高江波，马国霞，等. 区域尺度环境污染实物量核算体系设计与应用[J]. 资源科学，2015, 37(9):1700-1708.

[12] 段宁，郭庭政，孙启宏，等. 国内外产排污系数开发现状及其启示[J]. 环境科学研究，2009, 22(5): 622-626.

[13] WRI, WBCSD. The greenhouse gas protocol: A corporate reporting and accounting standard [EB/OL]. Washington DC: Greenhouse Gas Protocol, (2004-03-17). https://www.greenbiz.com/sites/default/files/document/O16F25207.pdf.

[14] US EPA. AP-42: Basic information of air emissions factors and quantification[EB/OL]. Washington DC: US EPA, (1995-01-20). https://www.epa.gov/air-emissions-factors-and-quantification/basic-information-air-emissions-factors-and-quantification.

[15] US EPA. AP-42: Compilation of air emissions factors[EB/OL]. Washington DC: US EPA, (1995-01-20). https://www.epa.gov/air-emissions-factors-and-quantification/ap-42-compilation-air-emissions-factors.

[16] 王之晖，宋乾武，冯昊，等. 欧盟最佳可行技术(BAT)实施经验及其启示[J].环境工程技术学报，2013,3(3):266-271.

[17] SCHOENBERGER H. Integrated pollution prevention and control in large industrial installations on the basis of best available techniques: The Sevilla Process[J]. Journal of Cleaner Production, 2009, 17: 1526-1529.

[18] SCHOLLENBERGER H. Lignite coke moving bed adsorber for cement plants e BAT or beyond BAT? [J]. Journal of Cleaner Production, 2011, 19 (9-10): 1057-1065.

[19] SCHOLLENBERGER H, TREITZ M, GELDERMANN J. Adapting the European approach of best available techniques: Case studies from Chile and China[J]. Journal of Cleaner Production, 2008, 16 (17): 1856-1864.

[20] European Commission. Directive 2010/75/EU on industrial emissions (integrated pollution prevention and control) [EB/OL]. Scottish: Off. J. Eur. Communities L, (2010-12-17). https://eur-lex.europa.eu/legal-content/EN/TXT/?uri=CELEX:32010L0075.

[21] European Commission. The Best Available Techniques (BAT) reference documents [EB/OL]. Scottish: Off. J. Eur. Communities L, (2008-01-17)[2023-08-01]. https://www.sepa.org.uk/regulations/pollution-prevention-and-control/best-available-techniques-bat-reference-documents-brefs/.

[22] IPCC National Greenhouse Gas Inventories Programme Technical Support Unit. 2006 IPCC guidelines for national greenhouse gas inventories[EB/OL]. Hayama, Japan: IGES, 2019-06-19. https://www.ipcc.ch/report/2006-ipcc-guidelines-for-national-greenhouse-gas-inventories/.

[23] EEA. EMEP/EEA air pollutant emission inventory guidebook: 2016[EB/OL]. Brussels, European, Environment Agency, (2016-09-30). https://www.eea.europa.eu/publications/emep-eea-guidebook-2016.

[24] The Global Atmospheric Pollution Forum. The global atmospheric pollution forum air pollutant emissions inventory preparation manual[EB/OL]. Stockholm, UK: Stockholm Environment Institute, (2019-05). https://learning-cleanairasia.org/wp-content/themes/caa/pdf/GAPFemissionsmanual_v6.0.pdf.

[25] NPI. Review of the National Pollutant Inventory[EB/OL]. Canberra, Australia: Australia Goverment. (2018-08-08). https://www.dcceew.gov.au/sites/default/files/documents/environmental-justice-australia.pdf.

[26] 北京市环境保护科学研究院. 北京市大气污染源排放清单编制技术指南[R]. 北京：北京市环境保护科学研究院，2012.

[27] 薛志钢，杜谨宏，任岩军，等. 我国大气污染源排放清单发展历程和对策建议[J]. 环境科学研究，

2019, 32(10): 1678-1686.
[28] 国家环境保护局科技标准司. 工业污染物产生和排放系数手册[M]. 北京：中国环境科学出版社，1996.
[29] 国务院办公厅. 关于印发第一次全国污染源普查方案的通知[EB/OL]. 北京：中华人民共和国中央人民政府，(2009-03-28). https://www.gov.cn/zhengce/content/2009-03/28/content_4926.htm.
[30] 中国环境科学研究院. 第一次全国污染源普查工业污染源产排污系数核算项目技术报告[R]. 北京：中国环境科学研究院，2008: 6-7.
[31] 国务院办公厅. 国务院关于开展第二次全国污染源普查的通知[EB/OL]. (2016-10-26). https://www.gov.cn/zhengce/content/2016-10/26/content_5124488.htm.
[32] 朱佳，张冬逢，高静思，等. 电镀行业铜、镍、锌产排污系数的核算[J]. 环境工程学报，2015, 9(4): 2027-2032.
[33] 林星，何华燕，晗桢. 废杂铜熔炼行业废气铅产排污系数核算研究：以台州为例[J]. 轻工科技，2016, 32(7): 100-101.
[34] 陈灿，刘湛，李二平. 湖南省铅锌冶炼行业铅、砷、镉气相产/排污系数测算[J]. 矿冶工程，2015, 35(5): 139-142.
[35] 高惠华. 生物质电厂SO_2产排污系数核定的探讨[J]. 发电与空调，2017, 38(1): 17-20.
[36] 黄凯，孙科源，赵杨，等. 云南省铅冶炼重金属类危险废物产排污系数研究[J]. 环境科学与技术，2018, 41(1): 199-204.
[37] 桂凌. 铬盐行业废气中重金属排污系数核算[J]. 无机盐工业，2016, 48(1): 1-4.
[38] 于晓霞，代静，马召坤. 石油加工业二氧化硫产排污系数验证研究：以济南某石化企业为例[J]. 环境科学与管理，2016, 41(6): 59-64.
[39] 马启翔，卢立栋，杨建军. 陕西省兰炭行业SO_2、NO_x产排污系数核算研究[J]. 环境保护科学，2014, 40(6): 64-67.
[40] 任叙合，程建军，张海娟，等. 海洋石油开发工业污染物产生系数和排放系数研究[J]. 中国海上油气，2006(2): 141-144.
[41] 环境保护部. 大气细颗粒物一次源排放清单编制技术指南(试行)[R]. 北京：环境保护部科技标准司，2014.
[42] 环境保护部. 大气挥发性有机物源排放清单编制技术指南(试行)[R]. 北京：环境保护部科技标准司，2014.
[43] 环境保护部. 大气氨源排放清单编制技术指南(试行)[R]. 北京：环境保护部科技标准司，2014.
[44] 环境保护部. 大气可吸入颗粒物一次源排放清单编制技术指南(试行)[R]. 北京：环境保护部科技标准司，2014.
[45] 环境保护部. 扬尘源颗粒物排放清单编制技术指南(试行)[R]. 北京：环境保护部科技标准司，2014.
[46] 环境保护部. 道路机动车大气污染物排放清单编制技术指南(试行)[R]. 北京：环境保护部科技标准司，2014.
[47] 环境保护部. 非道路移动源大气污染物排放清单编制技术指南(试行)[R]. 北京：环境保护部科技标准司，2014.
[48] 环境保护部. 生物质燃烧源大气污染物排放清单编制技术指南(试行)[R]. 北京：环境保护部科技标准司，2014.

[49] 贺克斌. 城市大气污染物排放清单编制技术手册[R]. 北京：清华大学，2015.
[50] US EPA. Recommended procedures for development of emissions factors and use of the WebFIRE database[EB/OL]. Washington DC: US EPA, (2013-08-10). https://www3.epa.gov/ttnchie1/efpac/procedures/procedures81213.pdf.
[51] 第一次全国污染源普查资料编纂委员会. 污染源普查产排污系数手册[M]. 北京：中国环境科学出版社，2011.
[52] 易爱华，陈陆霞，丁峰，等. 美国AP-42排放系数手册简介及其对我国的启示[J]. 生态经济，2016, 32(11): 116-119.
[53] 白璐，李艳萍，孙启宏，等. 给污染源记笔“账”：欧美工业污染源清单机制研究[J]. 环境保护，2011(12): 67-68.

第3章 工业生产特征与污染物产生排放规律

- 基于工业代谢的行业分类
- 工业生产运行与最小产污基准模块识别
- 污染物产生与排放的主要影响因素辨识
- 影响因素组合的识别与确定

3.1 基于工业代谢的行业分类

3.1.1 分类原理

工业污染是指由于原料、燃料等在生产过程中不能完全转化为工业产品，而向环境排放有毒有害废物等的过程。工业污染与工业生产要素密切相关，但目前我国已有的工业分类方法主要从工艺和产品之间的一致性或差异性角度进行区分，基本上未考虑工业生产与污染物产生排放之间的响应关系。我国工业体系门类齐全、产品种类众多，生产工艺多样且繁杂，《国民经济行业分类》（GB/T 4754—2017）是我国目前国民经济统计中使用的行业分类依据，该分类也是在国际产业分类体系之下，结合中国产业的实际而形成的，其中涉及工业部分共3个门类，41个大类，666个小类行业。而国际产业涉及的工业行业仅有39个大类、525个小类。由此也说明我国是世界上产业门类最齐全的制造业大国。同时，不同工艺、产品等技术路线组合条件下的污染产生排放规律更是难以穷举。以加工工艺较为集中且生产规模化程度较高的原油加工及石油制品制造行业（2511）为例，该小类行业在《2017国民经济行业分类注释》中包含近70种产品。依照现有的工业行业分类，难以对工业生产各要素与污染物产排之间客观和本质的作用关系、主要特征等开展解析。

工业生产活动的重要特征之一就是进行大量的物质输入之后，经过一系列物理和化学变化，或少量的微生物作用（如食品工业的发酵），再进行物质输出。输出的物质包括产品（中间产品、半成品、零部件日用品和工业产品等）以及废弃物，即污染物。上述过程，即工业代谢的过程。工业代谢分析是对工业代谢过程从原料和燃料的投入，到最终转化为产品和废物的转化方式、关键节点建立不同阶段和层面物质平衡的一种方法；是目前广泛应用于工业系统物料损失分析和污染物产生机制的一种成熟的技术方法。工业代谢分析，以污染控制为最终目标，追踪工业生产整个过程中物质和能量的流向，以辨识生产系统中工业污染的规律，解析造成污染的主要环节和机制。

从工业代谢的视角对我国所有工业行业的环境行为进行评估，可以发现，物质和能量输入工业生产系统后，按照其运动方向和代谢路径大致可以归为两类：一类是呈现单一方向聚集的线性运动；另一类则是呈现多方向聚集的线性运动（见图3-1）。进一步考虑污染产生与排放特征后发现，污染产排环节相对聚集但又局部分散，且部分行业尽管产品不同，但产排污规律存在一致性或相似性。由此，根据这两类不同代谢方式可将工业生产与污染物产排规律分为流程型和离散型两类。

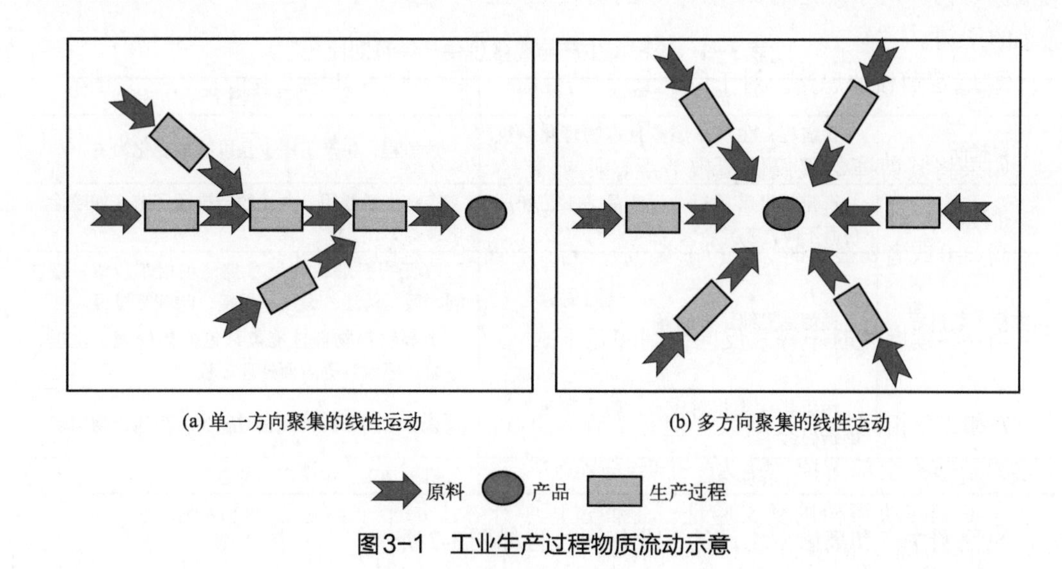

(a) 单一方向聚集的线性运动　　(b) 多方向聚集的线性运动

图3-1　工业生产过程物质流动示意

3.1.2　分类方法

3.1.2.1　分类与定义

在定点跟踪大量工业生产活动共性特点和规律的基础上，以聚焦生产要素对产排污的影响为原则，对工业污染源进行归类研究。根据工业代谢过程物质流动和转化的特点，分析产排污行为与生产要素响应关系，在现有国民经济行业分类的基础上对工业生产进行二次分类，分为流程型生产和离散型生产。

其中，流程型生产是通过对原材料采用物理或化学方法以批量或连续的方式进行生产的过程；流程型生产过程中，物料一般均匀和连续地按一定工艺顺序运动，在生产中原料（物料）的物理和化学性能不断改变，伴随着物质转化与迁移形成产品。以流程型生产为主要工艺过程的加工制造业称为流程型工业。流程型工业生产连续性强，工艺流程相对固定，原料（物料）一般来源于自然界，产品很难还原为原料（物料）。

离散型生产是对多个零件装配组合的加工生产过程，主要发生物料物理性质（形状、组合）的变化。离散型生产过程中，物料一般离散地按一定工艺顺序运动，产品通过多个零部件经过一系列并不连续的工序加工装配而成，在最终产品形成中不改变零部件的化学性能。以离散型生产为主要工艺过程的加工制造业称为离散型工业，相对于流程型工业而言，离散型工业生产物料连续性差，零部件生产及加工过程相对独立，产品外形规格或性能变化频繁，工艺流程错综复杂，原料以零部件为主且来源多样化，产品可进行分拆，还原成装配之前的零部件。

流程型生产与离散型生产特征对比如表3-1所列。

表3-1 流程型生产与离散型生产特征对比

项目	流程型生产	离散型生产
代谢特征	长流程，生产工序多且以物理化学反应为主	短流程，生产工序少且以物理变化为主
产排污环节	产排污环节因行业、产品、工艺和原料而不同，差异较大	存在大量通用、共性的产排污环节（如喷涂、电镀等）
主要工艺过程	提炼、提纯、合成等	改变物料形状和尺寸类，包括车、钳、铣、刨、磨、铸造、锻压、焊接、吹塑等过程 提高物料物理性能类，包括热处理、电镀、涂装（喷涂）等表面处理过程
污染物	污染物种类相对较多，废水和废气污染物偏多	涉及的污染物种类相对较少，固体废物偏多
代表性行业	化工、有色金属	机械加工、电子产品制造

流程型生产和离散型生产的工业代谢过程如图3-2所示。

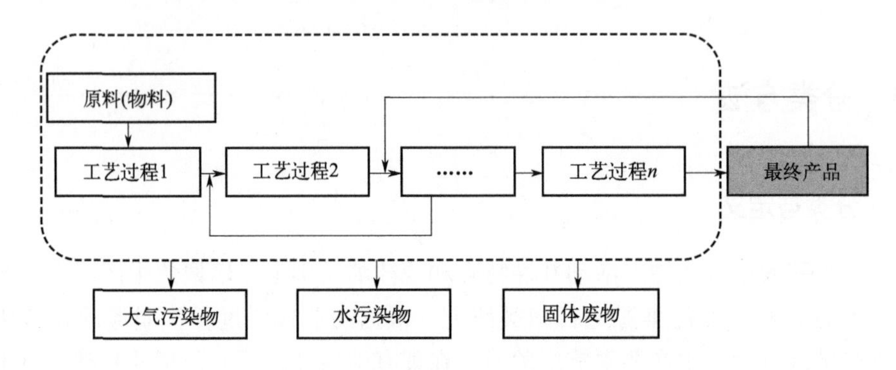

(a) 流程型生产

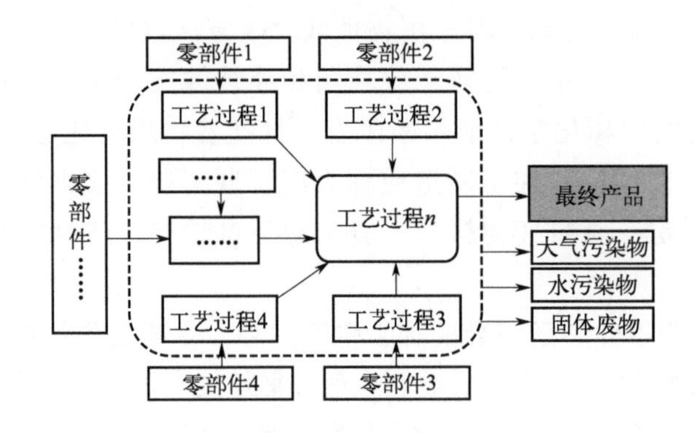

(b) 离散型生产

图3-2 流程型生产与离散型生产的工业代谢示意

3.1.2.2 评价方法

依据流程型生产与离散型生产的定义和代谢特征，建立了基于产排污行为与生产要素响应关系的行业分类评价指标体系（表3-2），采用0/1判断法对《国民经济行业分类》（GB/T 4754—2017）中的41个大类工业行业中代表性的生产活动和产排污环境行为进行辨识。

表3-2 基于产排污行为与生产要素响应关系的行业分类评价指标体系

一级指标	二级指标	指标解释	指标赋值
代谢特征（C_1）	过程代谢物（C_{11}）	过程代谢物以物质为主	1
		过程代谢物以零部件为主	0
	代谢过程（C_{12}）	以化学反应为主，代谢主产物的形态不可逆	1
		以物理变化为主，代谢主产物可还原为原来的形态	0
	代谢主产物（C_{13}）	直接可用	1
		因其他产品的需求而变化	0
产排污环节（C_2）	工艺过程（C_{21}）	产排污环节集中在主导工艺过程	1
		产排污环节集中在辅助工艺过程	0

具体评价方法如下。

（1）评价因素集设定

① 评价因素集。依据建立的评价指标体系设定评价因素集。本研究所建立的评价因素集（即指标体系）为二级指标体系。

对于一级指标，即主准则因素集，有：

U={代谢特征，产排污环节}

对于二级指标，即次准则因素集，有：

代谢特征={过程代谢物，代谢过程，代谢主产物}

产排污环节={工艺过程}

② 确定指标权重集。设对应指标的权重集为：

$A=\{a_1,a_2,\cdots,a_m\}$

其中权重$a_i(i=1,2,\cdots,m)$表示指标$u_i(i=1,2,\cdots,m)$在该指标集中的重要程度。对各个因素$U_i(i=1,2,\cdots,m)$应赋予相应的权重$a_i(i=1,2,\cdots,m)$。各权重$a_i(i=1,2,\cdots,m)$满足归一性和非负性条件：

$$\sum_{i=1}^{m} a_i = 1 \qquad a_i \geqslant 0 \tag{3-1}$$

本评价方法中，各指标对结果判定均同等重要，因此权重均为1。

（2）综合评判

评价对象行业i的评价总分T_a：

$$T_a = \frac{\sum_{i=1}^{n} S_i}{n} \tag{3-2}$$

式中　S_i——二级指标评判结果（0,1）；

n——二级指标总数；

T_a——计算结果为整数，即0或者1。

评价对象行业i的评判结果R_i如下：

$$R_i = \begin{cases} 流程型，T_a = 1 \\ 离散型，T_a = 0 \end{cases} \tag{3-3}$$

3.1.3　分类结果

根据3.1.2部分中所建立的基于产排污行为与生产要素响应关系的行业分类评价指标体系（表3-2），《国民经济行业分类》（GB/T 4754—2017）41个大类行业中有29个属于流程型行业，12个属于离散型行业，最终所识别的结果如表3-3所列。

表3-3　基于产排污行为与生产要素响应关系的行业分类结果

流程型行业		离散型行业
06煤炭开采和洗选业	23印刷和记录媒介复制业	20木材加工和木、竹、藤、棕、草制品业
07石油和天然气开采业	25石油、煤炭及其他燃料加工业	21家具制造业
08黑色金属矿采选业	26化学原料和化学制品制造业	24文教、工美、体育和娱乐用品制造业
09有色金属矿采选业	27医药制造业	33金属制品业
10非金属矿采选业	28化学纤维制造业	34通用设备制造业
11开采专业及辅助性活动	29橡胶和塑料制品业	35专用设备制造业
12其他采矿业	30非金属矿物制品业	36汽车制造业
13农副食品加工业	31黑色金属冶炼和压延加工业	37铁路、船舶、航空航天和其他运输设备制造业
14食品制造业	32有色金属冶炼和压延加工业	38电气机械和器材制造业
15酒、饮料和精制茶制造业	41其他制造业	39计算机、通信和其他电子设备制造业
16烟草制品业	42废弃资源综合利用业	40仪器仪表制造业
17纺织业	44电力、热力生产和供应业	43金属制品、机械和设备修理业
18纺织服装、服饰业	45燃气生产和供应业	
19皮革、毛皮、羽毛及其制品和制鞋业	46水的生产和供应业	
22造纸和纸制品业		

在实际生产中，流程型生产中也有部分离散型生产过程，如27医药制造业中的药剂分装环节；同样，离散型生产中也存在流程型的工艺，如表面处理工艺等。具体划分时，依据行业的主导工业代谢特点，即以离散型生产为主的行业划分为离散型行业，以流程型生产为主的行业划分为流程型行业。

3.2 工业生产运行与最小产污基准模块识别

3.2.1 最小产污基准模块

最小产污基准模块，也称为产污工段，是指可独立生产运行且污染物产生和排放行为可量化的一个生产工序或多个生产工序的集合，是按一定规则综合提取的生产单元，是对工业污染源进行特征刻画的最基本单元，也是产排污核算模型开发的基准模块。

最小产污基准模块概念的提出主要源于现实生产。理论上，完整的生产过程是由多个生产工序组成的，从原料到产品各工序环环相连。但由于社会分工协作、原料供给等众多原因导致部分企业生产流程不完整；此外，一些易逃逸难捕集的无组织排放污染物主要集中产生自某些典型的装备装置或过程，且与其他污染物的排放特征具有较大差异。上述生产与排放特征均是最小产污基准模块识别时需要考虑的重要因素。

工业生产是一个环环相扣的系统过程，无论是流程型生产还是离散型生产，一个生产企业都是由不同的生产车间或是不同的工艺单元组成的，见图3-3。

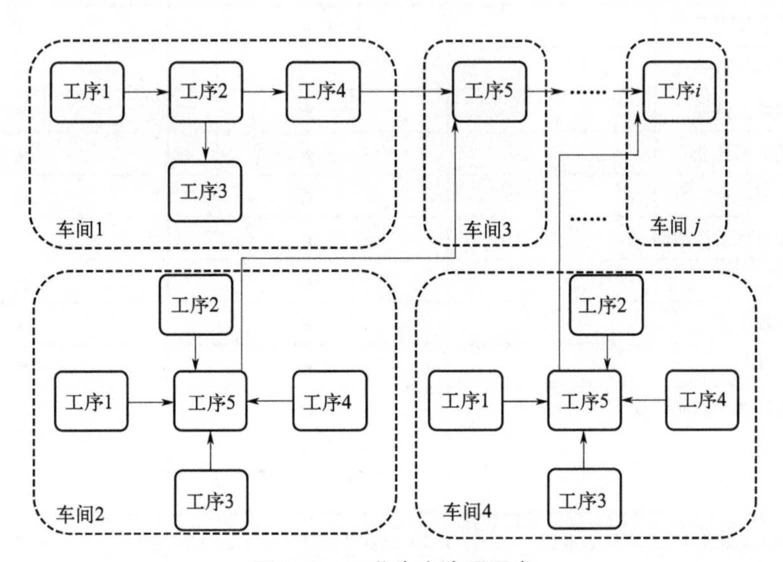

图3-3　工业生产流程示意

由于企业的生产受社会分工、原料供给、装备和技术等多重生产要素的制约，在现实中存在着同一种产品的生产，可由同一企业独立完成，也可由不同企业分工合作完成的情况。以流程型行业棉印染加工为例，棉制品加工的主要工艺流程为“前处理—印染/印花—后整理”。实际生产中，特别是制造业产业链的分工合作不断精细化，生产同类产品的预处理、加工、后处理工段既可以在一个企业完成，也可以根据生产流程由不同上下游企业合作完成。因此，在对污染源进行刻画时，需要分别针对“前处理”、“染色”、“印花”和“整理”等工段，针对各工段工艺、原辅料及污染物产生排放的差异，逐一识别和研究。

最小产污基准模块的划分，是基于对全部工业生产规律的研究，对现实的生产过程可拆分的影响因素及受控条件进行辨识的结果，也是全覆盖低冗余开展工业污染源产排污量化的理论依据。在产污基准模块划分的基础上，可进一步对每一个基准模块内影响污染物产生排放的因素进行辨识和量化，从而建立具有“可拆分、可组合”特点的量化核算方法体系，确保各企业在污染物产排量核算时，可灵活选择适合的方法与参数。同时，产污基准模块的划分也充分结合了当前我国环境管理依法、科学、精准治污的需求，特别是精准化方面，打破了研究对象（即工业企业）的厂界边界，并聚焦在具体的产排污工艺或者环节上，既突出了主要矛盾，也能提升管理与污染量化核算效率。

分别对流程型行业和离散型行业的企业实际生产状况、主要产污环节进行初步调研和分析，结果如表3-4和表3-5所列。

表3-4　流程型行业企业实际生产概况

行业名称	部分流程独立运行	大型的车间和装置
06煤炭开采和洗选业	★	★
07石油和天然气开采业	否	否
08黑色金属矿采选业	★	★
09有色金属矿采选业	★	★
10非金属矿采选业	否	否
11开采专业及辅助性活动	★	★
12其他采矿业	否	否
13农副食品加工业	★	★
14食品制造业	★	★
15酒、饮料和精制茶制造业	否	否
16烟草制品业	★	★
17纺织业	★★	★★
18纺织服装、服饰业	★	★
19皮革、毛皮、羽毛及其制品和制鞋业	★	★★
22造纸和纸制品业	★	★★
23印刷和记录媒介复制业	★	★
25石油、煤炭及其他燃料加工业	★★★	★★★
26化学原料和化学制品制造业	★★★	★★★
27医药制造业	★★	★★
28化学纤维制造业	否	否

续表

行业名称	部分流程独立运行	大型的车间和装置
29橡胶和塑料制品业	★	★
30非金属矿物制品业	★★	★★★
31黑色金属冶炼和压延加工业	★★	★★★
32有色金属冶炼和压延加工业	★★	★★★
41其他制造业	★	★
42废弃资源综合利用业	否	否
44电力、热力生产和供应业	★	★★
45燃气生产和供应业	★	★
46水的生产和供应业	否	否

注：表中★的多少表示与问题的符合程度。

通过表3-4可知，流程较短的行业，企业生产基本上以完整流程生产为主；对于工艺过程复杂、长流程的冶金、石化、化工及产品种类繁杂的文化用品生产等行业，某一企业完成某一种产品的部分生产过程的情况较为普遍。对于冶金和石化行业，由于以大型企业为主，企业法人多以集团形式存在，实际上，一个企业法人之下会有多个不在同一地点的以分厂形式存在的独立运行车间或装置。

表3-5　离散型行业产污环节概况

行业名称	主要产污环节数量	与产品和功能的关系
20木材加工和木、竹、藤、棕、草制品业	10个以上	部分污染物相关
21家具制造业	10个以上	部分污染物相关
24文教、工美、体育和娱乐用品制造业	20个以上	部分污染物相关 部分产品相关
33金属制品业	10个以上	不直接相关
34通用设备制造业	10个以上	不直接相关
35专用设备制造业	10个以上	不直接相关
36汽车制造业	10个以上	不直接相关
37铁路、船舶、航空航天和其他运输设备制造业	10个以上	不直接相关
38电气机械和器材制造业	20个以上	部分产品相关
39计算机、通信和其他电子设备制造业	20个以上	部分产品相关
40仪器仪表制造业	20个以上	不直接相关
43金属制品、机械和设备修理业	20个以上	不直接相关

对于离散型行业，表3-5的信息表明，该类型的行业，其污染物的产生主要与产污基准模块的生产加工过程相关，与最终产品的性能或外形的大小相关性不大。电子电气产品中，如PCB板生产、电线及元器件生产过程属于流程型，与产品的性能直接相关。但需注意，随着生产技术设备的集成化、自动化、信息化、智能化，越来越多的离散型

行业企业中的部分工序也逐渐呈现“流程型”的特征，如PCB制造过程中，随着生产技术水平的整体提升，部分电镀、蚀刻、清洗等设备实现流程化、一体化，生产过程呈现“流程型”特征，而其他生产过程仍呈现为“离散型”特征。

在综合评估我国工业生产活动中区域分工和专业化生产的现状与趋势的基础上，根据流程型和离散型生产代谢特点，本书分别建立了多准则最小产污基准模块识别筛选方法。其中，流程型行业产污基准模块的判定旨在满足产品生产过程与企业运营状态的一致性，离散型行业产污基准模块的判定重点在于共性产污环节的提取。

通过对产污基准模块的识别提取，形成可拆分、可组合（即长流程工艺可拆分为若干产排污环节，若干短流程产排污环节可组合为长流程工艺）的模块化刻画方式。

3.2.2　核算单元的多重筛选准则

目前国内的三版产排污系数按照其制定的基准年，可分为“1996版”、“2007版”（即“一污普版”）和“2017版”（即“二污普版”）。将“2007版”系数与其他工业污染源产排污系数核算方法进行比较发现，当前我国工业生产活动越来越多地体现出区域分工和专业化生产的趋势，细化的、符合企业实际生产情况的核算需求日益凸显。以往多数行业在系数制定时对影响因素中“工艺”的识别和筛选仅考虑典型的全流程工艺，但实际上存在部分工序由独立生产运行的企业完成的情况。因此，建立符合专业化分工背景下模块化的核算方法是产排污核算方法优化的重要方向。

3.2.2.1　流程型行业核算单元判定准则

流程型行业的工业生产一般存在多个相互耦合关联的过程；由于原料属性成分多变，加工过程包含复杂的物理过程和化学反应，不同产品生产的工艺流程长短不一。通常一个完整的工艺流程，即从原料投入到产品产出，包括若干个工艺过程。在一些工艺流程较长的产品生产中，全工艺流程与仅涵盖部分工艺流程的企业共存，如水泥生产，生产熟料、生产水泥、既生产熟料也生产水泥的企业均在现实中存在。产污系数的最终目的是用于工艺过程或企业的产污量核算，与企业实际生产情况吻合十分必要。对于工艺流程较长，存在形式多样的产品生产，需针对企业生产的实际情况进行工段的拆分。在工段划分的基础上，分别确定各工段不同污染物的产污系数，建立具有“可拆分、可组合”特点的产污系数体系，确保各企业在污染物产生量核定时，可灵活选择适合的产污系数。不产生污染物的工艺过程不用单独形成工段，理论上拆分后的工段数≤工艺过程数。以产污系数核算为目的的流程型行业产污工段划分准则如下：

① 可测量准则。核算单元须具备污染物采样和测量的条件。

② 现实性准则。核算单元须涵盖现实中运营的企业或企业内部独立运行的车间。对于没有污染物产生的工艺过程，无需作为核算单元。理论上，核算单元数≤工艺过程数。

③ 适度性准则。减少冗余度，避免核算单元拆分过细导致参数获取难度增加，保障核算单元的完整性。对工艺过程之间具有水循环、能量梯级利用等关联代谢关系的不可拆分。

流程型行业核算单元判定示意见图3-4。

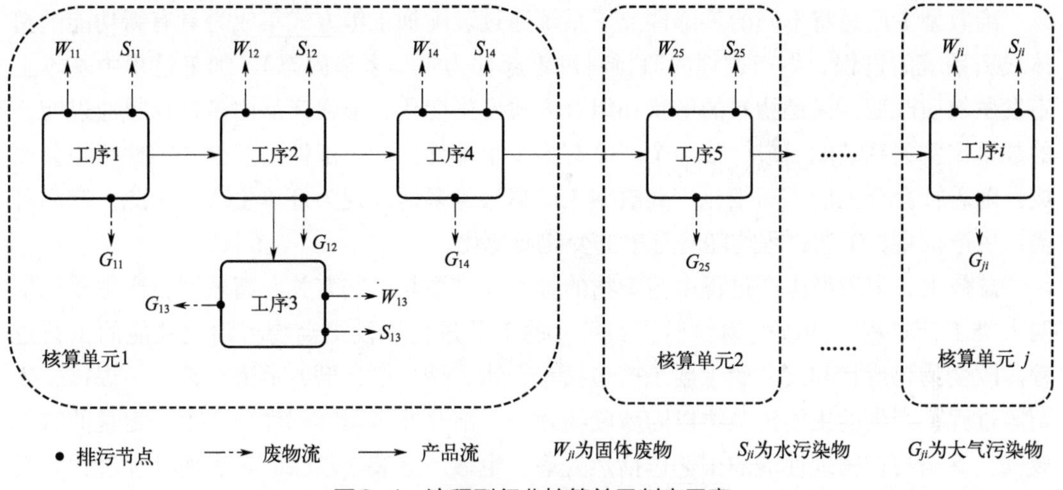

图3-4　流程型行业核算单元判定示意

图3-4表示某一包含i个工艺过程（工序）的生产流程，如果按照产污工段划分准则可拆分为j个工段（核算单元），则表明每个工段在现实中均有独立从事生产的企业（例如企业A仅有工段1，企业B可能有2个以上的工段，企业C包括了从工段1到工段j的所有工段），$i \geqslant j$。

其中：

S_{ji}——工段j第i工艺过程所有产污节点的某一废水污染物产生量；

G_{ji}——工段j第i工艺过程所有产污节点的某一废气污染物产生量；

W_{ji}——工段j第i工艺过程所有产污节点的某一固体废物产生量。

某一工段某一废水、废气、固体废物产生量（PS_j、PG_j、PW_j）等于该工段内所有工艺过程各产污节点某一污染物产生量之和，即：

$$PS_j = \sum_{i=1}^{n} S_{ji}$$

$$PG_j = \sum_{i=1}^{n} G_{ji}$$

$$PW_j = \sum_{i=1}^{n} W_{ji}$$

式中，n为工段j内产生排放污染物的工序总数量。

实际计算时，同一企业某污染物全年的产生量为该企业同年实际生产的全部工艺

（即各工段或产污环节），不同产品、原料、规模下的污染物产生量之和。废气产生量计算时，要考虑到废气的排气烟囱不同，分别计算。实际生产中，很多企业备有供热锅炉，在计算某企业污染物产生量时，应作为一个单独的工段纳入企业的产污量计算。

3.2.2.2 离散型行业核算单元判定准则

离散型生产是将不同的零部件及子系统通过装配加工等方式集成为具有新功能的整体或新系统的过程。生产过程的原材料以零部件为主（多呈固态），加工过程中基本上不发生物质改变，只是物料的形状和组合方式发生变化。最终产品由多种物料通过明确的数量比例关系装配而成，如一个产品有多少个部件，一个部件由多少个零件等组装而成。随着社会分工的不断细化，离散型工业越来越多地表现为订单生产，为此，产品种类、生产批量、工艺过程均随着订单的变化而变化。

总体上，离散型生产过程中污染物的种类和来源与工艺有关。离散型生产主要包括两大类工艺过程，即改变物料形状和尺寸的工艺过程以及提高物料物理性能的工艺过程。改变物料形状和尺寸的主要工艺包括车、钳、铣、刨、磨、铸造、锻压、焊接、吹塑等过程，产生的主要污染物以固体废物为主，部分非金属零部件会产生一定量的有机废气；提高物料物理性能的工艺包括热处理、电镀、涂装（喷涂）等表面处理过程，会产生废水、废气和固体废物。通常一个完整的离散型生产流程包括粗加工—精加工—装配—检验—包装。不同的行业由于加工的产品不完全相同，上述流程的各个环节的具体工艺也有所不同，表面处理过程大多在精加工阶段。离散型生产过程的流程见图3-5。

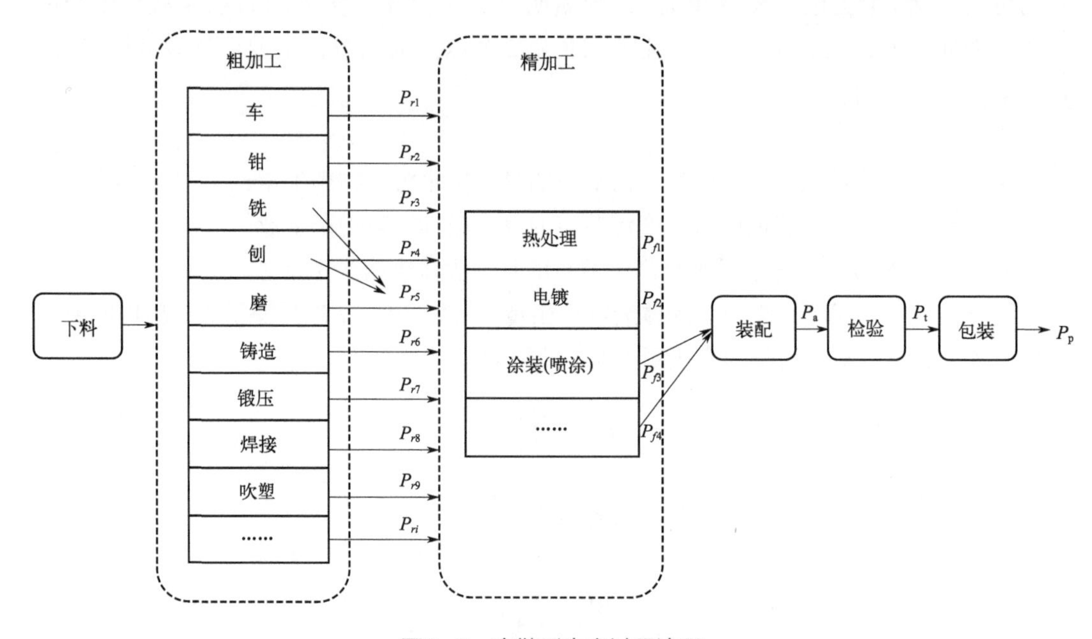

图3-5　离散型生产过程流程

$P_{r1} \sim P_{r9}$，P_{ri}—粗加工过程，不同生产工艺的产品，例如P_{r8}为焊接产品；$P_{f1} \sim P_{f4}$—精加工过程，不同生产工艺的产品，例如P_{f3}喷涂产品；P_a—装配后产品；P_t—检验后产品；P_p—包装后的最终产品

离散型生产核算单元提取准则如下：

① 目的性准则。基于污染物产生量核算对核算单元进行提取；重点关注产污量或环境影响较大的工艺，如表面处理、涂装、焊接、注塑等。

② 完整性准则。提取后的核算单元应能覆盖生产该产品所需的所有工艺过程。

③ 通用性准则。所提取的核算单元在同行业不同产品产排污特征及产排污量方面具有相似性或一致性，满足通用核算需求。

由于离散型生产过程的特点，对于这类行业，首先是筛选所有通用的有污染物产生的工段，然后是分析通用工段污染物产生的影响因素和不同的组合，最终形成通用工段的产污系数。

3.2.2.3 核算单元判定结果

根据该研究提出的流程型和离散型行业核算单元的识别和筛选准则，41个行业产排污核算单元划分结果如图3-6所示。由图3-6可见，流程型行业核算单元数量远多于离散型行业。一方面是因为流程型行业产品类型多、工艺流程长。例如，核算单元数量最多的2个行业为化学原料和化学制品制造业与石油、煤炭及其他燃料加工业，前者包含了有机化

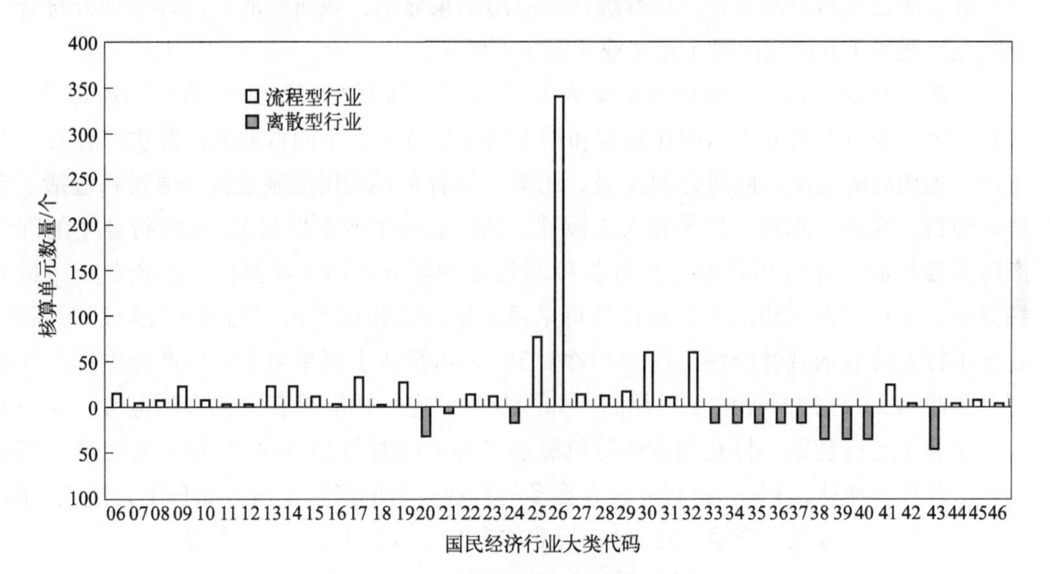

图3-6 工业行业核算单元数量判定结果

06—煤炭开采和洗选业；07—石油和天然气开采业；08—黑色金属矿采选业；09—有色金属矿采选业；10—非金属矿采选业；11—开采专业及辅助性活动；12—其他采矿业；13—农副食品加工业；14—食品制造业；15—酒、饮料和精制茶制造业；16—烟草制品业；17—纺织业；18—纺织服装、服饰业；19—皮革、毛皮、羽毛及其制品和制鞋业；20—木材加工和木、竹、藤、棕、草制品业；21—家具制造业；22—造纸和纸制品业；23—印刷和记录媒介复制业；24—文教、工美、体育和娱乐用品制造业；25—石油、煤炭及其他燃料加工业；26—化学原料和化学制品制造业；27—医药制造业：28—化学纤维制造业；29—橡胶和塑料制品业；30—非金属矿物制品业；31—黑色金属冶炼和压延加工业；32—有色金属冶炼和压延加工业；33—金属制品业；34—通用设备制造业；35—专用设备制造业；36—汽车制造业；37—铁路、船舶、航空航天和其他运输设备制造业；38—电气机械和器材制造业；39—计算机、通信和其他电子设备制造业；40—仪器仪表制造业；41—其他制造业；42—废弃资源综合利用业；43—金属制品、机械和设备修理业；44—电力、热力生产和供应业；45—燃气生产和供应业；46—水的生产和供应业

工产品和无机化工产品生产，企业规模多样，生产方式多样，原料众多难以统计，生产工艺因产品不同而变化；后者生产流程长，下游产品发散。另一方面是因为按专业化分工生产的现状，对传统长流程工艺实现了模块化核算。以水泥行业为例，按照流程型行业拆分准则，根据我国水泥生产现状，全流程水泥工艺可拆分为熟料生产环节、水泥生产环节、粉磨站环节，以符合当前水泥行业粉磨站独立运营的现状。

“2017版”产排污系数之前，系数制定一般按照《国民经济行业分类》分行业进行。而基于行业分类的模块化产排污核算系数体系的建立，不仅增强了系数的适用性，更提升了系数的覆盖度，特别是对于产品规格不一、功能不同且升级换代相对频繁的离散型行业而言，不仅可实现各种产品生产过程产污量的核算，也便于产污系数的动态更新和调整。以机械加工类行业（行业代码为33～37）为例，根据行业生产加工的特点和主要产排污特征，共筛选提取了17个产污环节，包括铸造、锻造、粉末冶金、下料、冲压、预处理、机械加工、树脂纤维加工、焊接、粘接、转化膜处理、热处理、装配、涂装、检验测试和表面处理。再如音响设备制造和影视录放设备制造行业，“2017版”产排污系数所提取的6个共性产污工段覆盖了该行业的全部产污环节，相比“2007版”产排污系数的核算单元减少了57.14%，大幅减少了产污系数的冗余。

第二次全国污染源普查、环境统计等应用结果显示，该研究的产污环节划分符合行业特点，适用于我国现阶段工业企业实际生产情况。

离散型行业产污工段筛选结果见表3-6。由于《国民经济行业分类》（GB/T 4754—2017）中工业行业的分类以产品特点和用途为主要依据，不同行业间产品生产存在部分生产过程相同的情况，特别是24文教、工美、体育和娱乐用品制造业，原材料包括了金属、塑料、橡胶、木材、竹子和人造板等，其产品的生产不仅与33～40行业中的部分产污工段相同，且与20行业、21行业和29行业的部分产污工段类似，在企业产污量的核算中，上述产污工段的产污量核算可采用其他行业相同产污工段的污染物产污系数，属于本行业特有的共性产污工段为17个；38～40行业主要是电子电器产品生产，其中部分生产与33～37行业的工段相同，如涉及与“电”功能无直接关系的电镀、涂漆等表面涂装工艺，切割、打孔和裁切等机械加工等；同时与33～37行业主要生产金属制品和工业设备相比，38～40行业具有更多的行业特有的产污工段，如PCB、集成电路、电子元器件和漆包线生产等，38～40行业的产污工段多于33～37行业。

表3-6　离散型行业产污工段汇总　　单位：个

<table>
<tr><th>行业代码</th><th>产污工段数</th><th>行业代码</th><th>产污工段数</th><th>行业代码</th><th>产污工段数</th></tr>
<tr><td>20</td><td>32</td><td>33</td><td rowspan="5">21</td><td>38</td><td rowspan="3">29
（除与33～37重复）</td></tr>
<tr><td>21</td><td>6</td><td>34</td><td>39</td></tr>
<tr><td rowspan="3">24</td><td rowspan="3">17
（除与其他行业重复）</td><td>35</td><td>40</td></tr>
<tr><td>36</td><td rowspan="2">43</td><td rowspan="2">与33～37相同</td></tr>
<tr><td>37</td></tr>
<tr><td>产污工段数合计</td><td colspan="5">105</td></tr>
</table>

3.3　污染物产生与排放的主要影响因素辨识

3.3.1　工业生产基本代谢过程

工业生产是将资源和能源转化为产品、副产品和污染物的代谢过程。工业生产中，需要土地、劳动力、资金、技术、资源、能源和原辅材料的投入，除此之外，工业生产的正常运转还需要政策和相关措施的保障。工业生产是一个非常复杂、非线性的过程，现代的工业生产基本上包括四个过程，即投入过程、转换过程、产出过程、去除过程，见图 3-7。

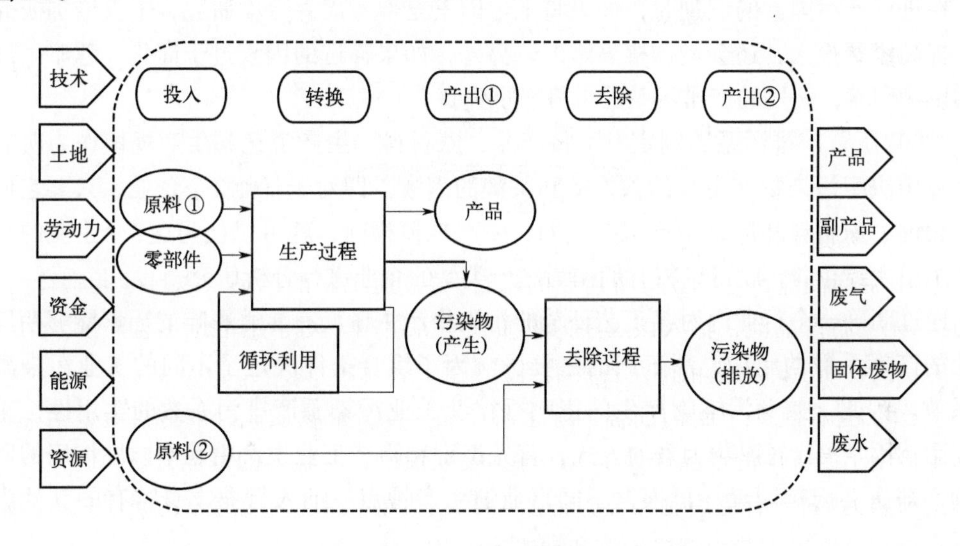

图3-7　工业生产过程

不同的行业、同行业中不同的产品生产、同产品生产中不同的工艺路线，对于资源和能源的消耗均有所差异，有些是完全不同的，因此产生的污染物，从种类到性质也有很大差别，经过处理排放到环境中造成的影响也不尽相同。

① 投入过程：以产品转化为目标，有目的性地选择原料、辅料、能源、空气、水的过程。

② 转换过程：原料转化为产品的过程，涉及产品制造的工艺路线等信息，具体包括工艺过程、工艺参数和技术装备水平等。

③ 产出过程：产品产出的过程，往往伴随着污染物的产生。

④ 去除过程：从污染物产生经末端治理设施处理后排放到环境中的过程。

3.3.2 污染物产生与排放的影响因素

3.3.2.1 污染物产生的主要影响因素

各工业行业生产过程千变万化，影响污染物产排量的因素众多，相互间关系复杂。科学而合理地选定影响工业源污染物产排量的关键和共性影响因素尤为重要，影响因素应该对行业某工艺环节的污染物产生量具有显著影响。在识别这些影响因素时需要遵循和把握变繁为简、重点突出、繁简适度的原则，识别筛选出可量化、可获取的主要因素。区分不同行业工业生产活动过程的主要因素一般包括原材料、产品、生产工艺、生产设备、技术水平等客观因素，而管理制度和员工技能主要体现在同行业同类型企业之间的差异，属于主观因素。除此之外，同行业同类型企业之间的差异还反映在生产规模上。

在进行产污因素的识别时，如果将上述因素全部考虑并分类研究，不仅增加研究难度、提高经费投入，还会增加核算难度。另外，如果筛选的因素过于简化，忽略了决定性的影响因素，开发的产排污系数也将严重失真。

“2007版”产排污系数制定时，将产品、原材料、生产工艺和生产规模作为所有工业企业中决定污染物产生量的共性的和关键的因素。即对于任意2个企业，只要它们的产品相同、原材料相同、生产工艺相同、生产规模相同，就可以认为这2个企业的污染物产生量大致相同，就可以将它们作为同一类型的企业进行分析研究。

通过明确一个行业内对某工艺环节的污染物产生量具有显著影响的因素能够明确该行业的产污系数的组成，即不同的主要影响因子组合条件决定了不同的工业污染源产污系数。因此，兼顾污染物产生的影响规律及工业污染源产排污系数的实用性，采用主要影响因素+其他影响因素的方式，首先识别和筛选工业生产中起本质性作用的影响因素，即主要影响因素，再根据不同行业的生产特点，纳入行业本身特有的其他影响因素。

主要影响因素是指影响显著、起决定性作用和可量化的共性因素；其他影响是行业独有的影响因素，并与主要影响因素有相同的作用。清洁生产审核中提出的原材料、技术工艺、生产设备、过程控制、管理水平、员工技能、产品和废弃物8要素是企业进行环境诊断的八个方面，也代表了工业生产过程中有共性的因素，而产品和废弃物又受到前6个因素的影响，对上述要素进行了主观因素和客观因素的划分，确定了污染物（废弃物）产生的主要影响要素，如图3-8所示。其中原材料、产品、技术工艺、生产设备、过程控制等是由外界条件决定的，属于客观因素，而管理水平和员工技能主要和人相关，属于主观因素。客观因素中技术工艺、生产设备和过程控制对污染物产生影响作用的相关性较为明显，在数据获取时，可体现为生产工艺和生产规模。产污系数定义中的特定条件，即为原材料、生产工艺、生产规模、产品和其他因素（如果存在）中2～5个因素的组合。

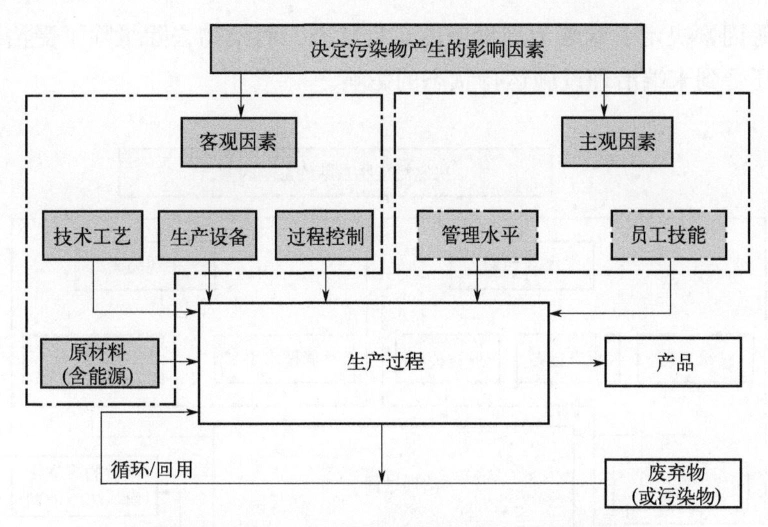

图3-8　生产过程中污染物产生的影响因素示意

对于一般工业过程，产污系数（C_g）和影响因素的关系表达如式（3-4）所示：

$$C_g = f\left(k_m x_m,\ k_t x_t,\ k_s x_s,\ k_p x_p,\ k_a x_a\right) \tag{3-4}$$

$$k_m + k_t + k_s + k_p + k_a = 1 \tag{3-5}$$

式中　x_m——进入生产过程的原材料；

x_t——采用的生产工艺；

x_s——与生产工艺和生产设备相关的生产能力，即生产规模；

x_p——生产过程产出的产品；

x_a——其他影响因素；

k——影响因素的影响程度。

3.3.2.2　污染物排放的主要影响因素

理论上，治理过程也是工业生产的一个过程，是工业生产过程有机整体的一个部分。污染物治理（去除）过程的因素与生产过程类似，主要如图3-9所示。

（1）治理技术的影响

对于工业企业的污染物治理过程来说，末端治理技术直接决定了污染物的去除情况，末端治理技术的去除率同样决定了污染物的去除量。一般来说同一种治理技术在不同的行业由于所处理的污染物组分和性质不同，其去除率也有所差异。

（2）末端治理设施实际运行率的影响

治理技术的种类虽然直接决定了污染物的削减情况，但需同时注意，同一种治理技术在同一行业的不同企业内的处理效果、运行状态有所差异。企业的管理水平、对环保的重视程度等因素决定了末端治理设施的运行状态。污染物去除量除了受治理技术去除率的影响，还受到末端治理设施运行状态的影响。

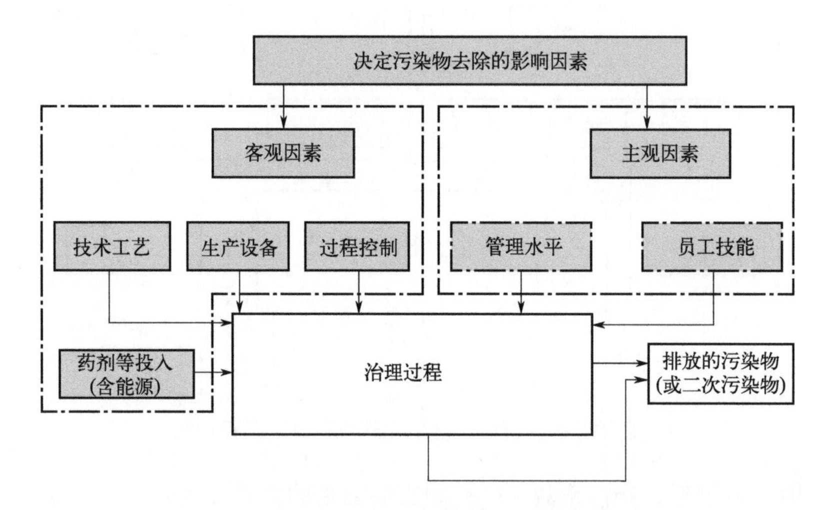

图3-9　治理过程污染物去除的主要影响因素

例如，同行业同类型的两家企业A和B（具有相同产品、原料、工艺、规模、末端治理技术），其中企业A所在区域环境管理水平高、监管要求严格，末端治理设施全年稳定运行，开工率100%，企业B所在区域环境管理水平低、监管要求低，末端治理设施非稳定运行，开工率50%，其污染物排放量的最终结果是，由于企业B的末端治理设施非稳定运行，污染物去除量是企业A的1/2，导致企业B的污染物排放量远高于企业A。由此，在排放量的核算时，即使是同类型企业，采用相同治理技术的情况下，治理设施的运行状态也需进行考虑。由此，本研究提出采用末端治理设施实际运行率k对去除量进行修正。即污染物（x）去除过程的去除量可以表示为：

$$f(x)_{\text{去除}} = f(\eta,\ k) \tag{3-6}$$

式中　η——污染物去除率；

k——末端治理技术运行状态。

3.4　影响因素组合的识别与确定

影响因素组合指某一核算单元内对污染物产生与排放有显著性影响的因素组合（如产品、原材料、生产工艺、生产规模、治理技术等）。通过影响因素组合，能反映一个独立的核算单元中主要的产污环节、产品、工艺、原料和治理技术等基本信息。如同一组合中不同企业相同核算单元中产污强度接近，排放强度则根据企业治理设施的实际运行行状况有所不同。最终确立的某一行业影响因素组合是在对行业生产活动及产排污现状充分了解的基础上，基于统计学理论并综合权衡技术和经济可行性的结果。

一般情况下生产过程中污染物产生量是产品、工艺、原料、规模等因素的函数，对于任意2个企业中相同的核算单元，只要其产污影响因素组合相同，就可以认为这2个企业相同的核算单元产生的污染物量大致相同，可将它们视为同一核算单元进行分析研究。

不同行业污染物产生水平的影响因素不尽相同，需区分对待。表3-7列举了部分行业产污水平的主要影响因素。对于某些行业，如采矿业，其产污系数与自然条件关系密切，如煤炭开采行业不同矿区矿井水的产排量差别较大，产污系数核算需将区域作为分类主要因素；石油开采业中不同油田含水率对水污染物的产排量影响较大，产污系数核算时需考虑油田含水率的差异；制造业以及电力、热力、燃气及水生产和供应业中一般涉及燃烧过程（如各类锅炉和炉窑）的污染物产生则主要与原料有关，其次也受产品、工艺、规模的影响。对于离散型行业，污染物产生一般主要与产品有关，而当产品差异性较大时，影响因素优先考虑原料，其次考虑工艺和规模。

表3-7　部分行业产污水平主要影响因素

行业类别/主要工艺过程	污染物	产污水平主要影响因素				
		产品	原料	工艺	规模	其他
石油开采	废水污染物（COD、氨氮、石油类、挥发酚等）	★	★	★	★	★例如地质条件（油田含水率）
煤炭采选	废气污染物	★	★★	★	★	
	废水污染物	★	★	★	★	★例如开采区域水文地质条件
黑色/有色金属矿采选与冶炼	废气污染物（二氧化硫、氮氧化物、颗粒物等）	★★	★	★	★	
火电、锅炉等燃料燃烧过程	废气污染物（二氧化硫、氮氧化物、颗粒物等）	★	★★燃料	★	★	★例如污染治理技术（炉内脱硫/脱硝）
印刷、家具/喷涂等	VOCs	★	★★ 例如有机溶剂原辅料	★	★	
造纸等	废水污染物（COD、氨氮、总氮、总磷）	★★ ★★	★ ★	★ ★	★ ★	★例如污染治理技术
电镀	废水污染物（COD、氨氮、重金属）	★★	★	★	★	★例如镀种及镀件面积
机械、电子	废水污染物、废气污染物（不含VOCs）	★★	★	★	★	

注：★★为首要影响因素，产污系数制定时可优先作为系数单位，★为其他影响因素。

根据第2章中对我国工业污染源产排污系数的研究进展综述可知，在2017年以前，也就是“2007版”系数手册中，除了个别行业采用物料衡算法计算产污系数（如火电行业的二氧化硫和颗粒物的产污系数采用利用物料衡算原理建立的函数法系数表达式）外，其他行业的影响因素组合的识别多以定性判断为主，即由对该行业产排污情况掌握和熟悉的专业技术人员根据经验判断划分组合，再咨询相关行业及环保专家确定。随着我国工业污染源管理水平的不断提升、管理手段和经验的积累，在对部分行业的产排污规律及相关数据积累的基础上，定量化识别和确定产污水平影响因素组合的方法也应当持续进行开发和完善。

目前对产污水平等影响因素组合采用量化手段确定时，最大瓶颈问题之一是工业生产要素信息的收集掌握与量化。一些行业的工艺、产品、原料等信息散落在不同的部门和各个企业，污染排放数据也存在多来源、多口径的现状。为此，本研究提出了两种影响因素组合识别判定方法，一是基于适用性评估的定性分析判定法，即通过开展“2007版”系数影响因素组合的适用性评估，为本研究影响因素组合的确定提供借鉴；二是开发了基于多元统计分析的产污系数影响因素组合定量识别技术，在核定、量化产污系数时，通过回归分析建立污染物产生量与某些关键影响因素的相关性及敏感性分析，确立影响因素组合。

3.4.1 基于适用性评估的定性分析判定法

（1）已有影响因素组合的适用性评估方法

根据“2007版”系数手册，可以得到全部的“2007版”系数影响因素组合数量和内容，由于工业生产和环境治理水平的提升，历经10多年的调整变化，部分行业的产排污水平的影响因素逐步发生了变化。对这种变化及适用性开展评估，不仅能够快速掌握行业的基本产排污状况，还能够为符合当前工业生产运行水平的产排污影响因素组合提供基础信息。为此，本研究建立了工业产排污系数组合适用性评估指标体系，如表3-8所列。

表3-8 工业产排污系数组合适用性评估指标体系

一级指标	二级指标	指标解释
行业完整性评估	行业分类的一致性	与《国民经济行业分类》（GB/T 4754—2002）相比，《国民经济行业分类》（GB/T 4754—2017）的行业数量、内容及主要产品等的变化，是否存在新增、变动
	行业覆盖的全面性	已有产排污系数的行业在《国民经济行业分类》（GB/T 4754—2017）中的覆盖程度
环境影响重要性评估	污染物排放量	行业主要污染物的排放量占比
	环境危害程度	行业污染排放的环境影响大小
	社会关注度	公众对行业环境影响的关注度
与工业生产的相符性评估	影响因素组合覆盖全面性	“2007版”产排污系数影响因素组合是否能覆盖当前行业实际生产状况
	污染物指标完整性	“2007版”产排污系数污染物指标是否满足当前对污染源产排污量化等需求
	影响因素组合合理性	“2007版”产排污系数影响因素组合与当前行业实际生产状况是否一致，工艺技术或者规模是否发生较大变动

该指标体系包含三个一级指标和8个二级指标。

① 行业完整性评估。首先，通过比对《国民经济行业分类》（GB/T 4754—2017）与《国民经济行业分类》（GB/T 4754—2002），梳理全工业行业已有产排污系数的缺失情况，开展全工业行业产排污系数完整性分析研究。

② 环境影响重要性评估。其次，基于《国民经济行业分类》（GB/T 4754—2017）进行环境影响重点行业筛选研究，评价指标体系指标主要为污染物排放量、环境危害程度、社会关注度等。

③ 与工业生产的相符性评估。最后，对“2007版”产排污系数的现状及其在当前工业生产体系中的适用性进行研究。评价指标体系指标主要包括影响因素组合覆盖全面性、污染物指标完整性、影响因素组合合理性等。

（2）影响因素组合的识别判定条件

根据“影响因素组合的识别与确定”中对产污水平影响因素的分析可知，影响因素的识别和筛选总体应遵循显著性、差异性、适度性和覆盖性等原则，如表3-9所列。

表3-9 影响因素组合的识别判定原则

序号	原则	说明
1	显著性原则	影响因素应该对行业某工艺环节的污染物产污量具有显著影响
2	差异性原则	相同工序内部，围绕行业生产特点，可以从“原料”“产品”“工艺”“生产规模”等方面但不局限于确定这些影响因素，并按影响因素影响程度的大小进行排序
3	适度性原则	对同一影响因素中的不同类别要素，如果对污染物产生量影响较小，可适当归并。例如，若生产同一产品的两种不同原料所产生的污染物量差别较小，则可以合并为一种
4	覆盖性原则	所识别和确定的行业产生/排放污染物的主要工艺（包括产排污节点）的污染物产生/排放量应覆盖本行业污染物产生/排放量的90%以上

3.4.2 基于多元统计分析的产污水平显著性影响因素辨识

受基础数据等条件限制，“2017版”系数手册主要沿用了“2007版”系数手册的定性判断方式，但对其进行了改进：一方面是通过开展“2007版”系数影响因素组合的适用性评估，为“2017版”系数组合的确定提供借鉴；另一方面是开发了基于多元统计分析的产污系数影响因素组合定量识别技术，并在部分数据积累较好的行业开展了探索性应用。在核定、量化产污系数时，通过回归分析建立污染物产生量与某些关键影响因素的相关性及敏感性分析，确立影响因素组合。基于此，运用改良后的方差分析法（阈值逼近法）和决策树方法建立了工业行业产污水平影响因素组合判定方法，并在部分数据基础较好的行业开展了应用（详见第6章）。

3.4.2.1 产污水平影响因素显著性判断

多元统计分析（multivariate statistical and analysis）是数理统计近几十年来发展起来的最重要的分支之一，用于对复杂数据进行科学分析，十分适用于对工业行业污染物产生的影响因素和影响程度进行深入挖掘。多元统计分析是对解决复杂因素之间相关关系多种技术的统称，在对相关方法的分析和比选基础上，结合不同行业的生产特征及行业信息（例如基础数据等）储备程度，可进一步筛选适合的量化方法（见图3-10）。

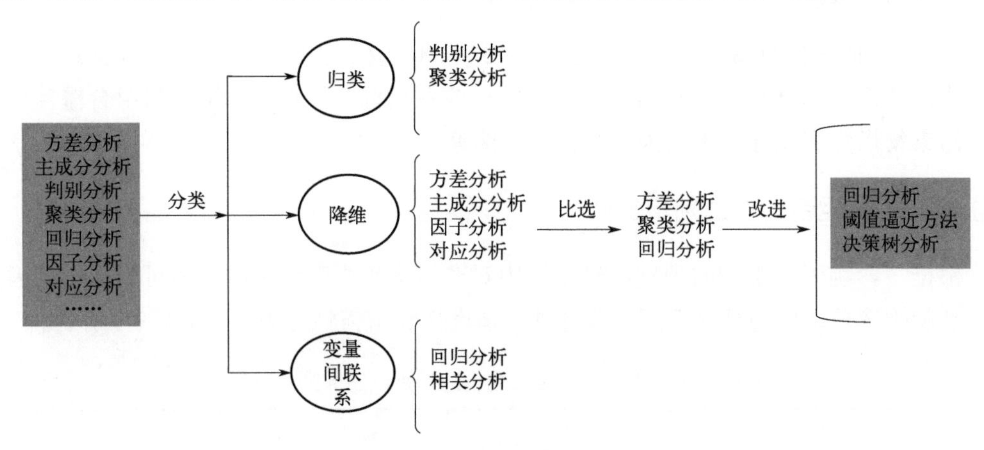

图3-10 方法比选及建立过程

回归分析主要用于研究变量与变量之间的相关关系。也就是一个因变量和其他不少于一个自变量之间非确定的相互作用关系，使用方程式将变量间的关系描述出来。回归分析可以通过自变量的变化去估计和观察因变量。回归分析包括一元线性回归、多元线性回归、一元非线性回归和多元非线性回归。

产污系数与影响因素关系中，产污系数是因变量，且为定量变量。在“污染物产生与排放的影响因素”一节中，已筛选出产污系数的5类主要影响因素，即原材料、生产工艺、生产规模、产品和其他因素（如果存在），认为产污系数是由这些因素的特定组合决定的，同时产污系数的变化受到多个影响因素的制约，因此可采用多元线性回归对产污水平影响因素影响显著性进行判断。

多元线性回归的数学方程式为：

$$y = \beta_0 + \beta_1 x_1 + \beta_2 x_2 + \cdots + \beta_n x_n + \varepsilon \tag{3-7}$$

式中 $\beta_0, \beta_1, \cdots, \beta_n$——回归系数；

ε——随机误差。

对y和$x_1, x_2, \cdots, x_{n-1}, x_n$分别进行$k$次独立观察，取得$k$组样本，则有：

$$\left\{\begin{array}{l} y_1 = \beta_0 + \beta_1 x_{11} + \beta_2 x_{12} + \cdots + \beta_n x_{1n} + \varepsilon_1 \\ y_2 = \beta_0 + \beta_1 x_{21} + \beta_2 x_{22} + \cdots + \beta_n x_{2n} + \varepsilon_2 \\ \vdots \\ y_k = \beta_0 + \beta_1 x_{k1} + \beta_2 x_{k2} + \cdots + \beta_n x_{kn} + \varepsilon_k \end{array}\right\} \tag{3-8}$$

其中，$\varepsilon_1, \varepsilon_2, \cdots, \varepsilon_k$相互独立，且服从$N$（0，$\sigma^2$）的分布。

由于自变量中原料的种类、产品的种类、生产规模、生产工艺等的数据类型在多元统计分析中，均属于定性变量，或称为分类变量，为此引入“哑变量”方法，对上述分类变量进行量化处理。哑变量也称为虚拟变量，以0或1的方式进行赋值，假设某一分类型自变量中有w种类别，则需引入w-1个哑变量，剩余一个类别作为参照类。产污系数影响因素显著性判断中，哑变量根据不同行业产污工段各影响因素中的类别进行设置。以原料为例，假设进入生产过程的原料有5种，引入4个哑变量，分别为$x_{m1}, x_{m2}, x_{m3}, x_{m4}$，哑变量赋值见表3-10。

表3-10　产污系数影响因素哑变量赋值

原料（x_m）	x_{m1}	x_{m2}	x_{m3}	x_{m4}
原料1	1	0	0	0
原料2	0	1	0	0
原料3	0	0	1	0
原料4	0	0	0	1
参照	0	0	0	0

回归分析法解决产污水平影响因素优先序识别的主要步骤为：

① 通过分析行业生产过程，确定产污系数为因变量，各种影响因素（原料、生产工艺、生产规模、产品、其他因素）为自变量，建立产污系数与影响因素之间的数学关系；

② 模型5个自变量均为分类变量，需要转化为相应的哑变量进入多元线性回归模型进行分析，哑变量引入原则及其赋值遵循表3-10；

③ 分析多元线性回归方程中的产污系数和各种影响因素之间的关系，确定对产污系数影响显著的因素。

进行产污系数核算时，明确一个行业内对某工艺环节的污染物产污量具有显著影响的因素，也就明确了行业产污系数特定条件的组成。在对多种多元统计方法比选并结合数据验证的基础上，构建了两种影响因素组合识别和产污系数量化技术，分别为阈值逼近分析方法（threshold approximation，以下简称TA法）和分类与回归决策树分析方法（classification and regression trees，以下简称CART法）。在具体产污系数核算时，根据生产过程的复杂程度、样本数据的符合情况和专家判断，选择适合的方法。

① CART法更适用于一组自变量中，某一个自变量对因变量的影响更为显著的情况。CART法在做特征选择时，均是选择最优的一个特征来做分类决策，很多情况下，在一组特征中，往往有几个特征对结果预测的影响作用相近，或是分类决策不由某一个特征决定，而是由一组特征决定。这种情况下，CART法的使用降低决策和预测的准确程度。TA法，以人工排序和判断为前提，在分析之初也考虑一组自变量之间的相互关系，可以弥补CART法的不足。对于有多个平行影响因素的情况，可采用TA法。

② CART法对样本数据质量要求较高。样本间的均匀性的变动，对树结构改变影响很大，对于样本间正则程度不十分高的情况，该方法的预测结果与实际情况也许会有较

大偏差。TA法，采用先设置阈值，再逐渐逼近的方式，减少了一组样本数据均匀性欠佳带来的预测结果偏离的可能，对于样本量较少，或是均匀性有限的情况，可选择TA法。

3.4.2.2 利用TA法的影响因素组合判断

产污系数是连续型因变量，而影响因素（原材料、生产工艺等）一般都是定性变量即分类变量。为了识别出特定产污系数的影响因素组合的分级，可通过比较各个可能的影响因素组合的产污系数是否存在统计学意义上的显著差异实现。如果某些因素组合所对应的产污系数不存在显著差异，则可将这些组合合并为同一类影响因素组合，所有满足该因素组合条件的企业或工段将采用同一个产污系数，一般选取平均值。将所有无差异的组合合并后，最终得到的因素组合之间的产污系数均存在显著差异，就表明这些合并后的因素组合即为最终识别出的影响因素组合。

通过多元统计分析，实现影响因素组合内偏差最小、组合间偏差最为合理。传统的方差分析更适用于分析一个自变量对因变量的影响，且工业污染源由于多种因素的作用，样本数据本身的波动性较大。阈值分析法以方差分析为基础，在3.4.2.1部分对显著影响因素识别的基础上，将一种组合改变为单一自变量，通过影响因素组合间阈值的设定，构建影响因素组合的阈值逼近方法，该方法应用的前提是：各样本是相互独立的随机样本；同一影响因素组合条件下各样本符合正态分布。阈值逼近方法，用于研究产污系数（因变量）与一组影响因素（自变量）之间的关系，它检验多个影响因素取值水平的不同组合之间，产污系数的均值之间是否存在显著的差异。具体步骤包括：

① 根据“污染物产生与排放的影响因素”一节中识别出的产污影响因素，基于常规判断，将影响因素完全相同的样本根据分类规律进行分类，例如，依据生产规模的不同由小到大排序，或是根据产品种类不同由污染产生量由少到多地排序等。形成原始影响因素组合：$A_1,A_2,\cdots,A_i,\cdots,A_n,n\geqslant 1$；若$n$=1，则不需要进行影响因素组合的确定。

② 初始阈值T_b设定。假设有m种污染物，根据样本数据的规律或根据专家经验给定初始的$T_{b1},T_{b2},\cdots,T_{bj},\cdots,T_{bm}$，$m\geqslant 1$。

③ 从第一种污染物开始依次计算原始影响因素组合中产污系数的均值：$M_{A1j},M_{A2j},\cdots,M_{Aij},\cdots,M_{Anm},m\geqslant 1$。

④ 计算G值。G值为相邻两个原始组合中均值的差，如式（3-9）所示。根据式（3-9）从A_1开始逐一计算原始影响组合的G_{1j}值。

$$G_{ij}=\left|M_{Aij+1}-M_{Aij}\right| \tag{3-9}$$

⑤ 比较。两两一组，从A_1和A_2开始，顺序依据以下的原则进行比较，直到A_n。

若$G_{1j}<T_{bj}$，将A_1和A_2两个原始组合进行合并，形成新的组合A_{12}，重复步骤③，并计算A_{12}组合内样本的偏态值（skewness）$|SK|$，若$|SK|\geqslant 2$，表明T_{bj}设定区间过大，改变T_{bj}赋值之后，重复步骤③～⑤。

若$G_{1j}>T_{bj}$，则假定A_1可以成为一个最终的组合。

如果所有的组合间G值均小于T_b，且所有的样本|SK|<2时，表明各影响因素对产污系数的影响并不显著，意味着该行业只需采用单一的产污系数取值，无需进行因素组合。

会存在不同污染物下组合确定的结果并不完全一致的情况，这表明各因素组合间的产污系数均值分布不完全相同。最终影响因素组合的确定可以通过3种途径：a.以行业特征污染物确定；b.以行业重点控制污染物确定；c.取不同污染物组合确定结果中，占比较高的分组。如果是途径a和b的最终确定方式，在进行判断时，为减少工作量，只需对特定的污染物进行上述步骤。阈值逼近方法核算步骤见图3-11。

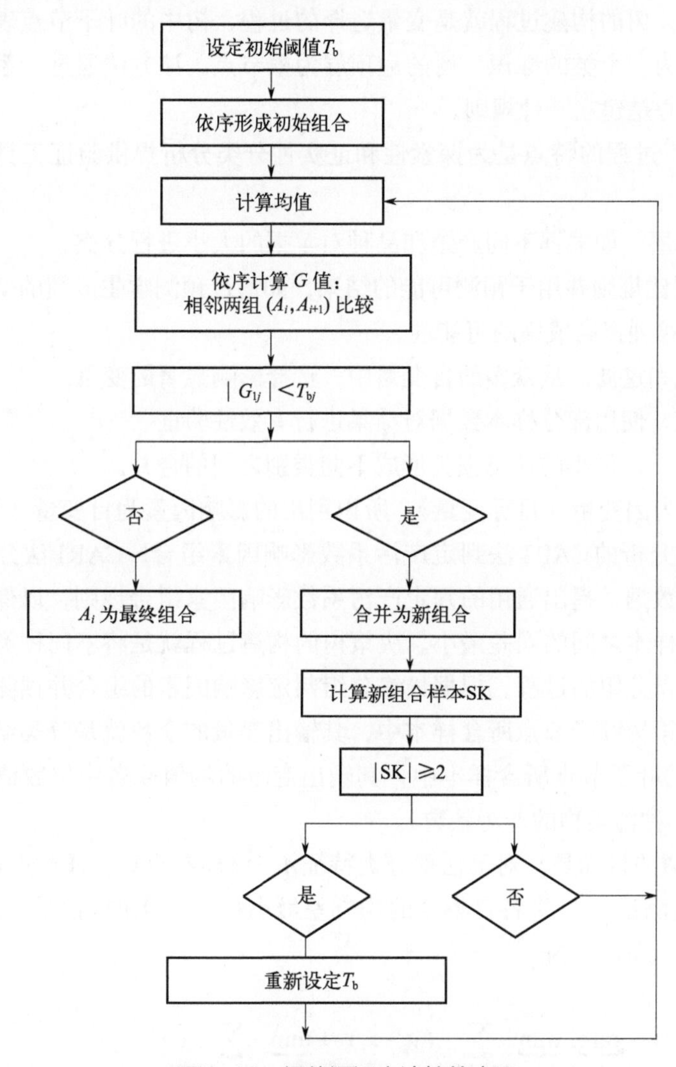

图3-11　阈值逼近方法核算步骤

实际计算时，也可将阈值T_b的设定放到原始影响因素组合中产污系数均值计算之后，以便根据各原始影响因素组合中产污系数均值之间的差异确定阈值T_b。为了便于表达，本书中采用了现有的顺序。

在产污系数的影响因素中，有些因素以连续变量形式出现，例如生产规模x_s。某企业的生产规模可以用产品总量等指标表示，这些指标有时是连续变量形式。在影响因素组合确定中，必须采用区间划分法将这类连续变量转化为离散形式。实际操作中，一般根据专家经验和行业特点，通常选取一些重要的整数阈值分割区间。阈值的确定，也可以通过统计检验结果进行反馈修正，直至能合理反映出不同组合条件下产污系数的差异。

3.4.2.3 利用CART法的影响因素组合判定

CART是决策树分析算法中的一种。顾名思义，决策树分析是采用类似于树的结构对类别进行划分，树的构建过程就是变量选择的过程，树中的叶子节点表示不同变量的分类，每棵树作为一个类的标识，树的最顶层为根节点。该方法通过一系列规则对数据进行分类，其核心是建立一种规则。

CART法分析过程的特点是为探索性和证实性分类分析提供验证工具。此过程可满足以下需求：

① 分段或分层。如根据不同产地和品种对苹果的大小进行分类。

② 预测。创建规则并用于预测可能的结果，如通过预测学生成绩的变化，预测某班级学生通过加大培训提高成绩的可能性。

③ 变量降维和过滤。从众多的自变量中，选择影响显著的变量。

④ 交叉确定。使用部分样本数据对结果进行有效性验证。

⑤ 类别合并。以最小的信息损失形成不同类别之间的合并。

设产污系数为因变量（目标变量），所识别出的影响因素为自变量（预测变量）。用适用于分类数据分析的CART法判定产污系数影响因素组合，CART法分析的目标就是如何根据样本的数据，提出通用的判定产污系数影响因素组合规则，以保证按照规则识别的产污系数与样本之间的误差最小。决策树的构造过程就是将不同种类或差异的影响因素根据规则不断分组的过程，根据最终分组判定影响因素的组合并预测不同组合下产污系数的值。决策树叶子节点所含样本中，其输出变量的众数就是分类结果（影响因素组合）；决策树的叶子节点所含样本中，其输出变量的均值或者中位数值就是预测结果（某一组合下某一种污染物的产污系数）。

CART决策树的目标是，对于任意分类特征A，将样本D对应任意点s两边分成样本D_1和D_2，计算出满足D_1、D_2各自集合的均方差最小和D_1、D_2的均方差之和最小的特征和特征值划分点。表达式为：

$$\underbrace{\min}_{A,s}\left[\underbrace{\min}_{c_1}\sum_{x_i\in D_1(A,s)}(y_i-c_1)^2+\underbrace{\min}_{c_2}\sum_{x_i\in D_2(A,s)}(y_i-c_2)^2\right] \tag{3-10}$$

式中 c_1——D_1样本输出均值；

c_2——D_2样本输出均值；

x_i——自变量；

y_i——因变量。

CART法实现过程分为两个阶段，即建树阶段和剪枝阶段。

（1）建树

建树阶段最主要的工作是特征选择，CART法算法中特征选择是基于基尼系数。基尼系数又称为基尼损失系数、基尼杂质系数或基尼不纯度系数，其目的是使每个子节点中的数据均匀性最好（最高的纯度），即落在子节点中的所有样本数据（观察）都属于相同分类。基尼系数实际上是某个样本在分类过程中选择正确的概率与选择错误的概率的乘积。如果某一个节点上所有样本数据相同，基尼系数为零。基尼系数越小，表明不纯度越低，分类越好。对于给定的样本D假设有k个类别，第k个类别的样本数量为C_k，则样本D的基尼系数表达式为：

$$\text{Gini}(D)=\sum_{1}^{k}\frac{|C_k|}{|D|}\left(1-\frac{|C_k|}{|D|}\right)=1-\sum_{1}^{k}\left(\frac{|C_k|}{|D|}\right)^2 \tag{3-11}$$

CART法的算法采用二分法，即一个父节点上会有两个分枝。对于样本D，如果根据特征A的某个值a，把D分成D_1和D_2两部分，则在特征A的条件下D的基尼系数表达式为：

$$\text{Gini}(D, A)=\frac{|D_1|}{|D|}\text{Gini}(D_1)+\frac{|D_2|}{|D|}\text{Gini}(D_2) \tag{3-12}$$

（2）剪枝

通常以所有样本作为一类样本集合计算初始基尼系数，为防止泛化能力差的问题，需要对CART决策树进行剪枝增加泛化能力，也就是对样本数据正则化。本书中，选择了带有交叉验证的后剪枝法，后剪枝即事先给定一个最大允许错误率，在允许CART决策树充分生长的条件基础上，修剪掉不符合预设基尼系数的分枝，直至计算出的错误率超过了最大允许错误率。交叉验证即先生成决策树，然后产生所有可能的剪枝（组合）方式，然后使用交叉验证来检验各种组合的效果，选择泛化能力最好的剪枝策略。本研究使用的CART决策树的剪枝算法可以概括为两步：第一步采用后剪树技术从原始决策树生成各种剪枝效果的决策树；第二步是用交叉验证来检验剪枝后的预测能力，选择泛化预测能力最好的剪枝后的树作为最终的决策树。

① 计算剪枝的损失函数度量。在剪枝的过程中，对于任意的一棵子树T，其损失函数为：

$$C_\alpha(T_t)=C(T_t)+\alpha|T_t| \tag{3-13}$$

式中　α——正则化参数，含义与线性回归的正则化相同；

$C(T_t)$——样本数据的预测误差，CART决策树中用基尼系数度量；

$|T_t|$——子树T上叶子（相同或相近样本）的数量。

极端情况下，当$\alpha=0$时，表明所有样本满足正态分布，原始的决策树即为最终选取的子树。当$\alpha=\infty$时，表示正则化需求最大，此时由原始决策树的根节点组成的单节点树为最优子树。对于给定的α，在不同的剪枝（组合）方式中，一定存在使损失函数$C_\alpha(T)$最小的子树。

② 确定剪枝的思路。对于位于节点t的任意一棵子树T_t，如果没有剪枝，它的损失是

$$C_\alpha(T_t)=C(T_t)+\alpha|T_t|$$

如果将其剪掉，仅仅保留根节点，则损失是

$$C_\alpha(T)=C(T)+\alpha \tag{3-14}$$

当α=0或者α很小时，$C_\alpha(T_t)<C_\alpha(T)$，当$\alpha$增大到一定的程度时

$$C_\alpha(T_t)=C_\alpha(T) \tag{3-15}$$

当α继续增大时不等式反向，则满足下式：

$$\alpha=[C(T)-C(T_t)]/[|T_t|-1] \tag{3-16}$$

T_t和T有相同的损失函数，但是T节点更少，因此可以对子树T_t进行剪枝，也就是将它的子节点全部剪掉，变为一个叶子节点T。

③ CART决策树的交叉验证。上面过程中计算出每个子树是否剪枝的正则化参数阈值α，如果把所有的节点是否剪枝的α值都计算出来，然后分别针对不同的α所对应的剪枝后的最优子树做交叉验证。这样就可以选择一个最佳的α，对应最佳α的子树作为最终结果。

假设输入是决策树建立算法得到的原始决策树T，输出是最优决策子树T_α。根据以上的步骤，决策树的剪枝算法过程如下：

① 初始化$\alpha_{\min}=\infty$，最优子树集合$\omega=\{T\}$。

② 从叶子节点开始自下而上计算各内部节点t的训练误差损失函数$C_\alpha(T_t)$（回归树为均方差），叶子节点数$|T_t|$，以及正则化阈值$\alpha=\min\{[C(T)-C(T_t)]/[|T_t|-1]，\alpha_{\min}\}$，更新$\alpha_{\min}=\alpha$。

③ 得到所有节点的α值的集合M。

④ 从M中选择最小的值α_k，自上而下地访问子树t的内部节点，如果$[C(T)-C(T_t)]/[|T_t|-1]\leqslant\alpha_k$时，进行剪枝，并决定叶子节点$t$的值。这样得到$\alpha_k$对应的最优子树$T_k$。

⑤ 最优子树集合$\omega=\omega\cup T_k$，$M=M-\{\alpha_k\}$。

⑥ 如果M不为空，则回到步骤④。否则就已经得到了所有的可选最优子树集合ω。

⑦ 采用交叉验证在ω中选择最优子树T_α。

第 4 章
工业污染源产排污模块化核算模型

4.1 建模背景与原理

4.1.1 量化方法的选择

工业污染源污染物产排量是进行环境管理决策的基础信息，对准确判断我国当前环境形势、促进环境质量改善有着重要意义。目前常见的量化方法包括监测法、物料衡算法和产排污系数法。监测法主要用于污染物排放量的计量，通常不涉及产生量。在监测数据质量能够保障的前提下，利用监测法计算得到的污染物排放量数据相对准确，特别是在线监测数据频次高，更能体现企业不同生产负荷状况下的排放量变化。但监测法成本高，监测点位一般位于排放口，仅能核算污染物排放量，无法核算产生量；此外，手工监测与在线监测结果有时存在偏差，可监测污染物指标有限，无法满足核算需求。物料衡算法主要用于产生量的模拟，且仅用于某些化学反应过程清晰明确的生产工艺。物料衡算法准确度高，但其仅适合核算污染物产生量，对污染源活动水平数据的采样频率和节点个数要求均很高，只适用于某些特定行业和某些化学反应过程明确的污染物产生量的核算，例如炼铁中烧结和球团工序的二氧化硫产生量。产排污系数法是基于样本数据的采集和测试，利用物质平衡等原理，通过相关量化的参数（例如产污系数、污染物去除率等）对污染物产生及排放量进行核算、模拟的方法。因其具有简单易懂、使用便捷和覆盖面广等特点，是当前量化技术中使用最为广泛的方法，也是本研究中最为基础性的核心内容。

4.1.2 排放量核算原理

不同的行业、同行业中不同的产品生产、同产品生产中不同的工艺路线，对于资源和能源的消耗均有所差异，有些甚至是完全不同的。因此产生的污染物，从种类到性质也有很大差别，经过处理排放到环境中造成的影响也不尽相同。

一般情况下，污染物的最终排放经历了从产生到去除的过程，此时污染物的排放量等于污染物的产生量与去除量之差值。从污染物的产生来源分析，除了上述污染物主要来源于生产过程外，还存在着部分污染物来源于治理过程，或生产工艺与治理过程界限无法明确划分而难以确定来源归属。从污染物产生来源及代谢途径来看，主要存在着以下3种产排污规律。

（1）污染物主要来源于生产过程

此时，污染物的排放主要取决于产生量和去除量，其核算基本公式如下：

$$y_{排放} = f(x)_{产生} - f(x)_{治理} \tag{4-1}$$

（2）污染物主要来源于治理过程

污染物治理技术从原理上来说，包括物理去除（例如吸附、过滤、沉淀等）和化学去除（例如生物化学法或催化燃烧法等）。有时，为了达到去除某个污染物的目的，会在治理过程中投加其他物质。比较典型的是造纸和纸制品业的制浆、造纸生产工段，除采用亚铵法制浆工艺在生产环节投加氮元素外，其他生产工艺无氮、磷元素投加，因此产生的废水属于缺氮磷型废水。因废水氮磷缺失，送污水处理厂处理时，为提高生化处理段对COD的去除率，需在该节点添加尿素、碳酸氢铵、磷酸二氢钠（或磷酸氢二钠）等营养盐来补充氮源和磷源，用于微生物的增殖，以维持生化处理过程适宜微生物生长的碳氮磷比例。大部分氮、磷等元素以剩余污泥的形式排出，少部分随出水排出。

此时，针对造纸和纸制品业的制浆、造纸生产工段，氨氮、总氮、总磷的污染物来源于治理过程而非生产工艺，此种情况下其核算基本公式如下：

$$y_{排放} = f(x)_{治理} \tag{4-2}$$

（3）污染物来源于生产+治理过程

对于部分行业来说，特别是生产工艺中烟尘产生量较大且烟尘中原材料含量较高需进一步回收的行业，部分除尘的治理设施和生产工艺的界限划分往往不够清晰，甚至对于有些行业来说，这些除尘工艺会被视为生产工艺的一部分。如有色冶炼火法冶炼熔炼炉过程由于原材料和燃料燃烧会产生大量的烟尘，这些烟尘往往重金属含量高，特别是主元素（例如铅冶炼工艺）含量较高，需要通过电除尘进行烟尘的回收，回收的烟尘一般作为原料继续进入生产过程。此外，谷物加工过程，由于谷物研磨会产生大量的粉尘，这些粉尘经除尘器回收后往往也是作为原料继续进入生产过程。此种情况下，除尘工艺和生产工艺的界限无法明确划分，因此将除尘工艺视为生产工艺的一部分，其核算基本公式如下：

$$y_{排放} = f(x)_{生产+治理} \tag{4-3}$$

通过上述分析可知，在核算模型建构时，首先需将生产体系切分为污染物产生量核算与去除量核算两个相对独立的部分。此外，鉴于所需要面对的工业生产体系的复杂性，对于一些特殊的污染代谢途径仍需特殊考虑和灵活处理。

4.1.3　模块化系统结构

模块化是指解决一个复杂问题时自上向下逐层把系统划分成若干模块的过程，有多种属性，分别反映其内部特性。每个模块完成一个特定的子功能，所有的模块按某种方法组装起来成为一个整体，完成整个系统所要求的功能。在系统的结构中，模块是可组合、分解和更换的单元。模块化是将一种复杂系统拆解成为更好的可管理模块的方式，它可以通过不同组件设定不同的功能，把一个问题分解成多个小的独立、互相作用的组件，使复杂、大型问题简单化。

通过第3章的辨识分析，已基本绘制了建模的雏形，即：从工业分类—基准模块识别（提取）—产污（排污）影响因素识别多个维度建模，以产污基准模块和不同的治理工艺为单元，构建模块化的产排污核算模型，满足工业污染源多维多层结构化精准刻画体系不同子系统多样化的量化需求。在该模型中，产污基准模块和污染治理工艺可称为最小基准模块，也就是可实现监测计量等量化观测的最小单元。

建模概念如图4-1所示（书后另见彩图）。

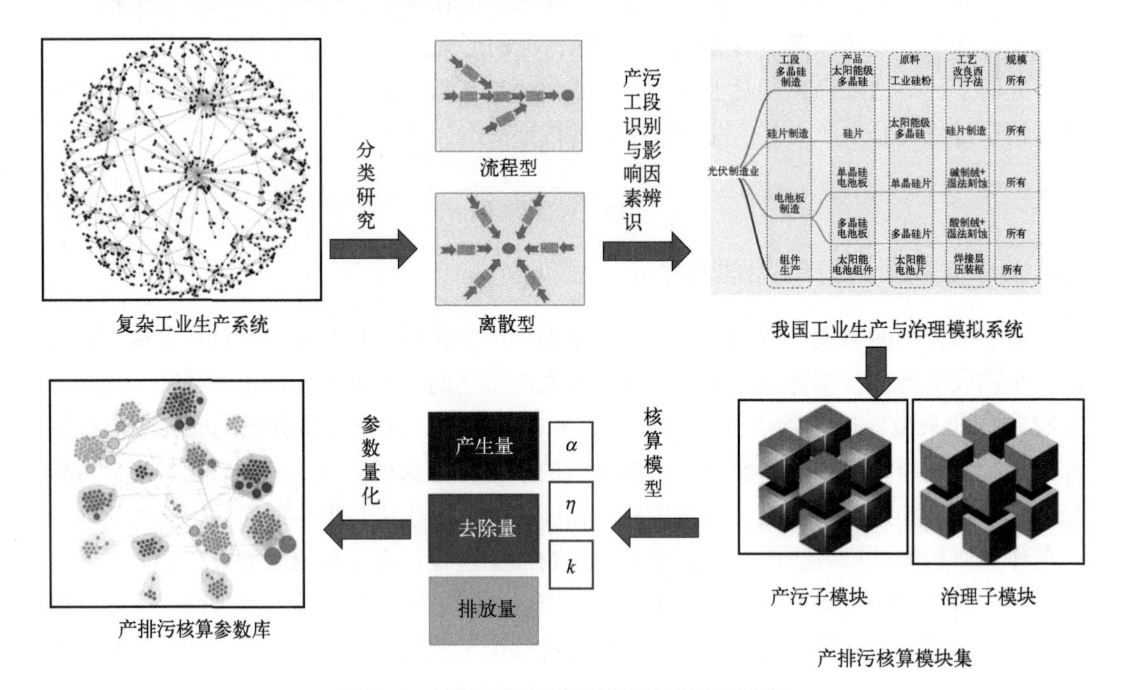

图4-1　模块化系统结构模型建立过程示意

4.2 工业污染源产排污量模块化核算模型构建

4.2.1 建模原则

工业生产和污染治理既是一个有机整体，又是存在上下游物质能量代谢关系的两个相互耦合（关联）的独立过程。研究污染物产排量的核算与产排污系数制定方法时，需根据研究对象（不同行业）的代谢特征，建立模块化的核算方法。工业污染源产排污量模块化核算模型是一个分类核算模型，其通过提取生产活动的共性以及突出不同生产过程和治理过程的个性，将工业生产和治理过程中的显著性要素与污染物产生和排放建立关联。

核算模型的建立遵循以下5个原则：

① 实用性原则，应满足和服务于产排污核算的基本需求；

② 科学性原则，应能够反映出各类行业、不同生产情况污染物的产排污规律；

③ 代表性原则，应能代表行业产污和治理的平均水平；

④ 全面性原则，应覆盖所有工业行业以及各行业产生排放污染物的各环节；

⑤ 可操作性原则，应给出简洁明了的核算方法（公式），便于理解和使用。

4.2.2 PGDMA模型

根据对影响污染物产生与排放的主要因素的分析识别结果，污染物排放量取决于产污量与去除量两个变量。其中产污量取决于产污系数与企业产品产量或原料消耗量，而污染物去除量取决于末端治理技术及其运行状态。因此确定污染物排放量的核算思路为：通过“影响因素组合”选择相应的产污系数—通过产污系数与企业当年活动水平核算污染物产生量—通过末端治理设施平均去除率和实际运行率核算污染物削减量—通过污染物产生量与削减量的差值，得到实际排放量。

通过产污基准模块的筛选与产污水平影响因素及治理技术的识别，确定某一行业的影响因素组合，基于此建立该行业的产排污量模块化核算模型（pollutant generation and discharge modular accounting model, 简称“PGDMA模型”），计算公式如下：

$$P_{G}=P_{WD_1}+P_{WD_2}+\cdots+P_{WD_n}+P_{FD_1}+P_{FD_2}+\cdots+P_{FD_n}=\sum_{i=1}^{n}P_{WD_i}+\sum_{j=1}^{n}P_{FD_j} \tag{4-4}$$

$$P_{WD_i}=f\left(x_P，x_m，x_t，x_s，x_a\right)_{WD_i} \tag{4-5}$$

$$P_{FD_j}=f\left(x_P，x_m，x_t，x_s，x_a\right)_{FD_j} \tag{4-6}$$

$$P_E=P_G k\eta \tag{4-7}$$

$$P_D=P_G-P_E=P_G(1-k\eta) \tag{4-8}$$

式中　P_{WD_i}——某一行业核算单元i的产污量；

x_P——产品；

x_m——原料；

x_t——工艺；

x_s——规模；

x_a——其他（例如地质条件等）；

P_{FD_j}——通用核算单元（例如锅炉等）j的产污量；

P_D——污染物排放量；

P_G——污染物产生量；

P_E——污染物去除量；

η——污染治理设施平均去除率；

k——污染治理设施实际运行率。

上述核算思路如图4-2所示。

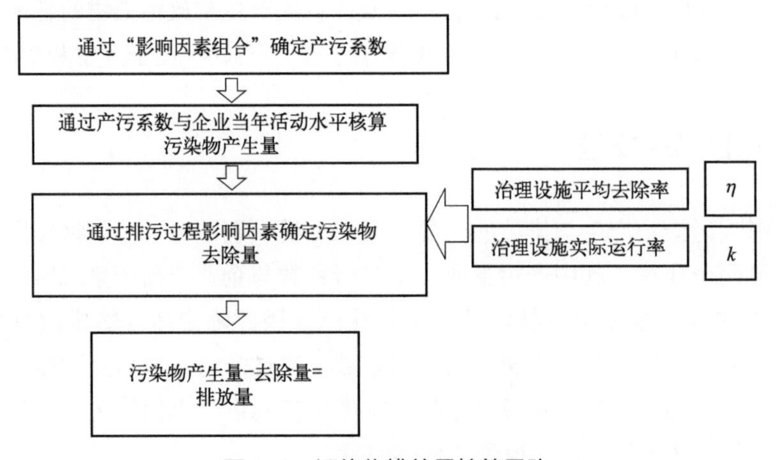

图4-2　污染物排放量核算思路

某企业某产品在某工艺（工段、源项）、规模、原材料条件下某一污染物的产生量与排放量的核算方法如下。

（1）污染物产生量

$$P_{产} = R_{产}M \tag{4-9}$$

式中　$P_{产}$——污染物产生量；

$R_{产}$——污染物对应的行业平均产污系数；

M——产品（原料）总量。

（2）污染物排放量

$$P_{排} = P_{产}(1-k\eta) \tag{4-10}$$

式中　$P_{排}$——污染物排放量；

$P_{产}$——污染物产生量；

η——末端治理设施平均去除率；

k——末端治理设施实际运行率。

同一企业某污染物全年的污染物产生/排放总量为该企业同年实际生产的全部工艺（工段、源项）、产品、原料、规模污染物产生/排放量之和。

4.3 PGDMA核算模型的应用场景

4.3.1 多场景应用的适用性分析

在实际运用该模型进行污染物产排污核算时往往存在多种场景。

PGDMA多场景使用时也具有较强的适用性：

① 模块化核算模型在应用时可根据核算对象选择和调整核算模块及模块组合，需注意覆盖核算对象所有产排污环节。

② 对于通用公用设施（如锅炉等），可直接引用。而对于产排污特征类似的核算单元，则可以进行跨行业类比。

③ 实际生产中，水污染物和大气污染物的污染治理过程有所不同［见图4-3（a）、（b）］。水污染治理过程要区分间接排放和直接排放；大气污染物排放量核算时应注意识别不同烟囱或大气排放点相对应的污染物来源及相应的末端治理设施，分别确定每个烟囱或大气排放点的污染物产生量与排放量。

由图4-3（a）可见，如企业存在废水经厂内污水处理站处理后回用的情况，在核算该企业排出厂界的水污染物排放量时，需在利用产排污核算基础公式时再扣除废水回用的部分，相应的水污染物排放量计算公式：

$$P_{\mathrm{D}} = P_{\mathrm{G}}(1 - k\eta)(1 - \theta) \tag{4-11}$$

式中　θ——企业的废水回用率。

由图4-3（b）可见，大气污染物存在多个排放节点（烟囱），若企业内有多个核算单元涉及大气污染物的产生，应逐一对每个核算单元的产生量与排放量分别核算后汇总。图4-3（b）中$P_{\mathrm{G}i}$表示企业内某一烟囱或大气排放点某污染物的产生量，同一烟囱排口若涉及多个核算单元，则$P_{\mathrm{D}x}$表示该排口所有核算单元污染物经处理后的排放量之和。以图4-3（b）为例，位于大气排口a的污染物排放量P_{Da}由式（4-12）计算。

$$P_{\mathrm{Da}} = \left[P_{\mathrm{G1}}(1 - \eta_1 k_1) + P_{\mathrm{G2}}(1 - \eta_2 k_2)\right] \times (1 - \eta_{\mathrm{a}} k_{\mathrm{a}}) \tag{4-12}$$

式中　η_{a}——核算单元i污染治理设施的平均治理（去除）率，若该核算单元无污染治理设施，则$\eta_{\mathrm{a}}=0$；

k_{a}——核算单元i污染治理设施的实际运行率，例如电除尘设施用电量等，若该核算单元无污染治理设施，则$k_{\mathrm{a}}=0$。

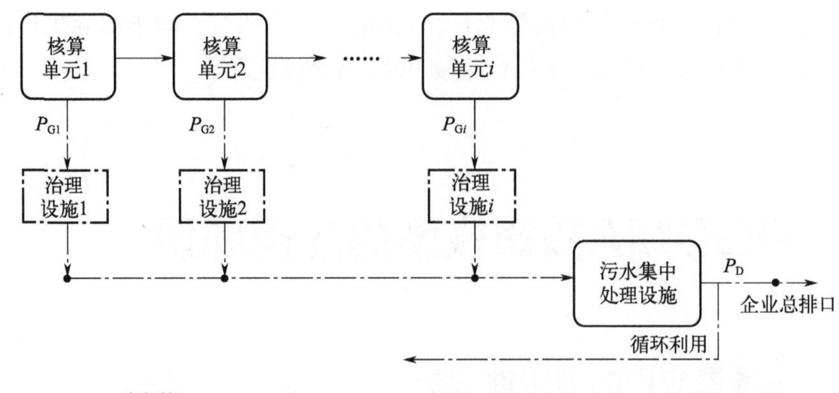

(a) 水污染物排放量核算

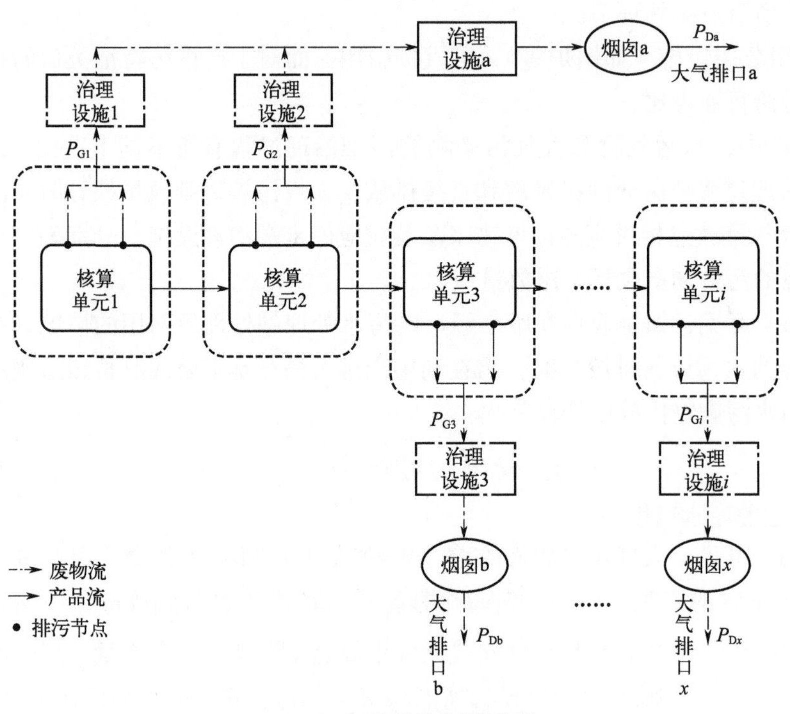

(b) 大气污染物排放量核算

图4-3　水及大气污染物排放量核算示意

P_{Gi}—核算单元i的污染物产生量；P_D—污染物经厂内污水集中处理设施后的排放量；P_{Da}—烟囱a排放口的大气污染物排放量；P_{Db}—烟囱b排放口的大气污染物排放量；P_{Dx}—大气排口处排放量

该企业某污染物的总排放量P_D由式（4-13）计算。

$$P_D = P_{Da} + P_{Db} + \cdots + P_{Dx} = \sum_{x=a}^{n} P_{Dx} \tag{4-13}$$

4.3.2　其他应用

PGDMA用于不同行业排放量核算的场景及案例详见“第6章　行业核算参数量化与排放量核算案例”。

由于工业污染源产排模块化核算模型及其参数量化结果包含了丰富的污染源活动水平以及产排污的量化信息，在各项环境管理制度、环境规划与管理等科学决策等研究中有着广泛应用。本书“第10章　系数的应用与前景”中将详述该模型及参数量化结果的具体应用及发展方向。

参考文献

[1] AYRES R. Resources, environment and economics: Applications of the materials/energy balance principle [M]. New York: Wiley, 1978.

[2] 赵国鸿．“重化工业化”之辨与我国当前的产业政策导向[J]. 宏观经济研究，2005(10): 3-6,40.

[3] 林星，何华燕，晗桢．废杂铜熔炼行业废气铅产排污系数核算研究——以台州为例[J]. 轻工科技，2016, 32(07): 100-101, 105.

[4] 张楠．后金融危机时代我国产业结构调整研究[D]. 重庆：重庆交通大学，2011.

[5] 陈素景，孙根年，张旭．基于资源-环境双调控的我国工业产业分类研究[J]. 软科学，2008(03): 1-4,8.

[6] 肖久灵．新技术支持下流程型企业采购管理研究[D]. 哈尔滨：哈尔滨工程大学，2004.

[7] TIAN M, XU G H, ZHANG L Z. Does environmental inspection led by central government undermine Chinese heavy-polluting firms` stock value? The buffer role of political connection [J]. Journal of Cleaner Production, 2019, 236: 117695.

[8] 王斌．决策树算法的研究及应用[D]. 上海：东华大学，2008.

[9] 段宁，郭庭政，孙启宏，等．国内外产排污系数开发现状及其启示[J]. 环境科学研究，2009, 22(05): 622-626.

[10] 潘强敏．国民经济行业分类标准问题研究[J]. 统计科学与实践，2012(06): 16-18.

[11] 乔琦，白璐，刘丹丹，等．我国工业污染源产排污核算系数法发展历程及研究进展[J]. 环境科学研究，2020, 33(08): 1783-1794.

[12] 乔琦．夯实污染物排放量核算科学基础[N]. 中国环境报，2020-07-06(003).

[13] 许耕野．浅析工业污染源产排污系数存在的问题[J]. 环境保护与循环经济，2012, 32(4): 74-75.

[14] 王仲旭，周冏，程洁，等．工业污染源产排污系数存在问题分析及修订建议[J]. 中国环境监测，2018, 34(2): 109-113.

[15] WANG Z, ZHOU J, CHENG J, et al. Problem analysis and revising suggestion for production and emission coefficients of industrial pollution sources [J]. Environmental Monitoring in China, 2018,34(2):109-113.

[16] 白璐．基于LCA的技术环境影响评价研究[D].北京：中国环境科学研究院，2010.

第5章
核算参数量化方法

□ 核算参数

□ 产污系数量化

□ 治理技术去除率量化

□ 治理设施运行率表征

5.1　核算参数

核算参数包括产污系数、末端治理技术去除率、末端治理设施运行率。PGDMA模型相比传统核算方法，受生产过程相关因素影响的产污系数及产生量核算方式未有变化，而与治理技术和治理水平变化密切相关的排污系数则改进为污染治理设施平均去除率和污染治理设施实际运行率双因素表征。

核算参数的获取既需要遵循不同工业行业的污染物产生和排放规律，又需要实现各行业系数表达与核算体系的统一，因此建立明确的流程和方法十分必要。依据行业分类（流程型/离散型），在对行业发展现状及产排污现状充分了解和掌握的基础上，基于多重准则筛选主要核算单元（产污工段），识别确定产污系数主要影响因素以及主要的治理技术，初步建立核算模型框架；针对不同行业的生产特征和属性，依据行业内企业数量、产排污现状等信息，运用数理统计等方法确定各类主要影响因素的组合及样本量，继而开展调研实测，获取样本数据；进行数据处理，分别得到个体产污系数及行业平均产污系数、治理技术平均去除率，研究确定污染治理设施运行率的核定公式。

5.2　产污系数量化

5.2.1　污染物产生量的获取

获取污染物产生量的方法通常包括实测法、物料衡算法。对于无法直接通过资料调查、现场调查监测、模拟监测取得的污染物产生量数据，可通过选择相似污染源进行类比调查与监测，以取得相似的产污数据和类比校正系数，用于计算目标产污系数。

利用监测数据和质量守恒原理进行产生量量化核算的主要过程如下。

（1）工艺流程分析

通过专家咨询、现场调查和专业文献查阅等方式，收集行业资料，深入了解生产工艺原理及工艺流程、主要生产设备及原料，详细了解生产过程物料计量及成分检测情况。

（2）核算单元确定

对某一全流程生产工艺，按照生产单元（工序、车间）或生产单元的组合划分为若干可单独进行物料衡算的核算单元。

（3）物质流识别

对某一核算单元，无论其包含1个或若干个工序，将其内部视为一个整体的黑箱，在特定时间范围内（例如某年、某月、某日），输入输出该单元过程j的物质流（原料流、循环流、排放流、输入/输出产品流和库存流）进行识别（如图5-1所示，书后另见彩图）。

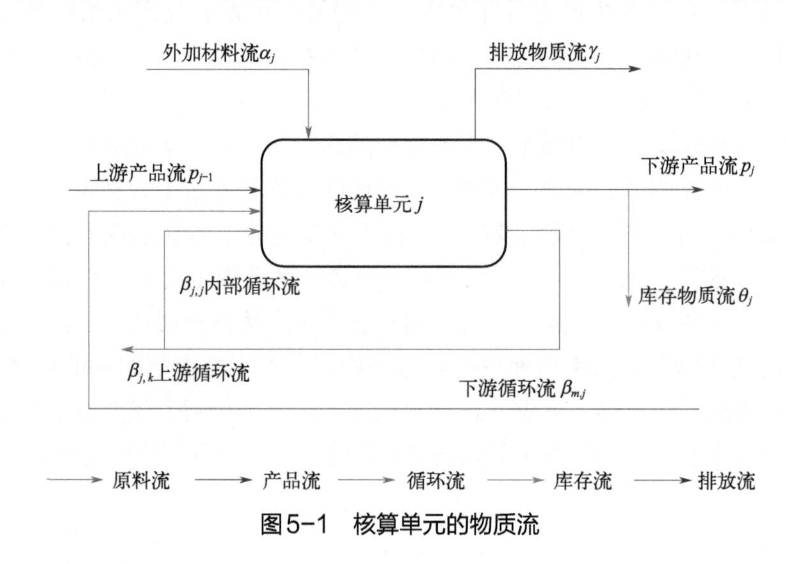

图5-1　核算单元的物质流

对以上物质流进行如下定义。

① 上游产品流p_{j-1}：工序j所需要的来自第j–1道工序的产品（以目标元素计）。当j=1时，无上游产品流，输入该工序的物质仅有原材料。对于铅冶炼工艺来说，第一道工序的输入物质流即为铅精矿及各种辅料。

② 外加材料流α_j：工序j所需的除上游产品流以外的物质。外加材料流是指下游工序除了接受上游工序的产品作为本工序输入物质流外，所输入的其他材料（例如催化剂等辅助材料）。对于有色冶金工业，各个工序之间彼此相连构成的工艺流程并不是全封闭的，特别是炼铅工艺由粗铅冶炼和精铅冶炼两大体系构成，一些企业在实际生产中可能还会购入其他企业的粗铅产品作为精铅冶炼的原料来源，此时新购入的这部分物质流即作为精铅冶炼的外加材料流。

③ 循环物质流β_j：工序j循环利用的物质流总和。进一步分解循环物质流可以发现，循环物质流包括三种流，第一种为内部循环流，即由第j道工序输出并返回本工序的物质流，$\beta_{j,j}$；第二种为上游循环流，即第j道工序输出并返回上游工序的物质流，$\beta_{j,k}$；第三种为下游循环流，即下游第m工序输出并返回第j工序的物质流，$\beta_{m,j}$。

④ 排放物质流γ_j：工序j排放或损失的物质流总和，该部分物质不进入下游生产环节，主要包括向外界输出的副产物，$\gamma_{副产物}$；向外界输出的废物（废气、废水、废渣等），$\gamma_{废物}$；生产过程中的物质损失，$\gamma_{损失}$。根据上述定义，则有：

$$\gamma_j = \gamma_{副产物} + \gamma_{废物} + \gamma_{损失}$$

⑤ 库存物质流θ_j：第j道工序输出但受生产调度计划等原因未进入下游生产工序的合格产品流。这部分物质流虽然暂时脱离了生产系统，但与排放物质流不同的是，库存物质流并不直接输入外界，而是根据生产调度计划再次返回生产系统。

⑥ 下游产品流p_j：第j道工序输出至下游生产工序的合格产品流。

以上物质流中，上游产品流及下游产品流均属于产品流，因此从物质流的属性来说，输入输出工序j的物质流共有五类，分别为原料流、产品流、循环流、库存流和排放流，图5-1中分别用不同颜色表示了这五类物质流。

(4) 建立物料衡算系统

建立物料衡算系统时需注意：第一，应包括含有产污成分的各类投入及产出物料；第二，各类投入及产出物料（一般不包含目标污染物）的质量统计数据及相关成分数据可获得，且数据精度满足要求；第三，不能把有明显产污量的产污环节置于物料衡算界面外；第四，核算单元边界确定后，进一步简化内部系统，剔除不影响污染物产生的生产环节和其他因素，最终建立物料衡算系统。

对于连续生产工艺，假设各工序中不存在物质的滞留，即一段时间内输入物质流的通量=输出物质流的通量，则根据物质守恒原理，对于工序j，有：

$$p_{j-1} + \alpha_j + \beta_{j,j} + \beta_{m,j} = p_j + \gamma_j + \beta_{j,j} + \beta_{j,k} + \theta_j \tag{5-1}$$

(5) 数据获取

进行单元过程的物料衡算所需数据分为以下两类。

① 物料质量数据：指属于研究对象的各类投入及产出（一般不包含目标污染物）物料的质量数据，在一般情况下，应满足未知量为一个的要求；另外，还需收集用作产污系数计量的原料消耗量或产品产量。

② 物料成分数据：指属于研究对象的各类投入及产出物料的成分参数。为确保准确性，此类参数应定期或定批进行检测，再按统计学方法取值。

在上述两类数据中，如果某些数据难以准确计量或检测，而某种物料或工艺参数与之有准确的对应关系，需收集该种物料或工艺参数的对应数据。

(6) 产排污核算

根据物料平衡计算结果，得到特定时间范围内（例如某年、某月、某日）目标污染物的产生量，根据相应的末端治理设施的去除率，得到目标污染物的排放量。

(7) 核算结果校准

根据物料衡算计算精度，分析统计数据的误差以及由此带来的计算结果误差，确定最主要误差源，采用实测法或其他物料衡算方法进行对比核算，校正不准确的物料成分参数以及计算结果。

对于某些生产过程，从分析生产过程的化学反应机理出发，可建立起污染物与原料成分的定量关系，通过测定原料成分在化学反应过程中的变化，求出污染物产生量。

该方法的适用条件如下（以下4条需同时满足）：

① 污染物的产生与原料成分或原料本身直接相关。

② 产污机理清楚，可准确列出工艺过程的化学反应式。

③ 研究对象及物料衡算界面可方便确定。

④ 研究对象在反应前后的质量变化是由化学反应导致的，或其成分变化是由化学反应导致的，且此种成分变化不会导致其他污染物的产生。

对于该类生产过程，往往通过反应机理的认识和公式推导等方式，辅以实际监测数据佐证，就能实现产污系数的量化。

5.2.2 产污系数及其表达方式

工业污染源产污系数的概念源于《工业污染源产生和排放系数手册》。产污系数也即污染物产生系数，是指在一定的技术经济和管理等条件下生产单位产品（或使用单位原料）所产生的污染物量。

工业污染源产污系数是表征工业过程污染物产生水平的重要参数，也是工业污染源产污量核算的主要工具之一。冗余度低、直观易用是对产污系数的最基本要求。工业污染源不仅产生数十种污染物，而且工业行业门类众多、原料来源多样、加工工艺和产品种类难以计数。如何对众多行业中影响污染物产生的多维复杂数据进行有效的分析，挖掘其中的相关关系，形成准确表达不同行业的污染源产污系数是工业污染源产污系数获取中的核心和难点。

工业生产是一个复杂的系统过程，不同企业的生产过程既有所属行业的共性特征，又有企业的个性特征，工业污染源产污系数代表了某行业在某种特定条件下某类污染物的平均产生水平，产污系数的表达式如式（5-2）所示：

$$C_{\mathrm{g}ijk}=\frac{G_{\mathrm{p}ijk}}{P_{ijk}} \tag{5-2}$$

式中 $C_{\mathrm{g}ijk}$ ——第i行业第j种特定条件下，第k种污染物产污系数；

$G_{\mathrm{p}ijk}$ ——第i行业第j种特定条件下，第k种污染物的产生量；

P_{ijk} ——第i行业第j种特定条件下，生产过程投入的原材料或产出的产品量。

产污系数的表达方式包括数值表达、函数表达以及综合表达3种。

① 数值表达法是指产污系数为某一单一数值。

② 函数表达法是指产污系数通过相关参数的函数来表达。

当污染物产生量是某个主要影响因素的函数时，或某行业产污数据基础较好，可通过大量数据的回归分析得到污染物产生量与某些影响因素之间的相关关系时，产污系数可使用函数法进行表达。对于部分产排污规律明显存在线性等函数关系的行业，优先推荐采用函数法表征。特别是火电、钢铁等工业炉窑燃烧过程，通过关键元素平衡（例如硫平衡）实现产污系数的精准表达，其核心原理是基于物料衡算。例如石油开采行业，水污染物的产生量与油田含水率密切相关，此时，污染物产生量可以使用油田含水率的函数表达。

③ 混合表达法为数值法和函数法的混合表达。

若某些行业，采用函数法表达的关键参数无法详细明确时（例如灰分、硫分等无法准确获知），也可对其进行单一数值量化的形式表征。

5.2.3 从个体产污系数到平均产污系数

通过对某行业某影响因素组合条件下不同样本企业核算单元个体产污系数的处理（加权平均或统计中位数），得到该影响因素组合条件下的平均产污系数。

个体产污系数（R_β）和平均产污系数（R）之间的关系如图5-2所示。

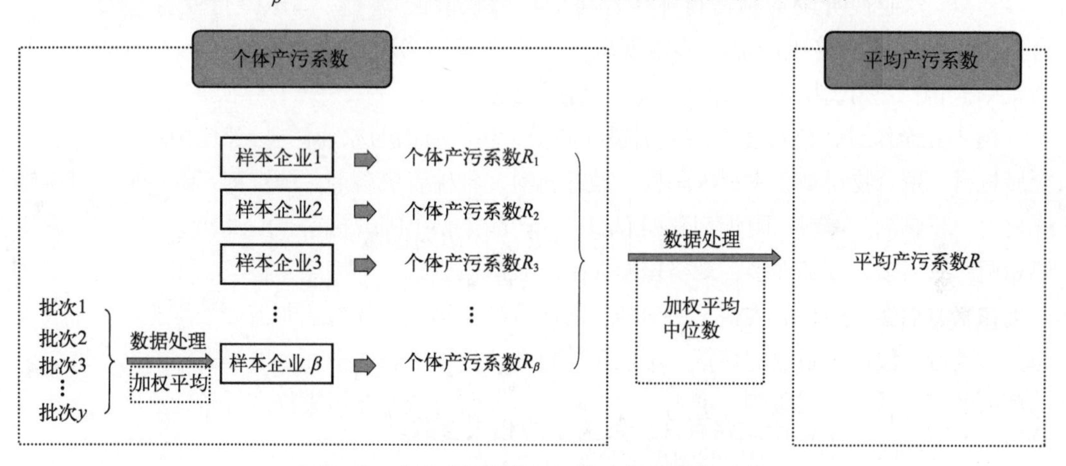

图5-2 个体产污系数与平均产污系数的关系

（1）个体产污系数

通过对某一组合条件下某样本企业核算单元不同来源、不同批次样本数据的处理（加权平均或算数平均），得到该组合条件下样本企业的个体产污系数。

个体产污系数的建议表达式：

$$R_\beta = \sum_{e=1}^{d}(w_e \times \frac{G_e}{M_e}) \tag{5-3}$$

式中 G_e——某一批次采集（或调查）时间内样本污染物的产生量；

M_e——某一批次样本采集时间内产品的总量（或原料总量），单位一般为长度、质量、体积、面积单位等；

w_e——不同批次样本产污系数的权重，若不同批次样本数据来源不同（实测数、历史实测数、模拟数据），则权重可由不同来源数据的原始样本数目比例、数据差异性和质量保证等确定，各批次权重之和为1；

d——总样本数。

（2）平均产污系数

某一影响因素组合条件下，平均产污系数的建议表达式见式（5-4）～式（5-6）。平均产污系数R由个体产污系数R_β通过加权平均或统计中位数等数据处理方式计算得到。

加权平均法计算公式：

$$R=\sum_{\beta=1}^{f}(w_\beta R_\beta) \tag{5-4}$$

式中 w_β——不同样本企业个体产污系数的权重，权重一般根据样本企业的代表性确定，权重之和为1；

R_β——不同样本企业的个体产污系数；

f——总样本数。

中位数法计算公式：

$$R=\begin{cases}R_{\left(\frac{\beta+1}{2}\right)},\beta\text{为奇数}\\ \\ \dfrac{1}{2}\left[R_{\left(\frac{\beta}{2}\right)}+R_{\left(\frac{\beta+1}{2}\right)}\right],\beta\text{为偶数}\end{cases} \tag{5-5}$$

函数法计算公式：

$$R=f\left(x_1,x_2,\cdots,x_i,\cdots,x_n\right) \qquad n\geqslant 1 \tag{5-6}$$

式中 x_n——与污染物产生量存在函数关系的相关参数。

5.3 治理技术去除率量化

5.3.1 主要治理技术的筛选

通过行业产排污现状及污染治理要求调研，识别和确定该行业产生/排放污染物的主要工艺（包括产排污节点）相应的污染治理措施及污染治理技术及其治理效率、实际运行率等，为污染物排放量影响因素的确定提供依据。

5.3.2　平均去除率的确定

末端治理设施的平均去除率：指对该末端治理设施的平均治理效率进行抽样调研统计，计算治理设施处理后污染物的量与处理前污染物的量之比，以百分数表示。同一末端治理技术不同样本企业按照样本数量取平均值。

平均去除率的确定方式有实测法和回归分析法两种。

（1）实测法

在某一影响因素组合条件下，对某一污染治理技术的样本企业内不同批次样本的污染物去除率数据进行加权平均或算术平均，得到该污染治理技术的个体去除率η_β。在某一影响因素组合条件下，某一污染治理技术的平均去除率是符合该组合条件的不同企业采用该治理技术的不同去除率的平均水平，也即污染治理技术平均去除率η。

污染治理技术个体去除率η_β指单个样本企业某一污染物在治理设施处理前、后的质量差值与处理前的质量比值，以百分数表示，其计算方法如下。

当污染治理技术去除的污染物为水污染物时，污染治理技术个体去除率η_β的计算公式为：

$$\eta_\beta = \frac{Q_{SW}c_{SW} - Q_{EW}c_{EW}}{Q_{SW}c_{SW}} \times 100\% \tag{5-7}$$

式中　Q_{SW}、Q_{EW}——治理设施进、出口水污染物的流量；

c_{SW}、c_{EW}——治理设施进、出口废水污染物的浓度。

当污染治理技术去除的污染物为大气污染物时，污染治理技术个体去除率η_β的计算公式为：

$$\eta_\beta = \eta_c \times \frac{Q_{SG}c_{SG} - Q_{EG}c_{EG}}{Q_{SG}c_{SG}} \times 100\% \tag{5-8}$$

式中　Q_{SG}、Q_{EG}——治理设施进、出口大气污染物的流量；

c_{SG}、c_{EG}——治理设施进、出口大气污染物的浓度；

η_c——无组织排放大气污染物（如无组织颗粒物或挥发性有机物）治理设施对该污染物的收集率，%。

η_c是指某个污染物产生点位，所产生的所有颗粒物或挥发性有机物中能够被治理设施收集或捕集到的量占产生总量的比例。例如，某点位共产生挥发性有机物100kg，所采取的治理设施为半密闭式集气罩+活性炭吸附，如果该套治理设施仅能收集到30kg的挥发性有机物，则该套设施对挥发性有机物的收集率为30%。

在污染治理技术平均去除率η核定量化时，需要选取符合某一组合条件的不同样本企业，通过对这些样本企业的个体去除率η_β进行加权平均或统计中位数等数据处理方式，计算得到平均去除率η。

其中，加权平均法计算公式为：

$$\eta = \sum_{\beta=1}^{h}(\varphi_\beta \eta_\beta) \tag{5-9}$$

式中 φ_β——不同样本企业个体去除率的权重，权重一般根据样本企业的代表性确定，权重之和为1；

η_β——不同样本企业的个体去除率；

h——总样本数。

中位数法计算公式为：

$$\eta = \begin{cases} \eta_{\left(\frac{\beta+1}{2}\right)}, \beta\text{为奇数} \\ \dfrac{1}{2}\left[\eta_{\left(\frac{\beta}{2}\right)} + \eta_{\left(\frac{\beta+1}{2}\right)}\right], \beta\text{为偶数} \end{cases} \tag{5-10}$$

此外，当某治理技术的去除率与某些特定的因素存在清晰的函数关系时也可采用函数法表示其去除率。

（2）回归分析法

当污染物去除量是某个主要影响因素的函数时，若行业污染源数据基础较好，可通过大量数据的回归分析得出与某些影响因素之间存在相关关系，得到的函数法表达的污染物的去除率。例如，火电行业石灰石/石膏法是原料（例如煤炭）中硫分的相关函数，如表5-1所列。

表5-1 火电行业二氧化硫治理技术去除率示例

产品名称	原料	工艺名称	污染物指标	规模等级/MW	措施名称	修改建议
电能/电能+热能	煤炭	循环流化床	二氧化硫	250 ~ 449	石灰石/石膏法	$1.6714S_{ar}+88.86$
					石灰/石膏法	$1.6714S_{ar}+88.86$
					海水脱硫法	$0.7429S_{ar}+81.43$
					烟气循环流化床法	$2.7857S_{ar}+85.14$
电能/电能+热能	煤炭	循环流化床	二氧化硫	150 ~ 249	石灰石/石膏法	$1.6714S_{ar}+88.87$
					石灰/石膏法	$1.6714S_{ar}+88.87$
					氨法	$1.4857S_{ar}+87.37$
					双碱法	$2.4143S_{ar}+85.14$
					氧化镁法	$1.8571S_{ar}+86.63$
					其他（电石渣法）	$2.6S_{ar}+85.14$
					其他（钠碱法）	$2.4143S_{ar}+85.14$
					烟气循环流化床法	$2.7857S_{ar}+85.14$

注：表中S_{ar}为煤的收到基硫分含量，是指煤中所含的硫在收到基状态下的含量。

5.4　治理设施运行率表征

根据“污染物产生与排放的影响因素”中对污染物排放的主要影响因素的分析可知，末端治理设施实际运行率k是对去除量进行修正的一个参数。污染治理设施实际运行率（k）是表征相同产污水平条件下，采用相同环保工艺技术和设施的不同企业具有不同排放量的参数。

通过明确污染治理设施的实际运行率，有利于提升企业实际污染排放量统计时的准确性。k值反映的是污染治理设施运行的状态，运行越稳定，运行时间越长，k值越高。在取值上，如果连续稳定运行的理想状态定义为1，非连续稳定（主要指非正常状态）运行的状态在0～1之间。实际运行率一般并不能直接测量，而是通过能够反映治理设施运行状态的参数计算得出。例如，利用环保设施运行时长与对应产污工段运行时长进行对比，或通过对治理设施运行期间的耗电量进行核定等。

例：

$$k = \frac{D_{\mathrm{t}}}{G_{\mathrm{r}} \times T_{\mathrm{r}}} \tag{5-11}$$

或：

$$k = \frac{S_{\mathrm{d}}}{S_{\mathrm{sd}}} \tag{5-12}$$

式中　k——污染治理设施实际运行率；

D_{t}——治理设施耗电量；

G_{r}——治理设施额定功率；

T_{r}——治理设施运行时间；

S_{d}——绝干污泥量；

S_{sd}——标准绝干污泥量（即通过调研同行业同种治理技术、治理设施得到所产生的绝干污泥量的均值）。

参考文献

[1] 乔琦，白璐，刘丹丹，等. 我国工业污染源产排污核算系数法发展历程及研究进展[J]. 环境科学研究，2020, 33(08): 1783-1794.

[2] 白璐，乔琦，张玥，等.工业污染源产排污核算模型及参数量化方法[J].环境科学研究，2021, 34(09): 2273-2284.

[3] 国家环境保护局科技标准司. 工业污染物产生和排放系数手册[M]. 北京：中国环境科学出版社，1996.

第6章 行业核算参数量化与排放量核算案例

- 制糖行业水污染物产污系数的量化——基于TA法
- 非专业视听设备制造业VOCs产污系数的获取——基于CART法
- 铅冶炼业重金属产污系数的获取——基于物质流分析法
- 污染物排放量核算案例

6.1 制糖行业水污染物产污系数的量化——基于TA法

6.1.1 行业发展概况及主要产排污现状分析

6.1.1.1 我国制糖业总体情况

制糖工业是食品行业的基础工业，又是造纸、化工、发酵、医药、建材、家具等多种产品的原料工业，在我国国民经济中占有重要地位。1949年至今，我国制糖工业获得长足健康发展，已形成一定规模的生产能力，但我国糖料生产仍以落后的小农经济生产方式为主，主要糖料甘蔗生产成本高出主要食糖生产国的1倍左右，缺乏竞争力。作为既产甘蔗糖又产甜菜糖的食糖净进口国家，多年来我国一直维持“国产为主、进口为辅”的供求格局。2007～2016年，食糖产量基本在800万～1500万吨，其波动幅度主要与国际糖价、国内进口糖管控力度以及农业年景有关。据统计，第一次全国污染源普查期间，即2006/2007制糖期，全行业有制糖生产企业（集团）139家，糖厂289个，含甘蔗糖生产企业（集团）115家，糖厂251个，甜菜糖生产企业（集团）24家，糖厂38个。《中国糖业年报（2016/17年制糖期）》显示，2016/2017年制糖期历时259天，全国累计产糖928.82万吨，同比增长6.74%，其中，甘蔗糖产量824.11万吨，同比增长4.95%；甜菜糖产量104.71万吨，同比增长23.22%。全国共有开工制糖生产企业（集团）46家，开工糖厂222家。其中，甜菜糖生产企业（集团）4家，糖厂26家；甘蔗制糖生产企业（集团）42家，糖厂196家。

我国糖业分布在全国12个省区。甘蔗糖产区主要分布在广西、云南、广东、海南等南方地区；甜菜糖产区主要分布在新疆、黑龙江、内蒙古等北方地区；原糖加工企业分布在沿海各省份。根据《中国糖业年报》，2016/2017榨季，甘蔗糖开榨企业数量最多的地区为广西壮族自治区，为92家，其次为云南省和广东省，分别为59家和29家；甜菜糖开榨企业数量最多的地区为新疆。从全国制糖业来看，甘蔗制糖企业占据了全国制糖企业总量的88%以上，其中，广西壮族自治区、云南省和广东省占比分别达41.45%、26.58%和13.06%；甜菜制糖企业仅占全国制糖企业总量的11%左右，其中，新疆维吾尔族自治区占比最大，为5.86%，其次为内蒙古自治区。

2016/2017年全国制糖企业省域分布情况如图6-1所示。

2007/2008制糖期到2016/2017制糖期，全国产糖量呈波动式变化，如图6-2所示。甘蔗制糖企业（集团）的数量由115家下降到42家，糖厂由251家下降到196家；甜菜糖生产企业（集团）由24家下降到4家，糖厂由38家下降到26家。在发展过程中，制糖工业生产规模化和自动化程度日益提高，甘蔗制糖碳酸法工艺逐渐减少，亚硫酸法工艺成为主流。随着环保政策趋严，甘蔗制糖和甜菜制糖行业基准排水量呈下降趋势，污染物减排水平有所提高。

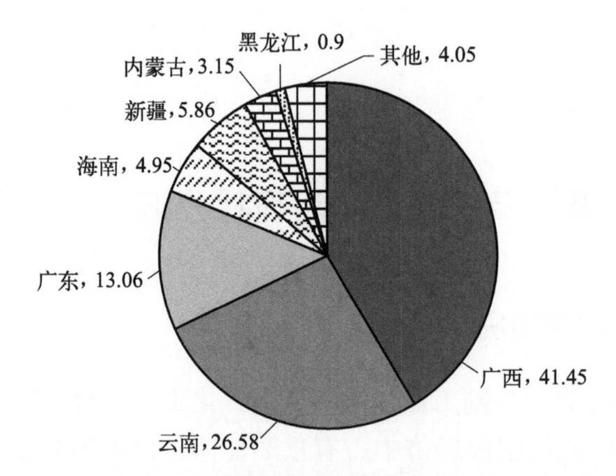

图6-1　2016/2017年全国制糖企业省域分布比例（单位：%）

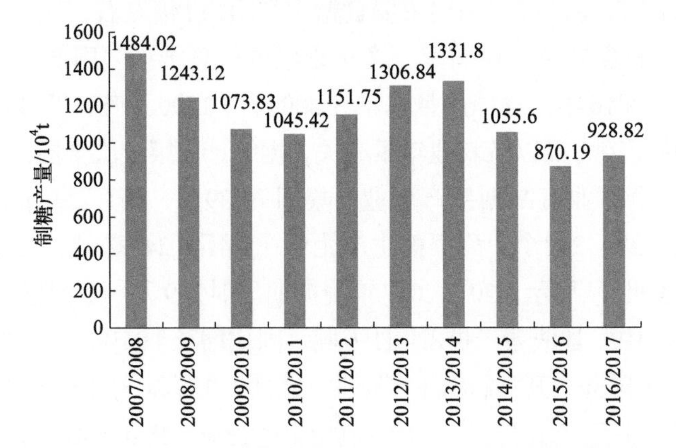

图6-2　2007/2008年制糖期到2016/2017年制糖期全国制糖产量

6.1.1.2　行业产排污现状

制糖行业的污染物主要为废水和固体废物，废气主要由辅助的公用设备供热供气锅炉产生。

其中废水以有机废水为主，废水中主要含有化学需氧量、氨氮、总氮和总磷等常规性污染物。由于制糖榨季均在冬季，正逢流域的枯水季节，水流量较小，污染物降解速度较慢，水环境容量处于低值，此时制糖企业排放的废水对所排区域水体污染冲击较大，季节性污染特点突出。此外，制糖工业生产过程产生的糖蜜、滤泥等可实现资源化回收利用。

从规模来说，规模较大的企业资源利用技术和设施较为完备，资源利用水平较高，污染物排放水平较低。生产规模也是制糖业产排污的影响因素之一。甘蔗制糖和甜菜制糖的生产规模跨度较大，规模大小对污染物的产排污量也产生一定影响。

污染治理技术方面，制糖废水处理技术一般采用两级或者三级处理，根据间接及直接排放的要求，选择适当的工艺，最终满足GB 21909—2008的排放要求。一级处理技术包括过滤技术和沉淀技术；二级处理技术主要有厌氧生物处理技术和好氧生物处理技术。固体废物处理处置主要包括资源化利用和填埋。

6.1.2 制糖行业产污水平影响因素识别

6.1.2.1 最小产污基准模块（产污工段）识别

按照“3.1 基于工业代谢的行业分类”一节中对行业的划分结果，制糖行业属于典型的流程型行业。制糖行业生产流程相对简单，概念化的制糖工艺流程见图6-3。从产品角度，制糖生产首先产出原糖（白砂糖、绵白糖、红糖），甘蔗制糖还可以在白砂糖生产的基础上，进一步精炼，生产冰片糖、冰糖和糖浆等精制糖产品。企业实际生产中，所有糖厂并不一定都从原糖开始制备精制糖，也有部分糖厂通过外购白砂糖进行精制糖产品的加工。在制糖过程中，蒸汽和热水是不可缺少的能量来源，且一般糖厂目前都有自备热力锅炉。热力锅炉的产污系数核算属于“4430热力生产和供应”，企业在核算污染物的产生和排放时需要将该行业的产排污量一并加和。

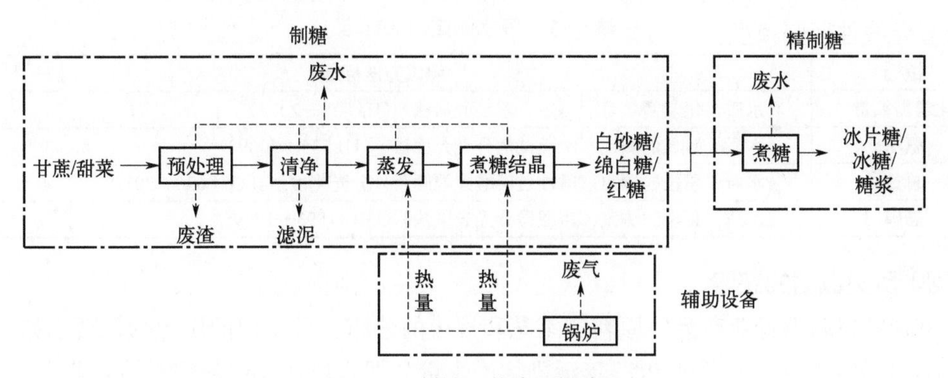

图6-3 制糖工艺流程概念图

根据“3.2.2 核算单元的多重筛选准则”中提出的流程型行业核算单元判定准则，制糖行业的最小产污基准模块识别结果如下。

① 甘蔗制糖三个工段：制白砂糖、精制糖和制红糖。

② 甜菜制糖一个工段：制糖。

③ 原糖制糖一个工段：制糖。

因此制糖行业的产污系数表达中，产污工段共有5个，覆盖了制糖行业所有生产过程，满足制糖行业污染源产污量核算的需求。

依据《排污许可证申请与核发技术规范 农副食品加工工业——制糖工业》和《制

糖工业水污染物排放标准》(GB 21909—2008)对污染指标统计的管理需求，选取产污系数核算的污染物指标。以废水污染物为例，进行产污系数的量化研究。废水污染物指标包括废水排放量、化学需氧量、氨氮、总氮、总磷。

6.1.2.2 产污水平影响因素显著性识别

(1)样本数据采集

制糖行业是一个典型的原料依赖型行业，和原料的收获期密切相关，生产期基本在每年的11月到翌年的3月，通过实测获取样本数据的时间有限，样本污染物产生量数据来源为历史数据和现场实测数据，包括在线监测、第三方监测、监督性监测和自行监测数据等，生产活动水平数据通过调研获取。

1)污染物产生量实测数据的获取

在样品采集方面，严格参照相关国家标准及技术规范执行。现场废水污染物的监测、采样和分析执行各污染物的采样和测试标准方法中的规定。

废水采样标准方法参照《水质　采样技术指导》(HJ 494—2009)、《水质　样品的保存和管理技术规定》(HJ 493—2009)、《水质　采样方案设计技术规定》(HJ 495—2009)和《地表水和污水监测技术规范》(HJ/T 91—2002)。

废水测试方法见表6-1。

表6-1　废水测试方法标准

指标	测试方法标准
化学需氧量	《水质　化学需氧量的测定　重铬酸盐法》(HJ 828—2017)
氨氮	《水质　氨氮的测定　纳氏试剂分光光度法》(HJ 535—2009)
总氮	《水质　总氮的测定　碱性过硫酸钾消解紫外分光光度法》(HJ 636—2012)
总磷	《水质　总磷的测定　钼酸铵分光光度法》(GB 11893—1989)

2)历史数据的获取

综合考虑制糖行业产品、原料、工艺和规模的分布，可使用的历史数据要求如下。

① 正常生产工况下企业近三年污染物产生量数据，包括环保部门对该企业进行监督性监测数据和企业自测数据。其中监测数据必须保证有环保处理设施进口的污染物监测数据；如果出现化学需氧量产生量低于方法检出限、氨氮浓度高于总氮浓度的异常值情况，默认该份监测历史数据无效。

② 一致性，即企业生产活动水平、企业废水产生量和废水污染物指标必须是同年度或同月度数据。

3)样本数据获取情况

调研显示，2017年我国制糖行业企业数约为218家，其中172家甘蔗制糖企业、27家甜菜制糖企业、12家原糖制糖企业、7家甘蔗制红糖企业。我国制糖企业使用的生产工艺为亚硫酸法和碳酸法，甘蔗糖厂主要使用亚硫酸法，甜菜糖厂均使用碳酸法，上述172家甘蔗制糖企业有170家使用亚硫酸法，2家企业使用碳酸法；27家甜菜制糖企业均使用碳酸法。甘蔗制糖生产规模在2000t/d以下的企业约34家，生产规模在2000 ～ 5000t/d的企业约82家，生产规模在5000t/d以上的企业约54家。甜菜制糖生产规模在3000t/d以下的企业约15家，3000t/d以上的约12家。

对140家企业进行了问卷和现场调研，地域包括广西、云南、广东、海南、新疆、内蒙古、河北、山东、辽宁和福建10个省（自治区），其中，具备采样监测条件的企业37家，展开实测的企业16家，获取195个样本，其中48个实测样本数据，147个可用的历史样本数据。满足企业数量较少的行业不少于30个样本的抽样要求。

（2）数据回归分析

对195个样本，计算获得单位产品的污染物产生量，即个体产污系数。

为保障样本数据的质量，对样本的分布进行了统计指标的分析，如表6-2所列，分析结果表明，各类污染物的原始产污系数的样本的偏态值（skewness）均小于2，分布均匀程度在可接受范围，其中废水产污系数最为均匀。

表6-2 产污系数描述性统计指标分析

指标名称	样本数量/个	平均值	方差	最小值	第5百分位数	第50百分位数	第95百分位数	最大值	偏态值
废水	195	11.91t/t	7.39	0.51t/t	1.74	10.83	25.78	39.30t/t	1.17
化学需氧量	189	16.89g/t	26.25	0.13g/t	1.01	4.52	69.14	119.88g/t	1.88
氨氮	167	171.30g/t	202.87	3.79g/t	9.55	87.75	602.05	890.86g/t	1.71
总氮	149	251.20g/t	272.02	7.27g/t	17.91	128.56	863.13	1289.65g/t	1.50
总磷	150	21.06g/t	19.34	0.26g/t	1.58	14.17	59.62	94.53g/t	1.45

从工艺和产品上，制糖行业的产品主要包括绵白糖、白砂糖和红糖等。甘蔗制糖的生产工艺包括亚硫酸法和碳酸法，甜菜制糖的典型生产工艺为碳酸法，原糖制糖的典型生产工艺为碳酸法。此外，还包括甘蔗作为原料用石灰法炼制红糖等小众工艺。甘蔗制白砂糖的主导工艺为亚硫酸法，碳酸法在全国仅有3家企业，该工艺属于产业目录中的淘汰工艺，不再对该工艺进行关注；不难看出，原料和工艺有着密切的相关性，且与企业的地域分布相关性不大，工艺不同，产品不同，产排污情况也不相同。生产规模变化范围较大，从获取的样本数据来看，甘蔗制糖和甜菜制糖的生产规模跨度较大，甘蔗制白砂糖有17种生产规模，从日榨1500t到日榨12000t非连续变化；甜菜制白砂糖有9种生产规模，从日榨2000t到日榨7750t非连续变化，表现出我国制糖工业水平的参差不齐。2017年我国在产的只有12家以原糖为原料的制糖企业，生产过程较为简单，生产规模变化不大，通过简单的样本平均即可；甘蔗制红糖均采用石灰法，企业不多，生产规模接近，故对这两个工段不做重点关注，产污系数核算时，通过专家判断，对样本数据进行加权平均即可。

由于生产规模等级和原料种类均为分类变量，将甘蔗制白砂糖17种生产规模引入16个哑变量设为$x_{s101}, x_{s102}, \cdots, x_{s116}$，甜菜制白砂糖9种生产规模的哑变量设为

$x_{s201}, x_{s202}, \cdots, x_{s208}$，不计原糖，两种生产原料的哑变量设为$x_{m1}, x_{m2}$，转换后的哑变量见表6-3。

表6-3 哑变量

原自变量	转换后的哑变量							
x_s	x_{s101}	x_{s102}	…	x_{s116}	x_{s201}	x_{s202}	…	x_{s208}
x_m	x_{m1}	x_{m2}						

制糖行业影响因素显著性判断的回归模型可简化如式（6-1）所示：

$$C_{gj} = \beta_0 + \beta_1 x_s + \beta_2 x_m + \varepsilon \tag{6-1}$$

式中 ε——随机误差；

x_s——生产规模；

x_m——原料；

β_0——不考虑影响因素变化时所有样本产污系数数据的均值；

β_1——生产规模对产污系数的影响程度；

β_2——原料（甘蔗、甜菜、原糖等）对产污系数的影响程度。

以甘蔗和甜菜为原料，不同生产规模下各种污染物与影响因素关系见图6-4（书后另见彩图）。相比较，甘蔗为原料的样本数据更为均匀，化学需氧量产污系数与生产规模的相关性更强。

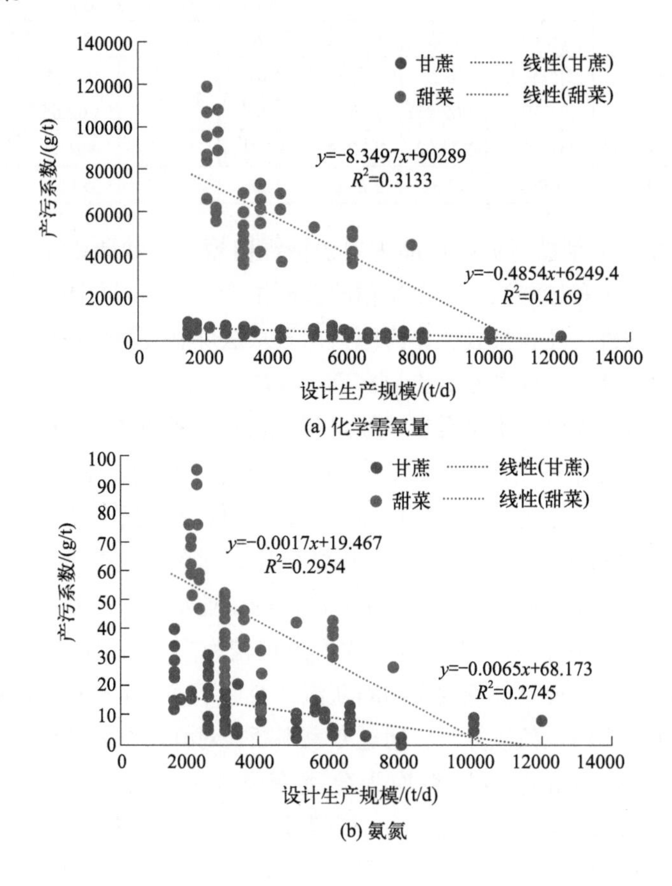

(a) 化学需氧量

(b) 氨氮

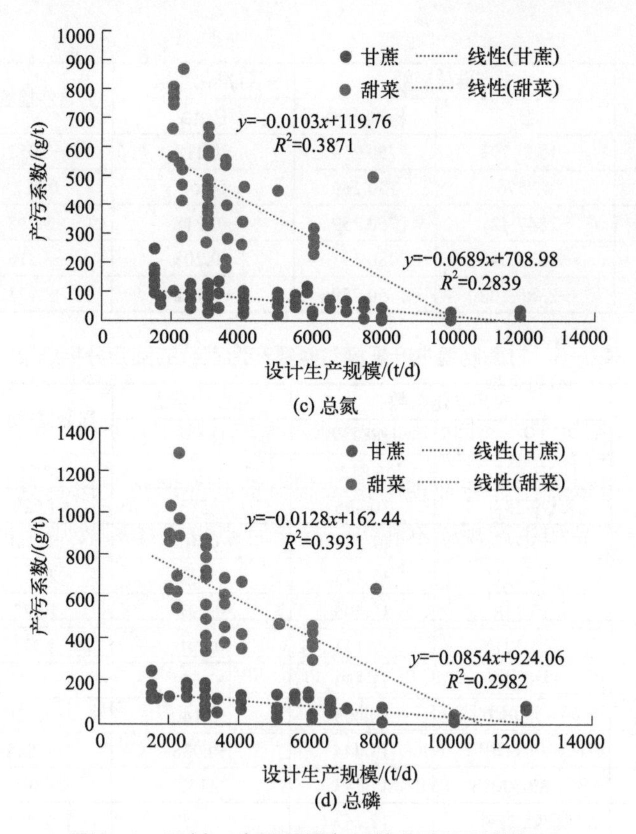

图6-4　原料、生产规模与污染物产污系数关系

根据式（6-1），基于样本回归分析，计算得到以甘蔗和甜菜为原料时，生产规模与各项污染物产污系数的相关关系。以甘蔗制白砂糖为例，化学需氧量、氨氮、总氮和总磷产污系数与生产规模的相关分析分别如表6-4 ～表6-7所列。

表6-4　甘蔗制糖生产规模对化学需氧量产污系数的回归分析结果

项目	未标准化系数		标准化系数	显著性检验值	显著性
	B	标准误差	Beta		
常量	3970.621	270.962		14.654	0.000
x_{s101}	2838.217	393.698	0.498	7.209	0.000
x_{s102}	2496.370	750.259	0.191	3.327	0.001
x_{s103}	2680.441	750.259	0.205	3.573	0.001
x_{s104}	1509.863	442.479	0.222	3.412	0.001
x_{s105}	378.143	750.259	0.029	0.504	0.615
x_{s106}	−1233.302	486.391	−0.159	−2.536	0.013
x_{s107}	−1285.394	422.263	−0.202	−3.044	0.003
x_{s108}	−17.672	486.391	−0.002	−0.036	0.971
x_{s109}	708.108	750.259	0.054	0.944	0.347
x_{s110}	−1366.792	564.052	−0.146	−2.423	0.017
x_{s111}	−1059.753	564.052	−0.113	−1.879	0.063

续表

项目	未标准化系数		标准化系数	显著性检验值	显著性
	B	标准误差	Beta		
x_{s112}	−1538.793	750.259	−0.118	−2.051	0.043
x_{s113}	87.576	750.259	0.007	0.117	0.907
x_{s114}	−2847.421	750.259	−0.218	−3.795	0.000
x_{s115}	−1613.040	486.391	−0.208	−3.316	0.001
x_{s116}	−2380.208	750.259	−0.182	−3.173	0.002

表6-5　甘蔗制糖生产规模对氨氮产污系数的回归分析结果

项目	未标准化系数		标准化系数	显著性检验值	显著性
	B	标准误差	Beta		
常量	71.637	6.812		10.517	0.000
x_{s101}	79.288	10.405	0.583	7.620	0.000
x_{s102}	−3.792	17.143	−0.015	−0.221	0.825
x_{s103}	34.511	17.143	0.133	2.013	0.047
x_{s104}	13.238	10.405	0.097	1.272	0.207
x_{s105}	23.521	17.143	0.091	1.372	0.174
x_{s106}	−8.178	11.353	−0.053	−0.720	0.473
x_{s107}	−18.997	10.405	−0.140	−1.826	0.071
x_{s108}	−7.110	13.044	−0.038	−0.545	0.587
x_{s109}	39.509	17.143	0.152	2.305	0.024
x_{s110}	−41.229	17.143	−0.159	−2.405	0.018
x_{s111}	−14.143	13.044	−0.076	−1.084	0.281
x_{s112}	−18.559	20.435	−0.059	−0.908	0.366
x_{s113}	−27.140	17.143	−0.105	−1.583	0.117
x_{s114}	−53.225	17.143	−0.205	−3.105	0.003
x_{s115}	−49.588	13.044	−0.266	−3.802	0.000
x_{s116}	−45.482	17.143	−0.175	−2.653	0.009

表6-6　甘蔗制糖生产规模对总氮产污系数的回归分析结果

项目	未标准化系数		标准化系数	显著性检验值	显著性
	B	标准误差	Beta		
常量	98.122	7.460		13.154	0.000
x_{s101}	63.251	12.257	0.400	5.160	0.000
x_{s102}	25.183	31.648	0.053	0.796	0.429
x_{s103}	37.277	19.261	0.135	1.935	0.057
x_{s104}	62.735	11.596	0.429	5.410	0.000
x_{s105}	−10.573	22.992	−0.031	−0.460	0.647
x_{s106}	8.483	14.605	0.043	0.581	0.563
x_{s107}	−33.889	12.679	−0.205	−2.673	0.009
x_{s108}	24.527	14.605	0.123	1.679	0.097
x_{s109}	39.245	19.261	0.142	2.038	0.045
x_{s110}	−50.565	19.261	−0.183	−2.625	0.011
x_{s111}	−0.281	14.605	−0.001	−0.019	0.985

续表

项目	未标准化系数		标准化系数	显著性检验值	显著性
	B	标准误差	Beta		
x_{s112}	−14.031	31.648	−0.030	−0.443	0.659
x_{s113}	−66.030	19.261	−0.239	−3.428	0.001
x_{s114}	−66.080	14.605	−0.332	−4.524	0.000
x_{s115}	−19.681	31.648	−0.042	−0.622	0.536
x_{s116}	98.122	7.460		13.154	0.000

表6-7　甘蔗制糖生产规模对总磷产污系数的回归分析结果

项目	未标准化系数		标准化系数	显著性检验值	显著性
	B	标准误差	Beta		
常量	11.264	2.243	0.477	5.022	0.000
x_{s101}	3.695	5.791	0.052	0.638	0.000
x_{s102}	4.983	3.524	0.121	1.414	0.525
x_{s103}	2.881	2.122	0.132	1.358	0.162
x_{s104}	−1.807	3.524	−0.044	−0.513	0.179
x_{s105}	1.479	2.673	0.050	0.553	0.610
x_{s106}	−5.401	2.320	−0.218	−2.328	0.582
x_{s107}	1.965	2.673	0.066	0.735	0.023
x_{s108}	−2.240	3.524	−0.054	−0.636	0.465
x_{s109}	−7.403	3.524	−0.179	−2.101	0.527
x_{s110}	−2.964	2.673	−0.100	−1.109	0.039
x_{s111}	−8.589	5.791	−0.121	−1.483	0.271
x_{s112}	−10.973	3.524	−0.265	−3.113	0.142
x_{s113}	−5.202	2.673	−0.175	−1.946	0.003
x_{s114}	−4.339	5.791	−0.061	−0.749	0.050
x_{s115}	11.264	2.243	0.477	5.022	0.456
x_{s116}	3.695	5.791	0.052	0.638	0.000

以甘蔗制白砂糖为例，由表6-4～表6-7可知生产规模与各种污染物整体上相关，按照0.05的显著水平，各种污染物样本中相关性小于0.05显著水平的比例为43.75%～62.5%。将甘蔗制糖不同生产规模下回归系数代入式（6-1）得到以下含哑变量的各类污染物产污系数多元线性回归模型。

$$
\begin{aligned}
C_{\text{g-COD}} = {} & 3970.62 + 2838.22x_{s101} + 2496.37x_{s102} + 2680.44x_{s103} \\
& + 1509.86x_{s104} + 378.14x_{s105} - 1233.30x_{s106} - 1285.39x_{s107} \\
& - 17.67x_{s108} + 708.11x_{s109} - 1366.79x_{s110} - 1059.75x_{s111} \\
& - 1538.79x_{s112} + 87.58x_{s113} - 2847.42x_{s114} - 1613.04x_{s115} - 2380.21x_{s116}
\end{aligned} \tag{6-2}
$$

$$
\begin{aligned}
C_{\text{g-NH}_3\text{-N}} = {} & 71.64 + 79.29x_{s101} - 3.79x_{s102} + 34.51x_{s103} + 13.24x_{s104} \\
& + 23.52x_{s105} - 8.18x_{s106} - 19.00x_{s107} - 7.11x_{s108} + 39.51x_{s109} \\
& - 41.23x_{s110} - 14.14x_{s111} - 18.56x_{s112} - 27.14x_{s113} - 53.23x_{s114} \\
& - 49.59x_{s115} - 45.48x_{s116}
\end{aligned} \tag{6-3}
$$

$$C_{g\text{-TN}} = 98.12 + 63.25x_{s101} + 25.18x_{s102} + 37.28x_{s103} + 62.74x_{s104} - 10.57x_{s105} + 8.48x_{s106} - 33.89x_{s107} + 24.53x_{s108} + 39.25x_{s109} - 50.57x_{s110} - 0.28x_{s111} - 14.03x_{s112} - 66.03x_{s113} - 66.08x_{s114} - 19.68x_{s115} + 98.12x_{s116} \quad (6\text{-}4)$$

$$C_{g\text{-TP}}=11.26+3.70x_{s101}+4.98x_{s102}+2.88x_{s103}-1.81x_{s104}+1.48x_{s105}-5.40x_{s106}+1.97x_{s107}-2.24x_{s108}-7.40x_{s109}-2.96x_{s110}-8.59x_{s111}-10.97x_{s112}-5.20x_{s113}-4.34x_{s114}+11.26x_{s115}+3.70x_{s116} \quad (6\text{-}5)$$

式中，x_{s101}、x_{s102}、x_{s103}、x_{s104}、x_{s105}、x_{s106}、x_{s107}、x_{s108}、x_{s109}、x_{s110}、x_{s111}、x_{s112}、x_{s113}、x_{s114}、x_{s115}、x_{s116}为哑变量。

6.1.3 主要影响因素组合及产污系数的获取

6.1.2部分中结果表明：在原料确定的前提下生产规模与各项污染物产生系数有明显的负相关关系，即随着生产规模的增大，产污系数变小。195个样本数据中，亚硫酸法甘蔗制白砂糖的样本有133个，有17种生产规模，从日榨1500t到日榨12000t。根据阈值逼近方法，以亚硫酸法甘蔗制白砂糖为例，计算过程如下。

（1）初始阈值T_b设定

以化学需氧量为例，通过专家咨询及《清洁生产标准 甘蔗制糖业》（HJ/T 186—2006）（见表6-8）中单位产品化学需氧量在三级指标中的差距。初始阈值设为$T_{b\text{-COD}}$为1000g/t原料。

表6-8 《清洁生产标准 甘蔗制糖业》（HJ/T 186—2006）污染物产生指标

编号	指标	单位	一级	二级	三级
1	吨蔗废水产生量	m^3/t	≤1.6	≤2.6	≤4.0
2	吨蔗化学需氧量产生量	kg/t	≤1.0	≤2.0	≤3.5
3	吨蔗悬浮物产生量	kg/t	≤0.3	≤1.0	≤1.6

（2）确定原始影响因素组合

亚硫酸法甘蔗制白砂糖则有17种原始影响因素组合，表示为$A_1 \sim A_{17}$。原始影响因素组合的结构为原料（甘蔗）+生产工艺（亚硫酸法）+生产规模+产品（白砂糖），该实例中，原料、生产工艺和产品均相同，变化的就是生产规模，为此A_i（生产规模）表达用生产规模标记，并以生产规模的大小升序排列。

（3）计算原始影响因素组合的各项污染物产污系数的均值（见表6-9）

表6-9 原始影响因素组合的产污系数均值

原始影响因素组合(A_i)	废水产生量/(t/t)	化学需氧量/(g/t)	氨氮/(g/t)	总氮/(g/t)	总磷/(g/t)
A_1（1500）	17.63	5208.84	101.93	137.37	16.39
A_2（1650）	10.29	4866.99	52.85	109.30	11.82
A_3（2000）	8.36	5051.06	81.15	118.40	12.11
A_4（2500）	15.60	5480.48	84.87	160.86	15.01
A_5（3000）	10.13	3970.62	71.64	98.12	12.13

续表

原始影响因素组合(A_i)	废水产生量/(t/t)	化学需氧量/(g/t)	氨氮/(g/t)	总氮/(g/t)	总磷/(g/t)
A_6（3300）	10.85	4348.76	95.16	87.55	10.32
A_7（4000）	9.48	2737.32	63.46	106.60	13.61
A_8（5000）	8.77	2685.23	52.64	64.23	6.73
A_9（5500）	10.80	3952.95	64.53	122.65	14.09
A_{10}（5800）	14.80	4678.73	111.15	137.37	9.89
A_{11}（6000）	5.11	2603.83	30.41	47.56	4.72
A_{12}（6500）	6.29	2910.87	57.49	97.84	9.16
A_{13}（7000）	5.64	2431.83	53.08	84.09	3.54
A_{14}（7500）	8.64	4058.20	44.50		
A_{15}（8000）	2.36	1123.20	18.41	32.09	1.15
A_{16}（10000）	5.88	2357.58	22.05	32.04	6.93
A_{17}（12000）	5.03	1590.41	26.16	78.44	7.79

(4)计算G值

首先计算A_2和A_1，然后依次计算，最终逼近结果见表6-10。以化学需氧量为主要判断依据，形成的组合共有3个，分别为C_1=甘蔗+亚硫酸法+≤2000t/d 榨+白砂糖；C_2=甘蔗+亚硫酸法+2000～5000t/d 榨+白砂糖；C_3=甘蔗+亚硫酸法+＞5000t/d 榨+白砂糖。

表6-10 化学需氧量产污系数核算结果

生产规模（A_i）	均值/(g/t)	偏态值(SK_A)	规模范围(C_i)	产污系数(C_{g-COD})/(g/t产品)	偏态值(SK_C)
A_1（1500）	5208.84	−0.06	C_1（≤2000t/d）	5121.39	0.01
A_2（1650）	4866.99	0.09			
A_3（2000）	5051.06	−1.71			
A_4（2500）	5480.48	−0.07	C_2（2000～5000t/d）	3800.92	0.64
A_5（3000）	3970.62	0.61			
A_6（3300）	4348.76	0.33			
A_7（4000）	2737.32	0.74			
A_8（5000）	2685.23	1.57			
A_9（5500）	3952.95	0.39	C_3（>5000t/d）	2922.89	0.46
A_{10}（5800）	4678.73	1.73			
A_{11}（6000）	2603.83	1.47			
A_{12}（6500）	2910.87	−0.47			
A_{13}（7000）	2431.83	1.25			
A_{14}（7500）	4058.20	1.20			
A_{15}（8000）	1123.20	1.73			
A_{16}（10000）	2357.58	0.23			
A_{17}（12000）	1590.41	1.45			

(5)计算其他污染物的产污系数

其他污染物产污系数可重复（3）和（4）的过程计算得出相应的系数。采用以化学需氧量为主要污染物确定组合的方法，根据化学需氧量的影响因素组合，计算得出单位原料废水产生量、氨氮、总氮和总磷的产污系数，见表6-11。

表6-11　其他污染物指标甘蔗制白砂糖工段产污系数核算结果

生产规模（A_i）	废水产生量		氨氮		总氮		总磷		规模范围（C_i）	废水产生量		氨氮		总氮		总磷	
	均值/(t/t)	偏态值(SK_A)	均值/(g/t)	偏态值(SK_A)	均值/(g/t)	偏态值(SK_A)	均值/(g/t)	偏态值(SK_A)		产污系数(C_{g-WW})/(g/t产品)	偏态值（SK_C）	产污系数（C_{g-NH_3-N}）/(g/t产品)	偏态值（SK_C）	产污系数（C_{g-TN}）/(g/t产品)	偏态值（SK_C）	产污系数（C_{g-TP}）/(g/t产品)	偏态值（SK_C）
A_1	17.63	0.77	101.93	1.72	137.37	1.75	16.39	0.38									
A_2	10.29	−1.34	52.85	1.43	109.30		11.82		C_1（≤2000t/d）	15.08	0.98	93.62	0.99	133.09	2.06	15.41	0.96
A_3	8.36	1.48	81.15	1.42	118.40	−0.31	12.11	0.26									
A_4	15.60	0.84	84.87	0.50	160.86	0.20	15.01	0.54									
A_5	10.13	0.61	71.64	0.42	98.12	0.91	12.13	0.17									
A_6	10.85	1.67	95.16	−0.39	87.55		10.32	1.69	C_2（2000～5000t/d）	10.81	1.36	70.25	0.25	108.50	0.16	11.90	0.98
A_7	9.48	0.83	63.46	0.16	106.60	0.10	13.61	−0.84									
A_8	8.77	0.53	52.64	0.57	64.23	1.25	6.73	0.02									
A_9	10.80	−0.47	64.53	1.14	122.65	1.17	14.09	−0.64									
A_{10}	14.80	1.62	111.15	1.52	137.37	1.00	9.89	1.73									
A_{11}	5.11	0.44	30.41	−0.96	47.56	−0.88	4.72	−0.11									
A_{12}	6.29	−0.34	57.49	−0.20	97.84	−0.59	9.16	0.08									
A_{13}	5.64	1.73	53.08		84.09		3.54		C_3（>5000t/d）	7.20	0.46	47.50	0.67	80.30	−0.20	8.27	0.00
A_{14}	8.64	−1.49	44.50	−1.53													
A_{15}	2.36	1.73	18.41	1.73	32.09	1.73	1.15	1.40									
A_{16}	5.88	0.02	22.05	0.36	32.04	0.13	6.93	0.59									
A_{17}	5.03	−0.87	26.16	−1.50	78.44		7.79										

核算结果表明，随着生产规模的加大，各种行业主要污染物产生量下降，代表污染物产生强度的产污系数也随着生产规模的加大而降低。

根据第3章～第5章建立的产污系数建立与核算方法，制糖行业所有生产过程工段、影响因素组合等见表6-12。制糖行业整体上分为5个工段，9种组合，45个污染物产污系数，覆盖制糖行业所有生产过程和企业的实际情况。

6.1.4 核算参数验证和不确定性分析

6.1.4.1 产污系数的覆盖面

制糖行业的原料为农产品，原料的成分受日照时间、日照强度、温度、湿度、土壤土质、生长年等影响，因种植地区的变化会有一定差异。制糖行业的系数核算充分地考虑了生产过程的影响因素，如原料、生产工艺、规模和产品种类等，为了能将不同种植地、不同种植时间原料的差异体现在产污系数核算中，样本采集时也充分考虑了制糖企业地区的分布情况，反映了地域因素对产污水平的影响。

表6-12 制糖行业产污系数结构

序号	工段	产品	原料	工艺	规模/（t/d 榨）	污染物指标
1	甘蔗制白砂糖	白砂糖	甘蔗	亚硫酸法	≤2000	工业废水量 化学需氧量 氨氮 总氮 总磷
					2000～5000	
					>5000	
2	甘蔗制精制糖	冰片糖、糖浆	砂糖	—		
3	甘蔗制红糖	红糖	甘蔗	石灰法		
4	甜菜制糖	白砂糖	甜菜	碳酸法	≤3000	
					>3000	
5	原糖制糖	白砂糖	原糖	碳酸法	—	

以原料种类计，样本量按甘蔗、甜菜、原糖由多到少分配；样本量覆盖本行业具有明显区域特征的地区，企业数多的广西、云南、新疆、内蒙古等省份样本数较多。用于产污系数核算的样本企业选择了行业主要分布地区，生产工艺和规模实现了全覆盖，基本代表了行业的平均水平，见表6-13。

表6-13 产污系数覆盖性

产品	原料	工艺	规模/（t/d 榨）	调研企业分布	覆盖面
白砂糖	甘蔗	亚硫酸法	≤2000	广西、云南、广东、海南	全覆盖
白砂糖	甘蔗	亚硫酸法	2000～5000		
白砂糖	甘蔗	亚硫酸法	>5000		
红糖	甘蔗	石灰法	—	广西、广东	
白砂糖、绵白糖	甜菜	碳酸法	≤3000	新疆、内蒙古、河北	
白砂糖、绵白糖	甜菜	碳酸法	>3000		
白砂糖、绵白糖	原糖	碳酸法	—	山东、河北、辽宁	

6.1.4.2 系数的验证

“6.1.2.2 产污水平影响因素显著性识别”的结果显示，制糖生产中在原料确定之后，和原料相关的工艺技术下的生产规模是产污系数变化的最大影响因素。在133个核算样本之外随机选择不同生产规模的14个样本数据与产污系数核算结果进行比较。以化学需氧量产污系数核算结果（表6-10）为例，验证结果见表6-14。

表6-14 化学需氧量产污系数验证结果

验证企业	原料	产品	工艺	生产规模/(t/d)	产污系数/(g/t)	样本产污系数/(g/t)	相对误差/%
企业1	甘蔗	白砂糖	亚硫酸法	1500	5121.39	5309.87	3.55
企业2	甘蔗	白砂糖	亚硫酸法	1500	5121.39	4543.79	12.71
企业3	甘蔗	白砂糖	亚硫酸法	1500	5121.39	5873.04	12.80
企业4	甘蔗	白砂糖	亚硫酸法	3000	3800.92	4135.51	8.09
企业5	甘蔗	白砂糖	亚硫酸法	3000	3800.92	2555.66	48.73
企业6	甘蔗	白砂糖	亚硫酸法	3000	3800.92	2713.91	40.05
企业7	甘蔗	白砂糖	亚硫酸法	3000	3800.92	2665.32	42.61
企业8	甘蔗	白砂糖	亚硫酸法	3000	3800.92	4723.94	19.54
企业9	甘蔗	白砂糖	亚硫酸法	3000	3800.92	5025.37	24.37
企业10	甘蔗	白砂糖	亚硫酸法	6000	2922.89	5111.19	42.81
企业11	甘蔗	白砂糖	亚硫酸法	6500	2922.89	2413.48	21.11
企业12	甘蔗	白砂糖	亚硫酸法	6500	2922.89	2807.15	4.12
企业13	甘蔗	白砂糖	亚硫酸法	6000	2922.89	2626.63	11.28
企业14	甘蔗	白砂糖	亚硫酸法	6000	2922.89	2669.22	9.50

总体上，偏差分布在3.55%～48.73%之间，超过71%的样本相对误差在25%之内；C_1（生产规模≤2000t/d）组合符合性相对较好，最大误差在12.8%；误差较大的样本集中在C_2（生产规模2000～5000t/d）组合之中，与实际的企业生产运行情况接近，该生产规模中的企业数量占比较多，情况较为复杂，分布也相对分散，原料的来源等也较为多样。从数理统计的角度，若进一步细分C_2组合，会减少相对误差；但实际上，产污系数组合分组的样品数据中，同一个企业三年的数据本身差距就较大，表明该行业污染物的产生量具有一定的波动性，通过行业专家咨询等方式，确认该组合基本合理。对于C_3（生产规模>5000t/d）组合也表现出较好的符合性，除一个样本的误差在42.81%，其余样本的误差均在22%以下，平均误差为17.76%。对于依赖天然原材料的制糖行业而言，通过该方法获得的在特定组合条件下的系数具有合理性和代表性。

6.1.4.3 技术进步与产污系数变化

制糖行业“2007版”产污系数是为了配合第一次全国污染源普查所开发的，采用了传统定性核算方法，样本数据来源于2005～2007年，代表了当时的制糖行业技术水平和污染物产生水平。本研究核算的制糖行业产污系数结果与“2007版”产污系数相比，在表达方式与结构上有以下不同。

①"2007 版"制糖行业产污系数的表达中，没有考虑生产规模对产污系数的影响。

制糖行业的生产原料主要是甘蔗和甜菜，均为农产品，糖业生产受农业生产周期的影响，具有季节性特点，同时农业生产也受到自然因素的限制，原料的供给年际间波动，为此企业生产能力升级优化过程也表现出一定的不确定性。甘蔗制白砂糖生产过程的 133 个采集样本中，包含了 17 类生产规模，且从 1500t/d 榨至 12000t/d 榨不等。因此，制糖过程中污染物产生量受生产规模的影响十分明显，但由于农产品主要成分不稳定，也造成在相同或相近生产规模下产污水平的不稳定。而"2007 版"制糖行业产污系数核算时，由于缺少定量判断的方法，难以定性确定产污水平的变化是由于原料成分的波动还是生产规模不同，生产规模对产污量的影响关系没有体现，"2007 版"亚硫酸法甘蔗制白砂糖生产过程化学需氧量的产生水平仅提供了一个产污系数，即 21375g/t 白砂糖。

将"2007 版"硫酸法甘蔗制白砂糖化学需氧量的产污系数分别与本次样本采集得到的 17 类生产规模下化学需氧量的原始产污系数、3 种影响因素组合下的产污系数相比较，见表 6-15 和图 6-5（书后另见彩图）。

表6-15　与"2007 版"相比化学需氧量产污系数变化幅度　　单位：g/t产品

组合条件	系数值	降低幅度	C_{r-COD}	下降率
A_1（1500）	5208.84	16166.16	21375	76%
A_2（1650）	4866.99	16508.01		77%
A_3（2000）	5051.06	16323.94		76%
A_4（2500）	5480.48	15894.52		74%
A_5（3000）	3970.62	17404.38		81%
A_6（3300）	4348.76	17026.24		80%
A_7（4000）	2737.32	18637.68		87%
A_8（5000）	2685.23	18689.77		87%
A_9（5500）	3952.95	17422.05		82%
A_{10}（5800）	4678.73	16696.27		78%
A_{11}（6000）	2603.83	18771.17		88%
A_{12}（6500）	2910.87	18464.13		86%
A_{13}（7000）	2431.83	18943.17		89%
A_{14}（7500）	4058.20	17316.80		81%
A_{15}（8000）	1123.20	20251.80		95%
A_{16}（10000）	2357.58	19017.42		89%
A_{17}（12000）	1590.41	19784.59		93%
C_1（≤2000）	5121.39	16253.61		76%
C_2（2000～5000）	3800.92	17574.08		82%
C_3（≥5000）	2922.89	18452.11		86%

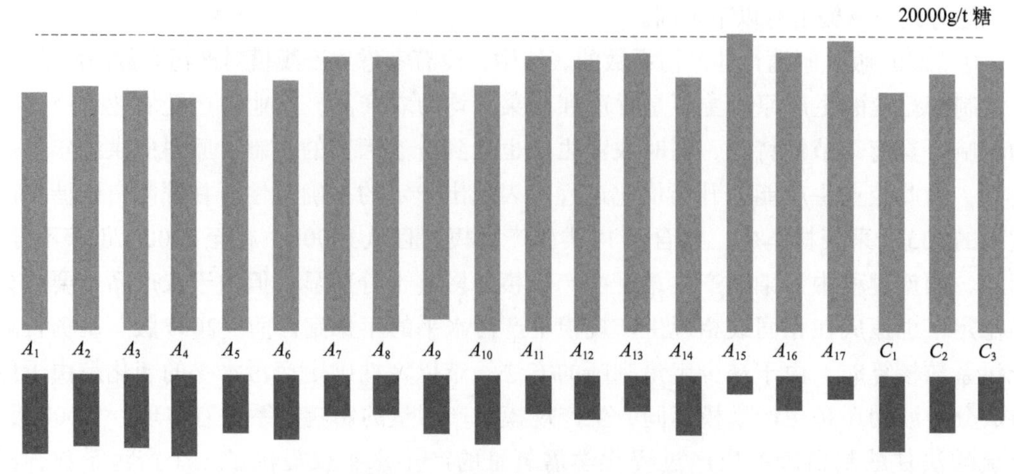

图6-5　化学需氧量产污系数样本及组合数据与“2007版”产污系数差值

结果显示，产污系数数值降低幅度在74%～95%之间；与C_1、C_2和C_3组合下化学需氧量产污系数相比，数值分别降低76%、82%和86%。一方面经过10余年发展和产业结构的不断优化，污染控制标准不断提高，制糖行业整体技术水平和管理水平持续提升，污染产生水平也发生了一定的变化。另一方面通过多元线性回归分析，确定制糖行业生产规模是污染物产生量的最主要影响因素，且采用阈值逼近方法，通过人工干预，消除了原料成分不稳定带来的污染物产生量的波动，将亚硫酸法甘蔗制白砂糖生产过程17种生产规模归类形成3个影响因素组合，工业代谢与污染物产生的规律得以体现，产污系数更具代表性。对系数的验证结果也表明了这一点。

“2007版”制糖行业仅有甘蔗和甜菜制糖过程的产污系数，对这两种原料的制糖COD产污系数影响因素组合的变化进行比较，见表6-16。由于对生产规模按产污水平进行了合理的归类，甘蔗和甜菜制糖过程由原来的两个组合，增加到了5个组合，增加了制糖行业产污系数的适用性和代表性。

表6-16　甘蔗、甜菜制糖COD产污系数影响因素组合变化

原料	“2007版”产污系数		该研究	
	生产规模/(t/d)	组合数/个	生产规模/(t/d)	组合数/个
甘蔗	—	1	≤2000 2000～5000 >5000	3
甜菜	—	1	≤3000 >3000	2
合计	—	2	—	5

② 现实生产过程中存在着大量企业生产过程不能完全覆盖该行业的完整生产工艺的情况。制糖行业中，部分企业最终产品仅为白砂糖，也有部分企业通过外购成品白砂糖

再加工糖片完成精制糖的生产。“2007版”产污系数的表达结构上，未进行产污工段的拆分，制糖和精制糖作为一个完整的工艺过程表示为甘蔗制白砂糖生产，产污系数也是针对全生产过程核算。在实际应用时，对于仅生产精制糖的企业，采用“2007版”产污系数，核算了制糖+精制糖两个生产过程的产污量，与实际产污情况不符，且核算的产污量显著大于该企业的实际产污量，夸大了该企业的产污影响。

6.2　非专业视听设备制造业VOCs产污系数的获取——基于CART法

6.2.1　行业发展概况及主要产排污现状分析

6.2.1.1　行业总体情况

根据《国民经济行业分类》（GB/T 4754—2017），39计算机、通信和其他电子设备制造业又简称为电子行业，395非专业视听设备制造行业属于其中的一个中类行业。395非专业视听设备制造行业包括3951电视机制造、3952音响设备制造和3953影视录放设备制造等3个小类行业，根据国家统计局发布的对《国民经济行业分类》（GB/T 4754—2017）注释中，该行业包括的生产活动及产品见图6-6。

电子行业具有典型的离散型行业特征，电子产品的生产制造可逐级分为材料生产、元器件生产、组件/零件生产和整机装配，每一个阶段又可进一步细分，395非专业视听设备制造行业的生产以整机装配为主，更具备离散型行业的特点。数据显示，2017年我国非专业视听设备制造企业数为1004个，主营业务收入为7596.5亿元，利润为314.6亿元。

（1）电视机制造行业发展概况

我国彩电生产在世界上处于主导地位，供货量占全球90%以上，近年来，随着技术的进步，逐步向平板电视大屏化、智能化、高清化及节能化方向发展。从2008年到2016年，电视平均尺寸从不到30英寸（1英寸=2.54厘米）提高到55英寸。同时，智能电视不断普及，2016年我国智能电视渗透率已上升到近90%，相比2012年提高了2倍多。受中国消费能力升级的影响，彩电市场产品升级明显，高清画质、3D技术和环境友好的工业设计等产品受到市场的欢迎，电视大尺寸化发展趋势加速。该行业品牌集中度逐年提高，2017年前十名品牌零售额总份额达到86.2%，比2016年同期多出8.8个百分点。

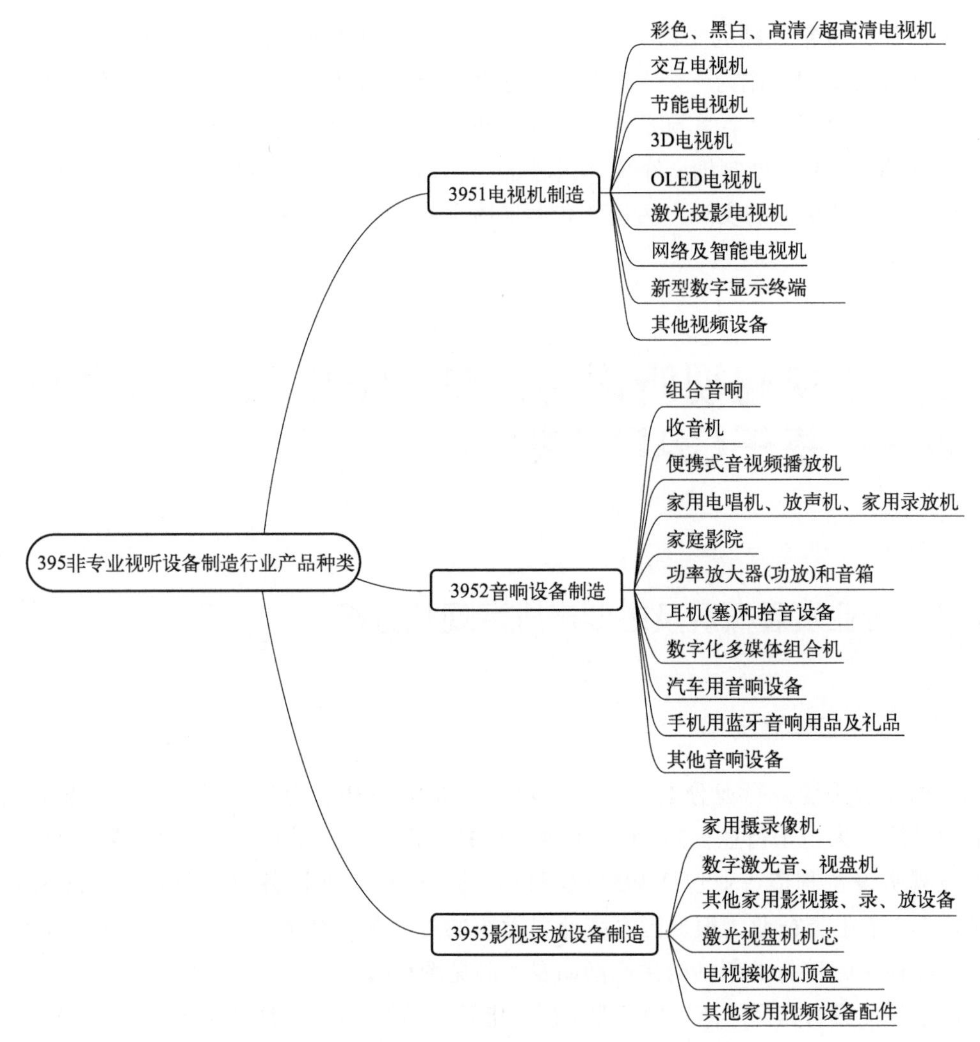

图6-6　395非专业视听设备制造行业产品种类

（2）音响设备制造

经过30年来的高速发展，目前中国已经发展成为世界音响设备的生产和出口大国。根据中国电子音响行业协会统计，1999年开始，我国电子音响行业的产值的年均增长率超过30%，在2006年实现产值2069亿元；之后，由于人民币汇率波动、用工成本和原材料价格上涨等因素的协同影响，该行业的产值增速开始放缓。

欧美发达国家和地区是世界上电子音响品牌的主要集中地。全球电子音响生产企业主要集中在中国、越南、巴西等发展中国家，欧美等发达国家和地区也有部分产能。近年来，随着产品更新换代，多媒体音响、汽车音响等产品成为电子音响行业发展的重点和热点。电子音响行业的主要产品包括多媒体音响、家庭影院、汽车音响和专业音响等。

（3）影视录放设备制造

影视录放设备制造行业主要包括录像机、摄像机、激光视盘机、零部件等。其中摄像机是应用最广泛的、最普通的行业产品。据不完全统计分析，我国有600多家可以生产各种摄像机的中小企业，其中外商投资（包括港澳台）企业50多家，以贴牌方式生产的企业70多家。企业分布在全国16个省市，主要企业集中在东部地区，如广东、江苏、浙江、天津、上海和北京。其中广东省、江浙地区和京津地区的企业占比分别约为70%、12%和10%，其余地区合计约占8%。近年来，监控录像设备成为影视录放设备的主要产品，市场逐渐扩大，应用范围覆盖到社会生活的方方面面。分类市场占比情况见图6-7（书后另见彩图）。

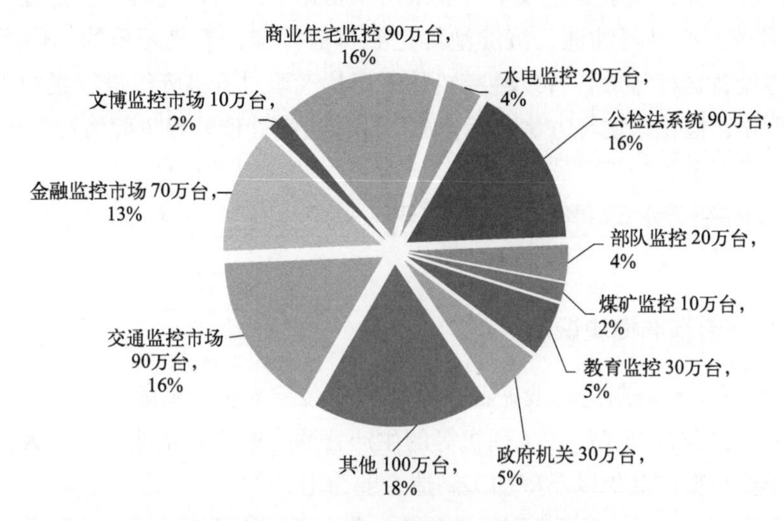

图6-7 监控录像设备市场占比

6.2.1.2 行业产排污现状

总体上，电子行业产品生产加工分为两大部分，即元器件生产和整机装配。非专业视听设备制造行业属电子行业中整机装配的代表性行业。由于该行业的产品涉及社会生活的方方面面，国内外对该行业的环境保护侧重于产品的环境友好性。环境保护领域的研究重点包括产品全生命周期管理、生态设计和废弃产品回收利用等。整机装配环境影响的特点主要是散，即产污节点多、无组织排放现象普遍和污染物成分复杂，但由于该行业不是传统意义上的重点污染控制行业，缺少行业污染物排放标准，污染防治工作尚属起步阶段，环境管理基础数据匮乏。

由于产品种类、规格型号和外观功能多样化，整机组装过程的元器件和零部件种类难以计数，但根据其污染物产生的特点和规律，装配过程具有一定的相似性。非专业视听设备制造行业产品种类有30多类，细分大小功能之后不下1000种。但是生产流程基本相同，即通过上游供应商采购/定购合适的元器件、零部件、材料、印制线路板等进行“组装”。环境影响的大小主要取决于材料类型、使用量和生产工艺及设备，与产品的形状、大小和功能相关性不强。

整机装配主要包括四大部分，即组装、调试、质检和包装。首先对各种元器件、接插件、零部件经过流水线组装成型，再进行功能调试和性能测试，随后对产品质检，合格后包装出厂。组装阶段的生产过程有机械加工、塑料成型（注塑）、涂漆和焊接等，主要污染物种类为废气，包括颗粒物、铅、挥发性有机物。废水污染物主要包括重金属废水和有机废水。部分产品组装前会使用有机溶剂对配件进行擦拭，主要污染为化学需氧量、氨氮、总氮、总磷、石油类和挥发性有机物。此外，在机械加工和塑料成型（注塑）等过程中还会产生一般工业固体废物，包括边角料、废塑料、废胶瓶等。

污染物治理方面，废水处理技术一般采用生物化学法，如厌氧生物处理技术和好氧生物处理技术等，经过隔油池、沉淀池等达到排放标准。废气颗粒物、铅经过滤芯装置、电除尘等设备达标排放。挥发性有机物采用集气罩对有机废气进行集中收集，经过活性炭、光催化、催化燃烧等方法达标排放。固体废物处理处置主要为资源化利用。

6.2.2 行业产污水平影响因素识别

6.2.2.1 最小产污基准模块识别

395非专业视听设备制造行业产品生产以整机装配为主，离散型行业特点突出。该行业中附加值高的整机产品，如电视机等的生产普遍为规模化企业，产量大，生产地较为集中；但一些小型产品仍以小型加工制造企业为主。

据不完全统计，该行业产品类别超过30类，生产所用的原辅材料类型超过100类，包括金属材料、聚合物材料、木材、陶瓷、玻纤材料、各种有机溶剂、清洗剂、磁性材料、半导体材料、胶黏剂、焊料、阻焊剂和助焊剂等，产品类型不同，材料类型及元器件、插件也均不相同；原料多、零部件多、规格差异大是离散型行业的生产特点，整机装配过程不仅原料种类和来源离散，产品的规格、用途和功能一致性也不强，如果按照流程型行业产污工段拆分，再进行工段产污系数的核算，不仅工作量大，且结果表达中冗余度也高。根据本书提出的离散型行业的产污工段筛选准则，可保障该行业所有企业在污染物产污量计算时能选择到可用的产污系数，且产污系数的结构和表达要便于更新和补充。产污工段筛选的过程如下：

① 确定3951、3952和3953三个小类行业的主导产品。从1000多种产品中梳理和归类出30余类产品，通过比对，选取较为完整和复杂的音响设备加工组装过程，如图6-8所示。非专业视听设备制造业其他产品的组装加工过程均能涵盖在图6-8的过程中。

② 依据离散型行业最小产污基准模块筛选准则进行产污工段的筛选。首先将主导工艺为主+相关的辅助工艺为一个产污工段，如焊接工段。

③ 筛选非专业视听设备制造行业共性产污工段。根据图6-9，筛选出具有共性的产污工段6个，包括机械加工（切边、冲压）、除油、注塑（塑料成型）、涂漆、焊接和清洗。

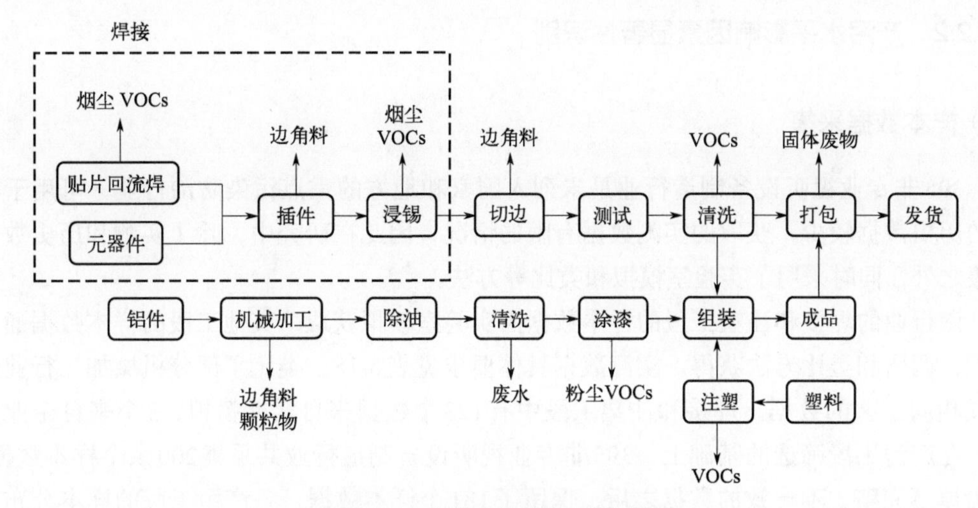

图6-8　音响设备生产工艺流程

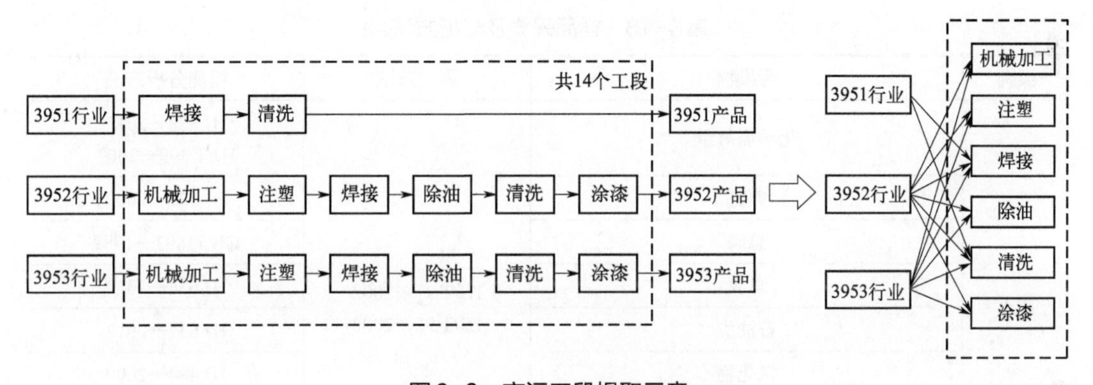

图6-9　产污工段提取示意

6个共性产污工段中，3951电视机制造行业以装配为主，仅占2个工段；3952音响设备制造和3953影视录放设备制造均占6个工段，与传统核算方法比较，减少了8个工段，是传统核算方法中工段数的42.86%。具体信息见表6-17，产污系数核算中工段提取的过程如图6-9所示。

表6-17　产污工段筛选结果对比

产污工段	传统核算方法中工段计数/个				筛选后工段数/个
	3951	3952	3953	小计	
机械加工		1	1	2	1
注塑		1	1	2	1
焊接	1	1	1	3	1
除油		1	1	2	1
清洗	1	1	1	3	1
涂漆		1	1	2	1
合计	2	6	6	14	6

6.2.2.2 产污水平影响因素显著性识别

(1) 样本数据采集

395非专业视听设备制造行业是未列入国家和地方的重点污染防治行业，可用于样本的历史数据较少，获取的实测数据有限的情况，因此在研究中，除了实测和历史数据收集之外，同时采用了实验室模拟和类比等方法。

该行业的焊接和注塑工段的样本数据由实验室模拟获取，其他工段的样本数据通过实测、调研和类比方法获得。实测数据具体要求见表6-18。类比了部分机械加工行业近似或相同工艺的数据。焊接和注塑工段中有123个数据来自实验模拟，3个来自企业实测。在产污工段筛选的基础上，395非专业视听设备制造行业共采集200余个样本数据，剔除掉不完整、不一致的数据之后，保留了181个样本数据，各产污工段的样本分布见图6-10。

表6-18 样品采集及分析方法

类别	污染物	采样方法	检测分析方法
废水	化学需氧量	HJ/T 91—2002 HJ/T 92—2002	HJ 828—2017 HJ/T 399—2007
	氨氮		HJ 535—2009
	总磷		GB 11893—1989
	总氮		HJ 636—2012
	石油类		HJ 637—2012
	氰化物		HJ 484—2009
	氟化物		HJ 488—2009
	重金属		HJ 700—2014 HJ 694—2014
废气	颗粒物	GB/T 16157—1996 HJ/T 397—2007 HJ/T 55—2000	GB/T 16157—1996 GB/T 15432—1995
	重金属		HJ 657—2013 HJ 777—2015 HJ 542—2009
	氮氧化物		HJ 693—2014
	氨		HJ 533—2009
	VOCs相关指标 （含TVOC、苯、甲苯、乙苯、三氯乙烯等）		HJ 734—2014 HJ 644—2013 GB/T 18883—2002

注：由于采样和分析测试的时间主要为2017～2018年，所以实际采用的HJ 637—2012、GB/T 18883—2002标准现在已经废止，最新标准为HJ 637—2018、GB/T 18883—2022。

以注塑工艺样本数据获取为例，对模拟实验方法进行说明。模拟实验主要包括模拟污染源设置及运行、现场采样布点、采样/监测时间、现场工况、企业生产概况、污染物类型及数量、污染物产量及排放量、污染物处理方法及状况、生产工艺技术参数、监测/检测结果等内容。模拟监测覆盖至少一个完整的生产周期。

注塑工艺主要有预处理过程（干燥）和成型（熔化）两个环节。在电子产品中使用的主要塑料种类及加工参数见表6-19。

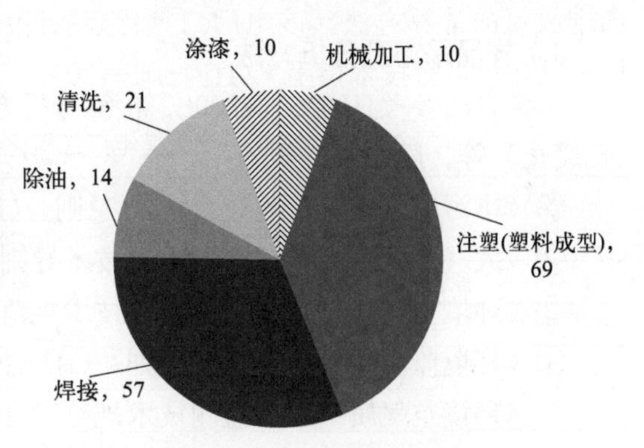

图6-10 产污工段样本分布

（图中数字为相应样本数）

表6-19 注塑工艺原材料及其应用信息

序号	材料	干燥温度	熔化温度/℃	模具温度/℃
1	聚碳酸酯和丙烯腈-丁二烯-苯乙烯共聚物混合物（PC-ABS）	90 ～ 110℃，2 ～ 4h	230 ～ 300	50 ～ 100
2	聚碳酸酯和聚对苯二甲酸丁二醇酯的混合物（PC-PBT）	110 ～ 135℃，约4h	235 ～ 300	37 ～ 93
3	高密度聚乙烯（HDPE）	—	220 ～ 260	50 ～ 95
4	聚乙醚（PEI）	150℃，4h	340 ～ 400	107 ～ 175
5	丙烯腈-丁二烯-苯乙烯共聚物（ABS）	80 ～ 90℃，2h	210 ～ 280	25 ～ 70
6	聚酰胺66或尼龙66（PA66）	85℃	260 ～ 290	80
7	聚对苯二甲酸丁二醇酯（PBT）	120℃，6 ～ 8h	225 ～ 275	40 ～ 60
8	聚碳酸酯（PC）	100 ～ 200℃，3 ～ 4h	260 ～ 340	70 ～ 120
9	聚对苯二甲酸乙二醇酯（PET）	120 ～ 165℃，4h	非填充：265 ～ 280；玻璃填充：275 ～ 290	80 ～ 120
10	乙二醇改性-聚对苯二甲酸乙二醇酯（PETG）	65℃，4h	220 ～ 290	10 ～ 30
11	聚甲基丙烯酸甲酯（PMMA）	90℃，2 ～ 4h	240 ～ 270	35 ～ 70
12	聚甲醛（POM）	不需要干燥处理	均聚物材料：190 ～ 230；共聚物材料：190 ～ 210	80 ～ 105
13	聚丙烯（PP）	不需要干燥处理	220 ～ 275	40 ～ 80
14	聚丙乙烯（PPE）	2 ～ 4h，100℃	240 ～ 320	60 ～ 105
15	聚苯乙烯（PS）	80℃，2 ～ 3h	180 ～ 280	40 ～ 50
16	聚氯乙烯（PVC）	通常不需要干燥处理	185 ～ 205	20 ～ 50
17	苯乙烯-丙烯腈共聚物（SA）	80℃，2 ～ 4h	200 ～ 270	40 ～ 80

模拟实验主要用于研究塑料材料挥发性有机物散发特征及机理。注塑过程产生的挥发性有机物主要来源于加热塑料原料、聚合物裂解，其中产生挥发性有机物的类型和产生量主要受到塑料原料的聚合物类型和含量、加热温度、注塑全过程时间的影响。采用模拟注塑方式，选取各类塑料材料，模拟注塑成型过程，采集注塑过程中产生的挥发性有机物进行检测，取得污染物产生量，计算个体产污系数。

实验方案包括样品采集及分析方法的确定和实验设计。

1）样品采集及分析方法

采样方法参考HJ/T 55—2000，检测分析方法参考HJ 644—2013、GB/T 18883—2002（已废止）等。质控依据如下：

①《排污单位自行监测技术指南 总则》（HJ 819—2017）；

②《大气污染物无组织排放监测技术导则》（HJ/T 55—2000）；

③《环境空气质量监测点位布设技术规范（试行）》（HJ 664—2013）；

④《环境监测质量管理技术导则》（HJ 630—2011）；

⑤《环境空气质量手工监测技术规范》（HJ 194—2017）。

2）顶空法模拟实验设计

① 塑料原料类型选择，如表6-19所列。

② 样品量的选择。每种样品研究质量为1 ～ 5000mg范围的挥发性有机物散发量，设定加热温度为200℃、时间为20min，绘制样品量与挥发性有机物散发量的关系曲线，选择合适的挥发性有机物散发量（直线相关部分）对应的样品量作为后续的研究样品量。

③ 顶空模拟参数。设定温度范围为40 ～ 230℃；根据塑料在注塑全过程的停留时间，设置加热熔融状态的时间范围为0 ～ 30min。

④ 模拟工艺条件。相关模拟实验设备见图6-11、图6-12（书后另见彩图）和图6-13（书后另见彩图）。工艺参数参见表6-19，模拟过程选择室内、温湿可控、避免阳光直照的环境条件下进行。同一组合的模拟实验进行2 ～ 3次平行实验。

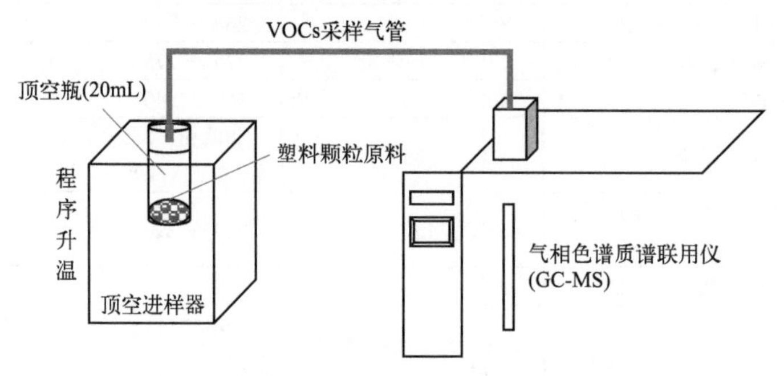

图6-11　模拟实验装置工作（顶空法）原理示意

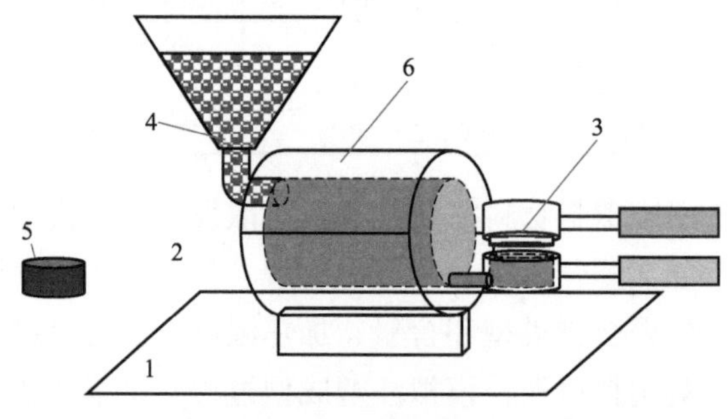

图6-12　模拟注塑机（加热套管）及模具原理示意

1—内部工作台；2—模拟注塑机；3—模拟注塑模具；
4—塑料颗粒原料；5—成型塑料；6—加热套管

图6-13　加热套管照片

(2)数据回归分析

非专业视听设备制造行业在电子行业整机生产中具有很强的代表性，离散型行业特点明显，产品生产工段之间存在很大的共性，产污方式和特征存在很多相似之处，产污水平主要取决于原材料类型、使用量、生产工艺和设备，受产品类型的影响很小。共性产污工段具有工艺环节少、产污点集中、影响污染物产生量的因素相对单一，但同一影响因素中种类众多等特点，如注塑工段的原料就有近20类，为此主要影响因素组合划分的合理性至关重要。各产污工段的污染物指标和影响因素见表6-20。

表6-20　各产污工段污染物指标及其影响因素

行业	产污工段	影响因素	污染物指标
3951	焊接	(1)产品：阴极射线管显示器(CRT)、液晶显示器(LCD)、等离子显示器(PDP)、数字光处理显示器(DLP)、有机发光二极管显示器(OLED)等。 (2)原料：助焊剂(无机酸、有机酸、天然松香、人造松香)、有铅或无铅焊料(锡丝、锡条、锡块)。 (3)工艺：波峰焊、手工焊、回流焊	工业废气量、挥发性有机物、颗粒物、铅
	清洗	(1)产品：阴极射线管显示器(CRT)、液晶显示器(LCD)、等离子显示器(PDP)、数字光处理显示器(DLP)、有机发光二极管显示器(OLED)等。 (2)原料：有机溶剂基清洗剂、水基型清洗剂、其他有机溶剂、丙酮、乙醇、异丙醇、三氯甲烷等。 (3)工艺：有机溶剂基清洗剂清洗、水基型清洗剂清洗、有机溶剂清洗	工业废水量、COD、氨氮、总磷、总氮、石油类 工业废气量、挥发性有机物
3952	机械加工	(1)产品：调音台、播放器、音箱、功率放大器、录音设备、话筒、音频处理器等。 (2)原料：磁性材料、金属材料、聚合物材料、木材料等。 (3)工艺：打磨(抛光)、切割+打孔	工业废气量、颗粒物
	注塑	(1)产品：调音台、播放器、音箱、功率放大器、录音设备、话筒、音频处理器等。 (2)原料：PP、PC、PVC、ABS、PE、PPO、PPA、POM、PBT、PC-ABS、PC-PBT、PE、PEI、PETG、PMMA、PS和PA66等。 (3)工艺：干燥预处理+干燥熔融。	工业废气量、挥发性有机物

续表

行业	产污工段	影响因素	污染物指标
3952	焊接	（1）产品：调音台、播放器、音箱、功率放大器、录音设备、话筒、音频处理器等。 （2）原料：助焊剂（无机酸、有机酸、天然松香、人造松香）、有铅或无铅焊料（锡丝、锡条、锡块）。 （3）工艺：波峰焊、手工焊、回流焊	工业废气量、挥发性有机物、颗粒物、铅
	除油	（1）产品：调音台、播放器、音箱、功率放大器、录音设备、话筒、音频处理器等。 （2）原料：溶剂型除油剂、水基型除油剂等。 （3）工艺：除油-水清洗	（1）工业废水量、COD、氨氮、总磷、总氮、石油类； （2）工业废气量、挥发性有机物
	清洗	（1）产品：调音台、播放器、音箱、功率放大器、录音设备、话筒、音频处理器等。 （2）原料：有机溶剂基清洗剂、水基型清洗剂、其他有机溶剂、丙酮、乙醇、异丙醇、三氯甲烷等。 （3）工艺：有机溶剂基清洗剂清洗、水基型清洗剂清洗、有机溶剂清洗	（1）工业废水量、COD、氨氮、总磷、总氮、石油类； （2）工业废气量、挥发性有机物
	涂漆	（1）产品：调音台、播放器、音箱、功率放大器、录音设备、话筒、音频处理器等。 （2）原料：塑粉、热固性粉末、溶剂型油漆、水基型油漆等。 （3）工艺：干法喷涂、浸漆、刷漆、湿法喷涂	工业废气量、挥发性有机物、颗粒物
3953	机械加工	（1）产品：录像机、摄像机、激光视盘机、零部件等。 （2）原料：磁性材料、金属材料、聚合物材料、木材料。 （3）工艺：打磨（抛光）、切割+打孔	工业废气量、颗粒物
	注塑	（1）产品：录像机、摄像机、激光视盘机、零部件等。 （2）原料：PP、PC、PVC、ABS、PE、PPO、PPA、POM、PBT、PC-ABS、PC-PBT、PE、PEI、PETG、PMMA、PS和PA66等。 （3）工艺：干燥预处理+干燥熔融	工业废气量、挥发性有机物
	焊接	（1）产品：录像机、摄像机、激光视盘机、零部件等。 （2）原料：助焊剂（无机酸、有机酸、天然松香、人造松香）、有铅或无铅焊料（锡丝、锡条、锡块）。 （3）工艺：波峰焊、手工焊、回流焊	工业废气量、挥发性有机物、颗粒物、铅
	除油	（1）产品：录像机、摄像机、激光视盘机、零部件等。 （2）原料：溶剂型除油剂、水基型除油剂。 （3）工艺：除油-水清洗	（1）工业废水量、COD、氨氮、总磷、总氮、石油类； （2）工业废气量、挥发性有机物
	清洗	（1）产品：录像机、摄像机、激光视盘机、零部件等。 （2）原料：有机溶剂基清洗剂、水基型清洗剂、其他有机溶剂、丙酮、乙醇、异丙醇、三氯甲烷等。 （3）工艺：有机溶剂基清洗剂清洗、水基型清洗剂清洗、有机溶剂清洗	（1）工业废水量、COD、氨氮、总磷、总氮、石油类； （2）工业废气量、挥发性有机物
	涂漆	（1）产品：录像机、摄像机、激光视盘机、零部件等。 （2）原料：塑粉、热固性粉末、溶剂型油漆、水基型油漆等。 （3）工艺：干法喷涂、浸漆、刷漆、湿法喷涂	工业废气量、挥发性有机物、颗粒物

非专业视听设备制造业筛选出的6个共性产污工段中，随着臭氧污染防控的要求不断提高，近年来对注塑工段环境影响的关注程度也在增加。注塑工段的生产工艺包括吹

塑、注塑、挤塑和吸塑，统称为注塑，该工段使用的原料种类多且成分多样，有注塑工段的生产企业分布相对独立且分散，排放的挥发性有机物成分较为复杂，目前我国对注塑生产过程的排放源清单尚无系统的整理，该工段的产排污现状及污染特征还没有进行系统研究。目前该行业注塑工段常用的塑料原料20类，包括PP、PC、PVC、ABS、聚乙烯（PE）、PET、聚苯醚（PPO）、PPA、POM、PBT、PC-ABS、PC-PBT、PPE、PEI、PETG、PMMA、PS、PA66、SA和环氧树脂（EP）。根据前节中产污水平影响因素显著性识别方法，回归模型可简化如式（6-6）：

$$C_{gj} = \beta_0 + \beta_1 x_m + \varepsilon \tag{6-6}$$

式中　ε——随机误差；

x_m——原料种类；

β_0——不考虑影响因素变化时所有样本产污系数数据的均值；

β_1——原料种类对产污系数的影响程度。

首先对69个样本计算获得单位产品的污染物产生量，即个体产污系数；由于原料种类是分类变量，引入19个哑变量并赋值，如表6-21所列。根据式（6-6），计算得到以不同种塑料为原料时，注塑工段原料与挥发性有机物产污系数的相关关系。结果如表6-22所列。

表6-21　哑变量赋值表

原料	X_{s101}	X_{s102}	……	X_{s118}	X_{s119}
原料1	1	0	……	0	0
原料2	0	1	……	0	0
原料3	0	0	……	0	0
原料4	0	0	……	0	0
原料5	0	0	……	0	0
原料6	0	0	……	0	0
原料7	0	0	……	0	0
原料8	0	0	……	0	0
原料9	0	0	……	0	0
原料10	0	0	……	0	0
原料11	0	0	……	0	0
原料12	0	0	……	0	0
原料13	0	0	……	0	0
原料14	0	0	……	0	0
原料15	0	0	……	0	0
原料16	0	0	……	0	0
原料17	0	0	……	0	0
原料18	0	0	……	1	0
原料19	0	0	……	0	1
参照	0	0	……	0	0

表6-22 原料与挥发性有机物产污系数回归分析结果

变量	VOCs	变量	VOCs
β_0	0.354*** (0.043)	x_{s110}	−0.263**(0.110)
x_{s101}	0.253***(0.077)	x_{s111}	−0.330*** (0.110)
x_{s102}	−0.322***(0.110)	x_{s112}	0.027(0.110)
x_{s103}	−0.296***(0.093)	x_{s113}	−0.290*** (0.083)
x_{s104}	−0.203**(0.077)	x_{s114}	−0.146*(0.077)
x_{s105}	−0.314*** (0.072)	x_{s115}	−0.350*** (0.110)
x_{s106}	0.001(0.093)	x_{s116}	−0.152* (0.110)
x_{s107}	−0.281** (0.110)	x_{s117}	−0.141*(0.083)
x_{s108}	−0.332*** (0.110)	x_{s118}	−0.147* (0.110)
x_{s109}	−0.342*** (0.093)	x_{s119}	0.024(0.110)
样本数		69	
R^2		0.669	

注：*** 表示原料在1%的显著水平下对挥发性有机物产污系数有显著影响；** 表示原料在5%的显著水平下对挥发性有机物产污系数有显著影响；* 表示原料在10%的显著水平下对挥发性有机物产污系数有显著影响。

表6-22回归分析结果表明，注塑工段有10类原料对挥发性有机物产污系数在1%的显著水平有显著影响，占50.0%；3类原料对挥发性有机物产污系数在5%的显著水平有显著影响，占15.0%；4类原料对挥发性有机物产污系数在10%的显著水平有显著影响，占20.0%；3类原料样本量不足3个，对挥发性有机物产污系数的影响难以判断，占比为15.0%。总体上，注塑工段影响挥发性有机物产生最显著的因素是原料，与学界的认知一致。将注塑工段不同原料下回归系数代入式（6-7）得到含哑变量的挥发性有机物产污系数多元线性回归模型。

$$\begin{aligned}C_{\text{g-VOC}} = 0.35 + 0.25x_{s101} - 0.32x_{s102} - 0.30x_{s103} - 0.20x_{s104} - 0.31x_{s105} \\ + 0.001x_{s106} - 0.28x_{s107} - 0.33x_{s108} - 0.34x_{s109} - 0.26x_{s110} \\ - 0.33x_{s111} + 0.03x_{s112} - 0.29x_{s113} - 0.15x_{s114} - 0.35x_{s115} \\ - 0.15x_{s116} - 0.14x_{s117} - 0.15x_{s118} + 0.02x_{s119}\end{aligned} \tag{6-7}$$

式中，x_{s101}、x_{s102}、x_{s103}、x_{s104}、x_{s105}、x_{s106}、x_{s107}、x_{s108}、x_{s109}、x_{s110}、x_{s111}、x_{s112}、x_{s113}、x_{s114}、x_{s115}、x_{s116}、x_{s117}、x_{s118}、x_{s119}为哑变量。

6.2.3 主要影响因素组合及产污系数的量化

注塑工段的特征污染物为挥发性有机物，污染物产生量仅受到原料种类的影响，其影响因素组合的决定因素为原料种类，相比TA法，CART法更为适用。以注塑工段为例，采用CART法进行影响因素组合的确定。在电子行业整机生产中，注塑工段的主导工艺为“干燥预处理+干燥熔融”，和生产规模无关。根据产污系数影响因素组合表达的规则，该工段的原始影响因素组合表达为“原料+工艺”，并以原料标识，记为A_1～A_{19}。计算步骤如下：

① 在CART模型中，设定挥发性有机物的产污系数为因变量$C_{\text{g-VOC}}$。

② 设塑料原料种类为自变量x_m。

③ 利用SPSS软件计算，选择分类回归树方法。

注塑行业69个样本以原料种类分布的情况见表6-23。

表6-23　各类原料的样本数

序号	样本类别	样本数	序号	样本类别	样本数
1	ABS	5	11	PMMA	2
2	PA66	3	12	POM	4
3	PBT	5	13	PP	5
4	PC	6	14	PPA	2
5	PC-ABS	3	15	PPE	2
6	PC-PBT	2	16	PPO	4
7	PE	2	17	PS	2
8	PEI（BMC[①]）	3	18	PVC	11
9	PET	2	19	SA	2
10	PETG	2	20	EP	2
合计			69		

①BMC即bulk molding compound，团状模塑料。

样本集合中共有20个原料类别，根据公式（6-8），初始基尼系数用Gini表示，则：

$$\text{Gini} = 1 - \left[\left(\frac{5}{69}\right)^2 + \left(\frac{3}{69}\right)^2 + \ldots + \left(\frac{2}{69}\right)^2\right] = 0.930 \tag{6-8}$$

④ 模型参数见表6-24，最终剪枝过程见图6-14。由于CART分析方法基于两分法，根据原料的种类为20种，设定子节点的最小个案数为10，则父节点的最小个案数为20。从20个节点逐步剪枝，计算得到注塑工段挥发性有机物的影响因素组合C_i（i>1），与原始影响因素组合表达内容相同。依据CART模型，终端节点数代表了注塑工段影响因素组合数，在标准方差为0.005时，终端节点保留了4个。即该工段的影响因素组合数为4。

表6-24　模型参数汇总

模型汇总		
指定项	生长法	CART
	因变量	VOCs
	自变量	原料，工艺
	验证	交叉验证
	最大树深度	5
	父节点中的最小个案数	20
	子节点中的最小个案数	10
结果	包括的自变量	原料
	节点数	7
	终端节点数	4
	深度	3

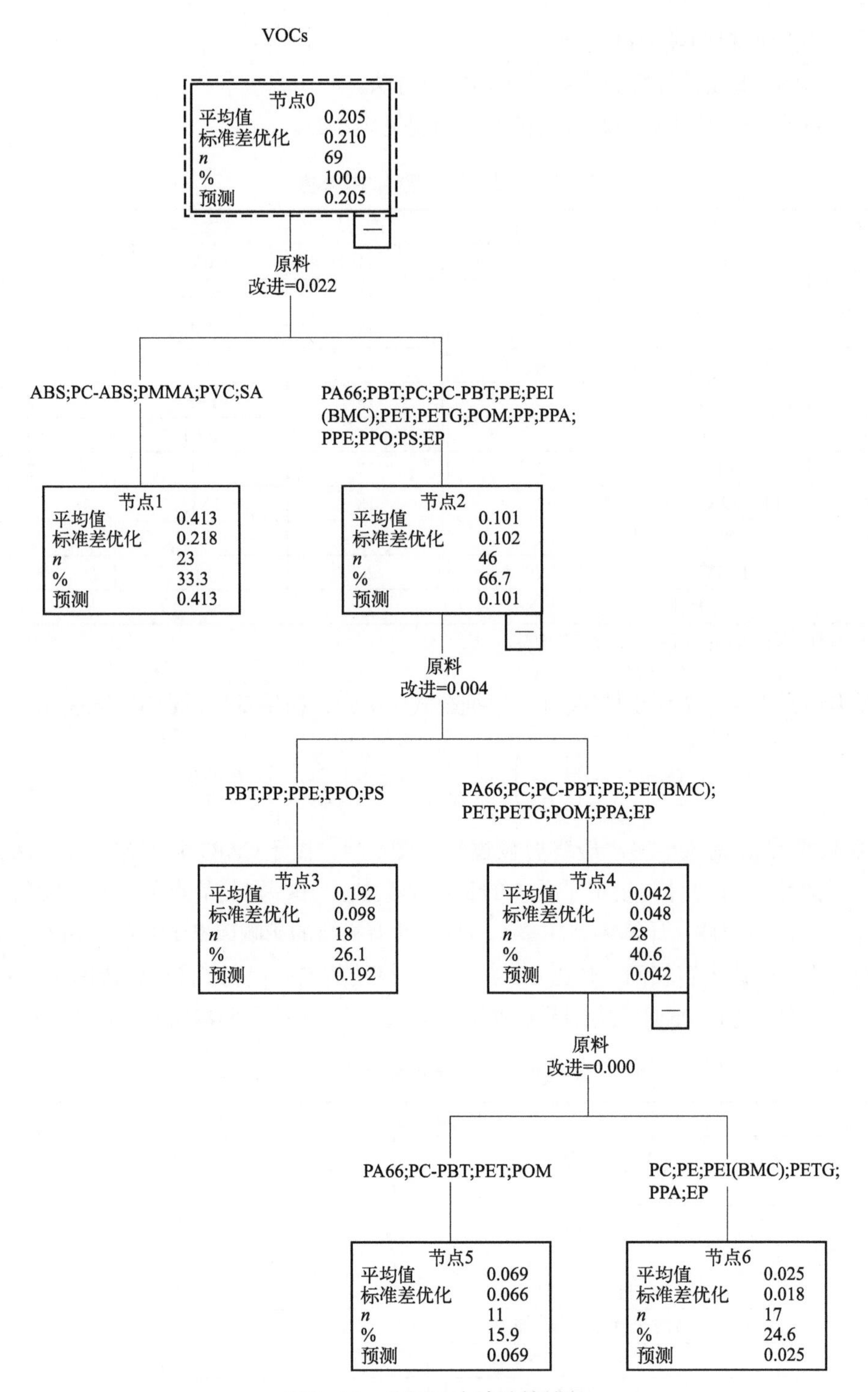

图6-14 CART方法计算结果

作为一个主要的工艺过程，非专业视听设备制造行业绝大多数产品组装中注塑技术被广泛应用，由于该行业的产品主要为家用或民用，中小型产品居多，注塑加工的零件一般用于壳体、结构件和底座，材质的阻燃性和强度较高，以工程塑料为主。表6-25和图6-15中，该工段的挥发性有机物产污系数与原料密切相关，因使用的材料不同，产污系数分为四个等级，范围在0.025 ～ 0.413g/kg 塑料之间。产污系数是产污强度的一种表示方式，从产污系数核算的结果来看，等量材料消耗时，PC、PE、PEI（BMC）、PETG、PPA和EP在注塑过程挥发性有机物产生量较低，而ABS、PC-ABS、PMMA、PVC、SA等产生量较高。ABS常用于产品外壳，在产品中用量较大，对非专业视听设备制造行业整机生产注塑环节挥发性有机物产生量贡献较大；PVC不仅产生的挥发性有机物强度相对高，且废弃后的回收及再利用率不高，电子电器产品中PVC对环境的污染影响不容忽视，PVC材料的替代是该行业整机生产中需要解决问题。

表6-25　注塑工段挥发性有机物产污系数

C_i	$C_{g\text{-}VOC}$/（g/kg 原料）
C_1[PC、PE、PEI(BMC)、PETG、PPA、EP]	0.025
C_2（PA66、PC-PBT、PET、POM）	0.069
C_3（PBT、PP、PPE、PPO、PS）	0.192
C_4（ABS、PC-ABS、PMMA、PVC、SA）	0.413

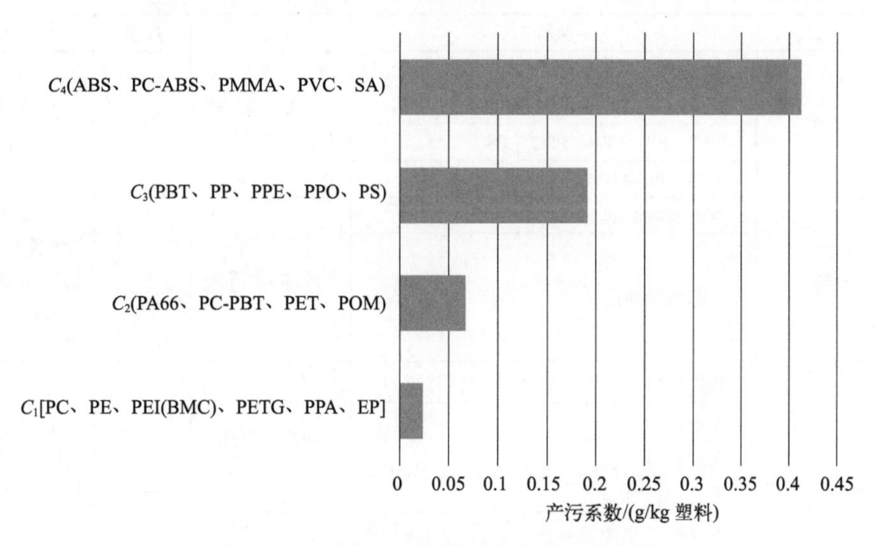

图6-15　注塑工段挥发性有机物产污系数

根据已经建立的影响因素组合辨识方法，综合分析非专业视听设备制造行业主要产品装配中，各工段的原料种类和工艺技术，形成共性产污工段及不同工段下影响因素组合，见表6-26。整体上有6个共性产污工段，34种组合，151个污染物产污系数，在不同产污工段分布见图6-16（书后另见彩图）。其中清洗工段既产生废水污染物也产生废气污染物，共有9项污染物指标，且清洗工段出现在整机装配过程的多个环节，原料（清洗剂）包括有机溶剂和无机物质，影响因素组合有9项，产污系数56个。注塑工段由于污染物指标少，仅有挥发性有机物，再加上工业废气产生强度，共有8个产污系数。图6-16和表6-26中的工段、组合和产污系数可用于所有企业污染物产污量的核算。

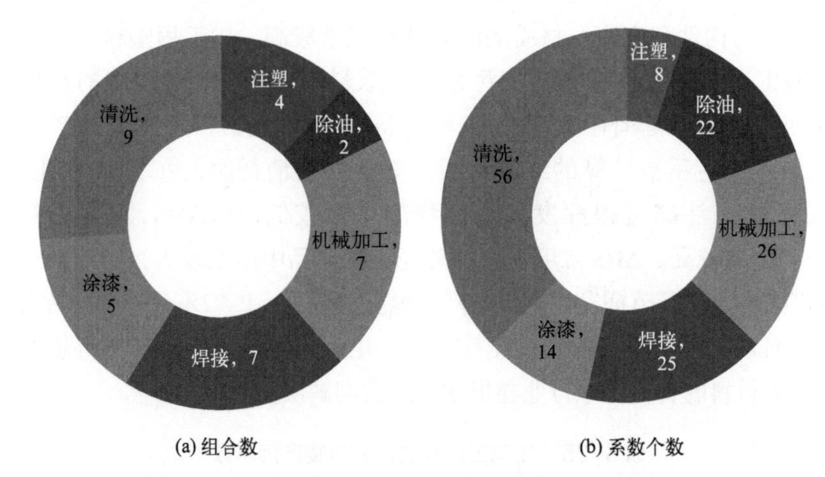

(a) 组合数　　(b) 系数个数

图6-16　不同产污工段影响因素组合数和产污系数个数

分析表6-26，可以看出非专业视听设备制造业共性产污工段具有相同的特点，即污染物的产污系数与产品和生产规模不相关，这个特点也正是离散型行业的特征之一。

表6-26　非专业视听设备制造行业产污系数结构

序号	工段	原料	工艺	规模	污染物指标
1	注塑	PC、PE、PEI（BMC）、PETG、PPA、EP	压塑、挤塑、注塑、吸塑等	—	工业废气量、挥发性有机物
		PA66、PC-PBT、PET、POM			
		PBT、PP、PPE、PPO、PS			
		ABS、PC-ABS、PMMA、PVC、SA			
2	除油	溶剂型除油剂	除油-水清洗	—	工业废气量、挥发性有机物、工业废水量、COD、石油类、总氮、总磷
		水基型除油剂			
3	机械加工	磁性材料、半导体材料、木材料	切割、打孔	—	工业废气量、颗粒物、工业废水量、COD、氨氮、总氮、总磷、石油类、砷
		覆铜板			
		金属材料			
		聚合物材料			
		钕铁硼、永磁铁氧体、钐钴、铝镍钴等	粉碎、制粉		
		切割液、研磨液	切片、研磨		
		研磨液	抛光		
4	焊接	含铅焊料（锡膏等，含助焊剂）	回流焊	—	工业废气量、挥发性有机物、颗粒物、铅
		无铅焊料（锡膏等，含助焊剂）			
		含铅焊料（锡丝等，含助焊剂）	手工焊		
		无铅焊料（锡丝等，含助焊剂）			
		含铅焊料（锡条、锡块等，不含助焊剂）	波峰焊		
		无铅焊料（锡条、锡块等，不含助焊剂）			
		助焊剂（无机酸、有机酸、天然松香、人造松香）			

续表

序号	工段	原料	工艺	规模	污染物指标
5	涂漆	UV固化三防漆、聚氨酯三防漆、有机硅三防漆	喷涂（含固化）/刷涂（含固化）/浸涂（含固化）/淋涂（含固化）	—	工业废气量、颗粒物、挥发性有机物
		溶剂型三防漆			
		溶剂型油漆	浸漆（含固化）/刷漆（含固化）/湿法喷涂（含固化）		
		水基型油漆			
		塑粉、热固性粉末等	干法喷涂（含固化）		
6	清洗	丙酮	有机溶剂清洗	—	工业废气量、挥发性有机物、工业废水量、COD、氨氮、总氮、总磷、石油类、铜、铅、砷、镉、铬
		三氯甲烷			
		乙醇			
		异丙醇			
		其他有机溶剂			
		碱（氢氧化钠等）	碱洗		
		酸（盐酸、硫酸、硝酸等）	酸洗		
		有机溶剂基清洗剂	有机溶剂基清洗剂清洗		
		水基型清洗剂	水基型清洗剂清洗		

6.2.4　核算参数验证和不确定性分析

6.2.4.1　系数不确定性分析

长期以来，395非专业视听设备制造行业一直被认为是污染很轻的行业，污染物产排污数据历史积累很少，在研究时，样本通过实验室模拟获取受经费、时间和原料获取能力等限制，样本的数量在个别原料类别中较少，对核算结果会带来一定的不确定性，核算方法本身也会产生不确定性。主要的不确定因素包括：

① 原料类别，样本难以全覆盖；

② 原辅材料成分复杂，有些原辅材料是特定企业或产品自行研制或配制的，难以取得全部的和准确的行业原辅材料清单，样本难以全覆盖；

③ 相同生产工艺在不同的企业，由于工艺参数的优化及管理水平的差异，样本的代表性会有一定的不足；

④ 实测样本数据获取时，部分采样口不规范、样品基质过强等可能影响检测结果准

确度；

⑤ 对于挥发性有机物而言，工业生产中受到气体收集效率的限制，模拟实验取得的原始产污系数与实际生产的结果有一定的偏差；

⑥ 样本存在一定的偏差。

6.2.4.2 系数的验证

表6-27是使用重新代入和交叉验证方法对CART分析结果的验证，表中0.019和0.028分别代表使用不同验证方法时样本的错判率，均小于3%；标准误差均小于0.6%。表明所采用的CART算法的结果有较好的代表性。

表6-27 产污系数预测模型风险

方法	估算	标准误差
重新代入	0.018	0.005
交叉验证	0.027	0.006

6.2.4.3 产污系数核算结果的比较分析

目前可用于进行系数比较的，仅有“2007版”产污系数和“2017版”产污系数。“2007版”产污系数的行业划分是基于《国民经济行业分类》（GB/T 4754—2002）标准，与目前实施的《国民经济行业分类》（GB/T 4754—2017）中产品的行业归类有所不同。非专业视听设备制造行业是近10年来快速发展的行业，产品升级和技术进步日新月异，在产品的行业归类上变化很大。两版标准的比较见表6-28。“2017版”标准中将4071家用影视设备制造分成两个小类行业，即3951电视机制造和3953影视录放设备制造。

表6-28 产品归属行业比较

GB/T 4754—2017	GB/T 4754—2002
3951电视机制造 3952音响设备制造 3953影视录放设备制造	4071家用影视设备制造 4072家用音响设备制造

“2007版”产污系数中，只针对焊接过程进行了铅尘产污系数的核算，见表6-29。“2007版”产污系数核算时，没有进行工业行业类型划分，对不同类型行业污染物产生规律辨识不清。铅尘的产污系数的计量用单位产品污染物产生量表示，不仅通用性不足，只适用于个别产品，而且铅尘的主要来源是含铅焊料，与焊接工艺消耗的原料相关性更强。电子电器产品整机装配中，共性产污工段主要的原料消耗，实际上是产品装配中的辅助性原料。对于工业产品，例如电视机，工业设计带来的功能和外观不同，产品的尺寸和内部结构也有差异，不同规格、不同厂家、不同型号的产品，辅助材料的消耗量不一样，对产污系数的影响也不一样。

表6-29 “2007版”4071、4072行业铅尘产污系数

产品	原料	工艺	规模	产污系数/(mg/台产品)
电视机	显示器、电路板、高频头、机壳	无铅焊接-组装-调试	—	2.5
		有铅焊接-组装-调试	—	32.16
组合音响	外壳、电路板、元器件	无铅焊接-装配	—	3.2
		有铅焊接-装配	—	32
CD机芯	电路板、焊锡膏、元器件	无铅焊接-装配	—	0.7872
		有铅焊接-装配	—	4.2

通过共性产污工段的提取，对每个工段单位原料消耗污染物产生的变化进行分析，如表6-26所列，根据整机装配生产中焊接过程污染物产生的一般规律，细化了原料类别，细分了焊接工艺，形成了通用的焊接工段影响因素组合7个，体现了离散型行业污染物产生的特征和规律，即共性产污工段产污系数与最终产品和生产规模不相关，仅与进入该工段原料量相关。

产污系数也被应用在产品和技术的生命周期评估中，作为基准数据库中的清单数据，是生命周期清单分析和影响评价中的关键参数。由于“2007版”产污系数不能覆盖全部整机装配生产过程，目前在该行业生命周期评估研究和项目环境影响评价中，对于注塑过程的挥发性有机物均参照美国EPA的《空气污染物排放和控制手册》中“未加控制的塑料生产排放因子”（0.35kg/t 原料），即无组织排放因子。表6-25和图6-15中的数据表明，在整机装配中，挥发性有机物产生量的大小与塑料种类显著相关，研究案例所采用的方法，为污染控制的精细化及相关科学研究提供了更准确的参数。

6.3 铅冶炼业重金属产污系数的获取——基于物质流分析法

《污染源普查产排污系数手册》（2007版）以及2013年新增重金属废气系数中涵盖了占我国工业污染物产排量绝大部分的362个小类行业，含有铅、砷、汞、镉、铬、六价铬6类重金属产排污系数的行业共57个，约占系数手册全部行业的16%，其中涉铅行业数最多为34个；其次为涉六价铬、涉砷、涉汞、涉镉行业，行业数分别为29个、26个、25个、24个，涉铬行业最少仅为7个。由此可见，重金属污染源产排行业在污染源行业中所占比例较大，重金属产排污系数对重金属数据统计的计算具有重要意义。本节以流程型行业——铅冶炼行业的典型工艺为研究案例，运用物质流分析手段对该工艺过程重金属污染物进行了污染环节的定性和定量分析，建立了各工序物质平衡账户，确立

了该工艺的产物系数组合以及排放量核算方法。

6.3.1 研究对象概况

6.3.1.1 行业概况及研究案例概况

铅在自然界中主要以硫化物的形态存在，原生铅冶炼矿物原料主要是硫化铅精矿。完整的铅冶炼过程分为粗铅冶炼和精炼两个工段，其中粗铅冶炼过程是将硫化铅精矿依次进行氧化脱硫—还原熔炼—铅渣分离—产出粗铅的过程。粗铅的生产方法主要以火法冶炼为主，由于工艺及成本等方面原因，铅的湿法冶金目前尚未有工业实践。粗铅中含有多种杂质，例如铜、镍、钴、铁、锌、砷、锑、锡、金、银、铋等，这些杂质对铅的性质存在有害影响，因此需要将其去除。进一步提纯粗铅，去除杂质的过程称为粗铅的精炼。

目前国内投产运行的火法工艺有富氧底吹炼铅工艺、基夫赛特炼铅工艺、奥斯迈特炉炼铅工艺和闪速炼铅工艺四种。其中富氧底吹炼铅工艺在富氧底吹-鼓风炉炼铅工艺的基础上，又进行了改进，发展出新的富氧底吹-液态高铅渣直接还原工艺。总体来看，富氧底吹炼铅是现阶段国内铅冶炼工艺应用最为广泛的。据统计，国内富氧底吹炼铅工艺的产能约占85%，其中富氧底吹-鼓风炉炼铅工艺产能约为40%，富氧底吹-液态高铅渣还原炼铅工艺约为45%。鉴于国内铅冶炼工艺的应用现状，本书选取铅冶炼工艺中产能占比最高的富氧底吹炼铅为案例研究，并对采用该工艺的某企业进行现场实测与采样分析，获取工艺过程中的物质流数据。

选择我国中部某省份一家设计年产能为10万吨精炼铅的企业作为案例。该企业采用的富氧底吹-鼓风炉炼铅工艺流程如图6-17所示。该工艺共由九个工序组成。铅精矿等原料在制粒阶段被碾磨制粒后通过加料仓送入底吹炉进行熔炼，底吹炉主产物粗铅（含铅量95%～98%）被送往粗铅精炼工段，副产物之一的高铅渣送入鼓风炉继续熔炼，另一副产物底吹炉熔炼烟气由于含大量SO_2被送往制酸工序生产硫酸。鼓风炉主产物粗铅同底吹炉主产物粗铅一起送往粗铅精炼工段继续提纯制造精铅，鼓风炉副产物铅炉渣由于含Zn量较高经电热前床保温加热后被送往烟化炉继续熔炼提取其中的Zn，烟化炉主产物次氧化锌（含Zn量约40%）可作为锌冶炼原料提锌。为便于表示，将提取次氧化锌的电热前床+烟化炉处理过程统称为烟化炉工序。

粗铅冶炼工段的主产物粗铅经初级精炼除去部分杂质后再进行电解精炼，得到主产物电解铅，最后经铸锭形成最终产品铅锭（也称精炼铅，含铅量99.99%）。电解精炼工序的副产物阳极泥由于含有大量稀贵金属可作为生产稀贵金属的原料继续提取利用。初级精炼和铸锭工序产生的除铜渣、精炼渣等含铅废渣送往反射炉进一步熔炼，生成的粗铅可以继续进行精铅提炼。

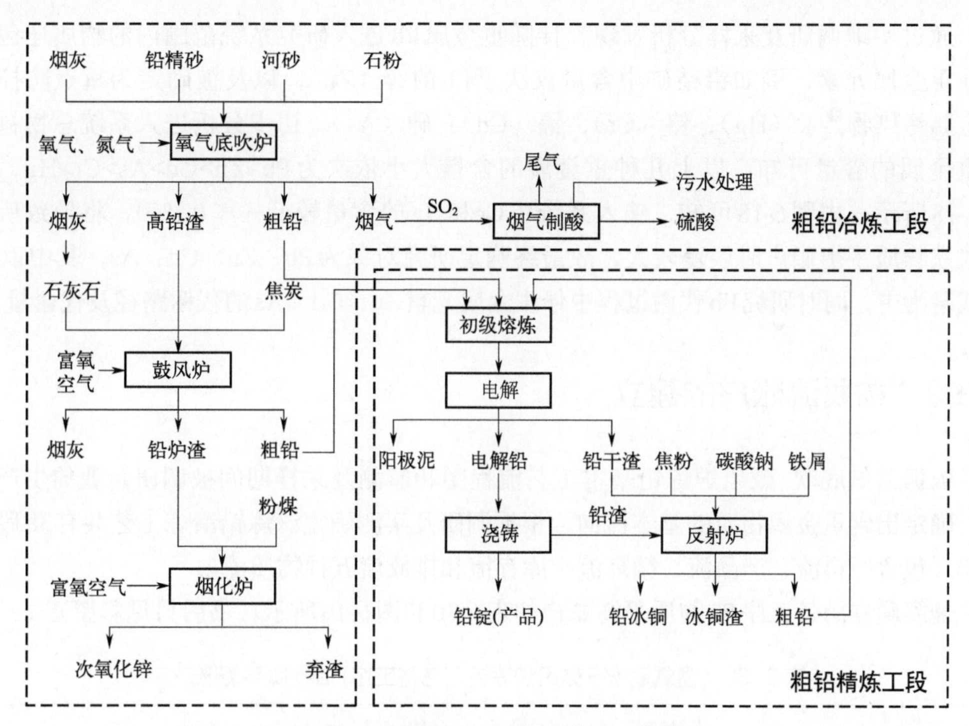

图6-17 富氧底吹-鼓风炉炼铅工艺流程

6.3.1.2 研究对象及系统边界的确定

研究案例的系统边界范围即富氧底吹-鼓风炉炼铅工艺（简称SKS工艺）全过程[1]，如图6-18所示。为便于数据获取和计算，在建立物质平衡账户时以日为时间单位，收集和统计各工序每日的物质流流量，计量单位为t/d。

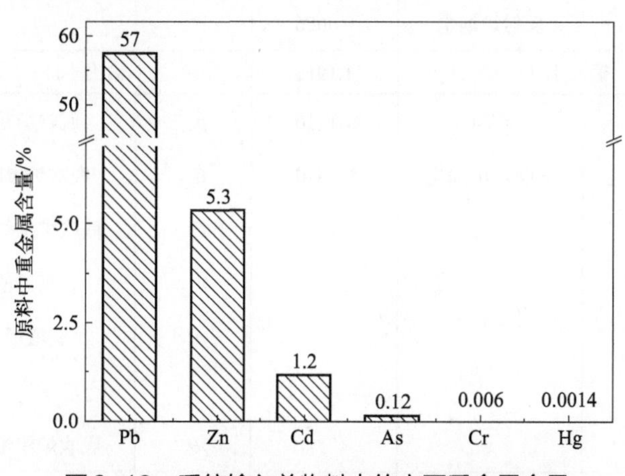

图6-18 系统输入总物料中的主要重金属含量

由于该工艺过程主要以铅（Pb）的代谢为主，因此首先将Pb作为重点研究对

[1] 由于该案例研究以追踪重金属物质流为主，故研究确定的系统边界内不包含氧气制备等能源供应工序。

象。通过实地调研及采样分析发现，伴随重金属Pb进入研究系统范围内的物质还包括其他重金属元素，例如铅精矿中含量仅次于Pb的锌（Zn），以及被确定为重点防控的重金属污染物[1]汞（Hg）、铬（Cr）、镉（Cd）、砷（As）。初步分析进入系统总物料中各重金属的含量可知，以上几种重金属的含量大小依次为Pb>Zn>Cd>As>Cr>Hg，如图6-18所示。由图6-18可知，输入系统中Cr和Hg的含量较低（＜0.1%），将导致后期在建立物质平衡账户时误差较大，故最终确定研究对象为Pb、Zn、Cd、As，其中以Pb的代谢为主，同时研究Pb代谢过程中伴生金属元素Zn、Cd、As的代谢路径及代谢量。

6.3.2 物质流账户的建立

依据富氧底吹-鼓风炉炼铅基本工艺流程图和监测及采样期间被调研企业的生产实况，确定出含重金属物质的基本流向，根据调研及实测确定该炼铅冶炼工艺共有38股物质流（包含原料流、产品流、循环流、库存流和排放流五种物质流）。

最终确立的各工序Pb物质平衡账户如表6-30和图6-19所示（书后另见彩图）。

表6-30 富氧底吹-鼓风炉炼铅工艺各工序Pb物质平衡账户

工序	输入			输出		
	物质流		流量/(t/t)	物质流		流量/(t/t)
1 制粒	α_1	含铅废渣	0.0589	p_1	粒料	1.1916
	α_0	铅精矿	1.0963			
	$\beta_{2,1}$	底吹炉尾气除尘	0.0070			
	$\beta_{3,1}$	废水处理渣	0.0268			
	$\beta_{8,1}$	反射炉烟尘	0.0026			
	输入小计		1.1916	输出小计		1.1916
2 底吹炉	p_1	粒料	1.1916	$p_{2,1}$	底吹炉粗铅	0.4417
	$\beta_{2,2}$	底吹炉电除尘	0.2410	$\beta_{2,2}$	底吹炉电除尘	0.2410
				$\beta_{2,1}$	底吹炉尾气除尘	0.0070
				$p_{2,2}$	高铅渣	0.5872
				$p_{2,3}$	制酸烟气	0.0328
				γ_2	底吹炉尾气	0.0001
				θ_2	底吹炉粗铅库存	0.1228
	输入小计		1.4326	输出小计		1.4326

[1] 《重金属污染综合防治“十二五”规划》中确定的五类重点防控重金属为Hg、Cr、Cd、Pb、As。

续表

工序	输入			输出		
	物质流		流量/(t/t)	物质流		流量/(t/t)
3 制酸	$p_{2,3}$	制酸烟气	0.0328	$\beta_{3,1}$	废水处理渣	0.0268
				$\gamma_{3,1}$	制酸废水	0.0058
				$\gamma_{3,2}$	制酸尾气	0.0002
	输入小计		0.0328	输出小计		0.0328
4 鼓风炉	$p_{2,2}$	高铅渣	0.5872	$p_{4,1}$	鼓风炉粗铅	0.5379
	$\beta_{4,4}$	鼓风炉炉渣	0.0468	$\beta_{4,4}$	鼓风炉炉渣	0.0468
				$p_{4,2}$	鼓风炉火渣	0.0493
				γ_{4}	鼓风炉尾气	0.00001
	输入小计		0.6340	输出小计		0.6340
5 烟化炉	$p_{4,2}$	鼓风炉火渣	0.0493	$\gamma_{5,1}$	次氧化锌	0.0402
				$\gamma_{5,2}$	烟化炉水淬渣	0.0034
				$\gamma_{5,3}$	烟化炉尾气	0.0001
				$\gamma_{5,4}$	烟化炉铅损失	0.0056
	输入小计		0.0493	输出小计		0.0493
6 初级精炼	$p_{2,1}$	底吹炉粗铅	0.4417	$p_{6,1}$	阳极板	1.7103
	$p_{4,1}$	鼓风炉粗铅	0.5374	$p_{6,2}$	初炼废渣	0.1287
	α_{6}	外购粗铅	0.0920	γ_{6}	初炼铅损失	0.0018
	$\beta_{8,6}$	反射炉粗铅	0.1129			
	$\beta_{7,6}$	残极	0.6569			
	输入小计		1.8408	输出小计		1.8408
7 电解精炼	$p_{6,1}$	阳极板	1.7103	p_{7}	电解铅	1.0528
	$\beta_{7,7}$	阴极板	0.1355	$\beta_{7,7}$	阴极板	0.1355
				$\beta_{7,6}$	残极	0.6569
				γ_{7}	阳极泥	0.0006
	输入小计		1.8458	输出小计		1.8458

续表

工序	输入			输出		
	物质流		流量/(t/t)	物质流		流量/(t/t)
8 反射炉	$p_{6,2}$	初炼废渣	0.1287	$\beta_{8,6}$	反射炉粗铅	0.1129
	$p_{9,2}$	铸锭废渣	0.0211	$\beta_{8,1}$	反射炉烟尘	0.0026
				$\gamma_{8,1}$	反射炉炉渣	0.0023
				$\gamma_{8,2}$	反射炉尾气	0.00001
				$\gamma_{8,3}$	反射炉铅损失	0.0187
				θ_8	反射炉粗铅库存	0.0133
	输入小计		0.1498	输出小计		0.1498
9 铸锭	p_7	电解铅	1.0528	$p_{9,1}$	铅锭	1.0000
				$p_{9,2}$	铸锭废渣	0.0211
				γ_9	铸锭铅损失	0.0318
	输入小计		1.0528	输出小计		1.0528

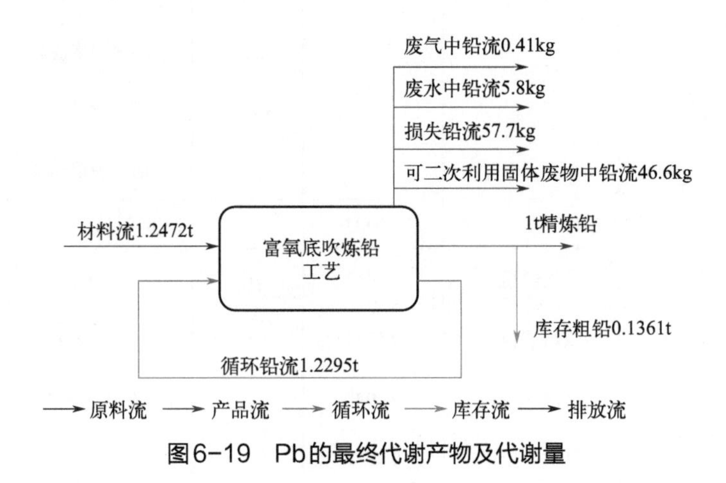

图6-19　Pb的最终代谢产物及代谢量

6.3.3　产污系数的获取

6.3.3.1　确定产污系数组合

根据本书提出的最小产污基准模块的筛选原则，结合SKS冶炼工艺图，得出该工艺的最小产污基准工段（产污工段）可拆分为四个环节，分别为氧化工段、还原工段、制酸工段和电解工段，其中氧化工段、还原工段、制酸工段属于粗铅冶炼阶段，其主要产品为粗铅，电解工段主要产品为精炼铅。

SKS工艺各工段内部工序的组成如图6-20所示。

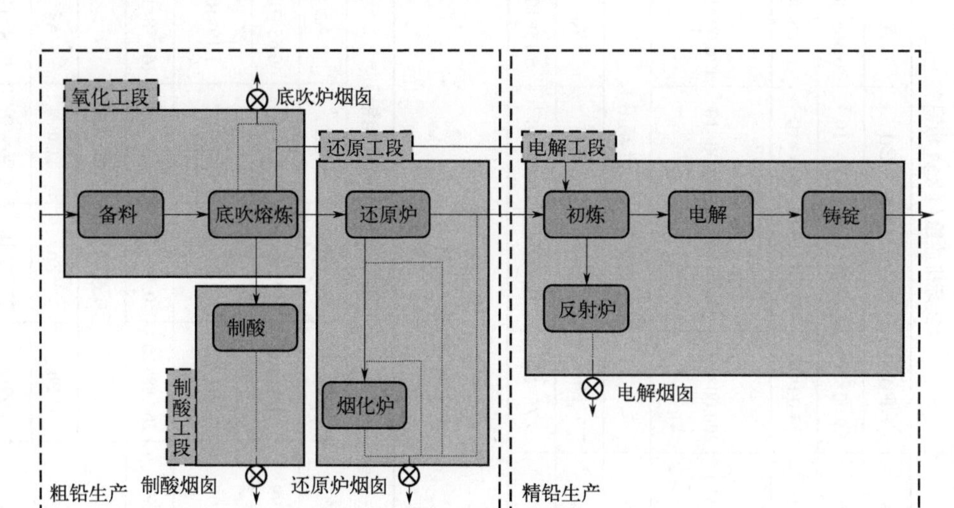

图6-20 SKS工艺产污系数工段组合示意

6.3.3.2 产污系数量化与排放量核算

根据产污系数组合的划分，氧化工段、还原工段、制酸工段和电解工段生产单位产品重金属Pb、Zn、Cd、As产生量与排放量如表6-31所列。其中，单位产品重金属产生量也即该工艺的Pb、Zn、Cd、As个体产污系数，与同种工艺其他企业的个体产污系数采用加权平均或其他数据处理方式处理后即可得到该工艺的行业平均产污系数。

需要注意的是，由于氧化工段、还原工段、制酸工段属于粗铅生产阶段，因此其产污系数单位为“kg/t 粗铅”，而电解工段也即精铅冶炼阶段，其产污系数单位为“kg/t 精铅”，因此在应用该产污系数统计污染物产生量时需要分别统计该企业每年粗铅产量和精铅产量。

此外，由于有色金属冶炼行业的原料以矿石为主，即使是同一种原料，不同品位的矿石其产生排放的污染物也具有差异性，因此个体产污系数的原料中成分含量对行业平均产污系数的制定也应具有参考性，所调查工艺采用的铅精矿中几种重金属的含量如表6-31所列。

根据通过“影响因素组合”确定产污系数—通过产污系数核算污染物产生量—通过污染物产生量与排污过程影响因素确定排放量的核算思路，在确定污染物排放量时，需要明确末端治理工艺及运行效率。依据实际调研，该SKS工艺各工段污染治理工艺及其处理效率如表6-32所列，调研采样期间生产设施和末端治理设备均处于正常工况运行状态，因此运行率默认为99.99%，由此预测出单位产品排放量，见表6-32。

将预测排放量与实际排放量进行对比，结果如表6-33所列。

表6-31　SKS工艺单位产品重金属产生量与排放量

产品	原料	工艺	规模	工段	产生量/（kg/t 粗铅）				实际排放量/（kg/t 粗铅）			
					Pb	Zn	Cd	As	Pb	Zn	Cd	As
粗铅	铅精矿 Pb：6% ～ 58% Zn：5% ～ 5.5% Cd：1% ～ 1.3% As：0.11% ～ 0.13%	SKS炼铅工艺	10×10^4t 精铅	氧化工段	90.00×10^{-3}	160.00×10^{-3}	4.80×10^{-3}	0.70×10^{-3}	89.00×10^{-3}	170.00×10^{-3}	4.90×10^{-3}	0.66×10^{-3}
				还原工段	115.00×10^{-3}	364.00×10^{-3}	5.80×10^{-3}	1.20×10^{-3}	113.00×10^{-3}	365.00×10^{-3}	5.84×10^{-3}	1.18×10^{-3}
				制酸工段	205.00×10^{-3}	0.70×10^{-3}	135.00×10^{-3}	170.00×10^{-3}	200.00×10^{-3}	0.70×10^{-3}	140.00×10^{-3}	170.00×10^{-3}
精炼铅	粗铅	粗铅精炼工艺		电解工段	产生量/（kg/t 精铅）				实际排放量/（kg/t 精铅）			
					Pb	Zn	Cd	As	Pb	Zn	Cd	As
					0.70×10^{-3}	28.00×10^{-3}	0.06×10^{-3}	0.14×10^{-3}	0.75×10^{-3}	29.00×10^{-3}	0.06×10^{-3}	0.15×10^{-3}

表6-32　SKS工艺单位产品重金属排放量预测

产品	原料	工艺	规模	工段	污染治理工艺	处理效率/%	实际运行率/%	预测排放量/（kg/t 粗铅）			
								Pb	Zn	Cd	As
粗铅	铅精矿 Pb：6% ～ 58% Zn：5% ～ 5.5% Cd：1% ～ 1.3% As：0.11% ～ 0.13%	SKS炼铅工艺	10×10^4t 精铅	氧化工段	布袋除尘器	99.5	99.99	89.54×10^{-3}	159.18×10^{-3}	4.78×10^{-3}	0.65×10^{-3}
				还原工段	沉降室+多管除尘器+布袋除尘器	99.5	99.99	114.41×10^{-3}	362.14×10^{-3}	5.77×10^{-3}	1.19×10^{-3}
				制酸工段	钠钙双碱法吸收	98	99.99	200.88×10^{-3}	0.73×10^{-3}	132.29×10^{-3}	166.58×10^{-3}
精炼铅	粗铅	粗铅精炼工艺		电解工段	沉降室+多管除尘器+布袋除尘器	99	99.99	预测排放量/（kg/t 精铅）			
								Pb	Zn	Cd	As
								0.69×10^{-3}	27.72×10^{-3}	0.06×10^{-3}	0.14×10^{-3}

表6-33　SKS工艺单位产品重金属排放量预测误差　　单位：%

工段	Pb	Zn	Cd	As
氧化工段	−0.61	6.36	2.54	2.02
还原工段	−1.25	0.78	1.19	−1.18
制酸工段	−0.44	−3.59	5.51	2.01
电解工段	7.61	4.42	2.66	7.61

6.4　污染物排放量核算案例

6.4.1　光伏行业COD排放量的核算

6.4.1.1　排放量核算方法

针对企业实际生产情况，将全生产流程划分或拆分为若干工段（核算环节），在核算企业污染物产排量时，可灵活选择本企业对应的工段。

（1）计算工段污染物产生量

污染物产生量按以下公式进行计算：

污染物产生量=污染物对应的产污系数×产品产量（原料用量）

$$G_{产i} = P_{产} M_i \tag{6-9}$$

式中　$G_{产i}$——工段i某污染物的平均产生量；

$P_{产}$——工段某污染物对应的产污系数；

M_i——工段i的产品产量/原料用量。

（2）计算工段污染物去除量

污染物去除量=污染物产生量×污染物去除率

=污染物产生量×治理技术平均去除率×治理设施实际运行率

$$R_{减i} = G_{产i} \eta_T k_T \tag{6-10}$$

式中　$R_{减i}$——工段i某污染物的去除量；

η_T——工段i某污染物采用的末端治理技术的平均去除率；

k_T——工段i某污染物采用的末端治理设施的实际运行率。

（3）计算工段污染物排放量

污染物排放量=污染物产生量−污染物去除量

=污染物对应的产污系数×产品产量（原料用量）−污染物产生量×治理技术平均去除率×治理设施实际运行率

（4）计算企业污染物排放量

同一企业某污染物全年的污染物产生（排放）总量为该企业同年实际生产的全部工段、产品、原料、规模污染物产生（排放）量之和。

$$E_{排} = G_{产} - R_{减} = \sum (G_{产i} - R_{减i}) = \sum \left[P_{产} M_i (1 - \eta_T k_T) \right] \quad (6\text{-}11)$$

6.4.1.2 核算案例

某光伏企业主要从事单晶硅电池片、组件的生产。该企业涉及的主要产排污工段为电池片和组件两个工段。其中电池片工段主要污染物为化学需氧量、氨氮、氟化物、总磷、总氮、氮氧化物、氨、挥发性有机物。组件工段主要污染物为化学需氧量、颗粒物、铅、挥发性有机物。以化学需氧量为例说明排放量计算过程。

该企业基本信息如表6-34所列。

表6-34　某光伏企业基本信息

项目	核算环节1：电池片		核算环节2：组件	
	名称	数量	名称	数量
产品及产量	单晶电池片	2725MW	电池组件	3760MW
原料及用量	单晶硅片	54470万片	单晶电池片	3800MW
工艺	碱制绒+湿法刻蚀		焊接层压装框	
规模（产能）	2756MW		3992MW	
污染治理设施	A/O工艺		A/O工艺	
实际运行率参数	污水治理设施运行时间	16000h	污水治理设施运行时间	14800h
	正常生产时间	16704h	正常生产时间	14784h

（1）工段1的排放量计算

1）化学需氧量产生量计算

① 查找产污系数及其计量单位。根据企业基本信息，主要产品为单晶电池片，主要原料为单晶硅片，主要工艺为碱制绒+湿法刻蚀，生产规模为所有规模，化学需氧量的产污系数为41.46kg/MW 产品。

② 获取企业产品产量。该企业实际情况为：该工段主要产品单晶电池片2017年产量为2725MW。

③ 计算化学需氧量产生量。由于查询到的组合中，化学需氧量产生量产污系数的单位为kg/MW 产品，因此在核算化学需氧量产生量时需获取产品产量。

化学需氧量产生量=化学需氧量产污系数×产品（单晶电池片）产量
=41.46kg/MW×2725MW=112978.5kg

2）化学需氧量去除量计算

① 查找治理技术平均去除率。由于该企业化学需氧量治理技术采用A/O工艺，查询相应组合内A/O工艺的平均去除率为89%。

② 计算污染治理设施实际运行率。根据产污系数组合查询结果，该组合中化学需氧量法对应的污染治理设施实际运行率计算公式为：

k=污水治理设施运行时间/正常生产时间=16000h/16704h=0.958

③ 计算化学需氧量去除量：

化学需氧量去除量=112978.5kg×89%×0.958=96327.7kg

3）化学需氧量排放量计算

化学需氧量排放量=112978.5kg−96327.7kg=16650.8kg

（2）工段2的排放量计算

1）化学需氧量产生量计算

① 查找产污系数及其计量单位。根据企业基本信息，主要产品为电池组件，主要原料为单晶电池片，主要工艺为焊接层压装框，生产规模为所有的组合，化学需氧量的产污系数为0.06kg/MW 产品。

② 获取企业产品产量。该企业实际情况为：该工段主要产品单晶电池片2017年产量为3760MW。

③ 计算化学需氧量产生量。由于查询到的组合中，化学需氧量产污系数的单位为kg/MW 产品，因此在核算产生量时需获取产品产量。

化学需氧量产生量=化学需氧量产污系数×产品（电池组件）产量
=0.06kg/MW×3760MW=225.6kg

2）化学需氧量去除量计算

① 查找治理技术平均去除率。由于该企业化学需氧量治理技术采用A/O工艺，查询相应组合内A/O工艺的平均去除率为90%。

② 计算污染治理设施实际运行率。根据产污系数组合查询结果，该组合中化学需氧量对应的污染治理设施实际运行率计算公式为：

k=污水治理设施运行时间/正常生产时间=14800h/14784h=1.001=1（大于1则取值1）

③ 计算化学需氧量去除量：

化学需氧量去除量=225.6kg×90%×1=203.04kg

3）化学需氧量排放量计算

化学需氧量排放量=225.6kg−203.04kg=22.56kg

（3）化学需氧量总排放量计算

化学需氧量总排放量=核算环节1排放量+核算环节2排放量
=16650.8kg+22.56kg= 16673.36kg

6.4.2 火电行业二氧化硫排放量的核算

6.4.2.1 排放量核算方法

（1）计算污染物产生量

根据原料（燃料）、污染物产生的主导生产工艺、企业规模（生产产能）这一组合查找和确定所对应的某一污染物的产污系数。

火力发电及热电联产行业需获取企业实际原料（燃料）用量核算污染物产生量。

污染物产生量按以下公式进行计算：

污染物产生量=污染物对应的产污系数×原料（燃料）用量

$$G_{产i} = P_{产} M_i$$

式中 $G_{产i}$——工段i某污染物的平均产生量；

$P_{产}$——工段某污染物对应的产污系数；

M_i——工段i的产品产量/原料用量。

（2）计算污染物去除量

根据企业对某一污染物所采用的治理技术查找和选择相应的治理技术去除率。

根据污染治理设施实际运行率参数及其计算公式得出该企业某一污染物的治理设施实际运行率（k值）。

污染物去除量按以下公式进行计算：

污染物去除量=污染物产生量×污染物去除率=污染物产生量×治理技术平均去除率×治理设施实际运行率

$$R_{减i} = G_{产i} \eta_{\mathrm{T}} k_{\mathrm{T}}$$

式中 $R_{减i}$——工段i某污染物的去除量；

η_{T}——工段i某污染物采用的末端治理技术的平均去除率；

k_{T}——工段i某污染物采用的末端治理设施的实际运行率。

（3）计算污染物排放量

污染物排放量=污染物产生量−污染物去除量

=污染物对应的产污系数×燃料用量−污染物产生量×治理技术平均去除率×治理设施实际运行率

（4）计算企业污染物排放量

同一企业某污染物全年的污染物产生（排放）总量为该企业同年实际生产的全部工段、产品、原料、规模污染物产生（排放）量之和。

$$E_{排}=G_{产}-R_{减}=\sum(G_{产i}-R_{减i})=\sum\left[P_{产}M_i(1-\eta_T k_T)\right]$$

说明：

(1) 原料

① 本行业原料均指燃料。

② 在同一工艺（如煤粉锅炉、燃机等）燃用多种燃料时，按照各类燃料使用量分别核算污染物产生量、排放量后再累加计算。

③ 当燃煤矸石机组所用锅炉不是循环流化床锅炉时，采用燃料为煤炭类的“同产品、同原料、同工艺、同规模”条件下的产污系数和末端治理技术去除率。

(2) 规模

在电厂锅炉额定出力小于670蒸t/h情况下，按公式“0.303×锅炉额定出力（单位：蒸t/h）−11.348”估算对应的规模等级（单位：MW），670蒸t/h及以上机组容量按照实际装机规模等级（单位:MW）确定。例如:620蒸t/h锅炉，按公式估算其装机规模等级，0.303×620−11.348≈177（MW），属于150～249MW等级。

(3) 末端治理技术去除率

① 除尘。去除率为与收到基灰分、收到基含硫量相关的函数。燃料为煤炭，灰分为$10\%\leqslant A_{ar}\leqslant 40\%$、收到基含硫量为$0.3\%\leqslant S_{ar}\leqslant 3\%$时直接以百分数的分子部分（即不含百分号的数值）代入计算；燃料为煤矸石/油页岩，收到基含硫量为$0.5\%\leqslant S_{ar}\leqslant 8\%$时直接以百分数的分子部分（即不含百分号的数值）代入计算；燃料为石油焦，收到基含硫量为$3\%\leqslant S_{ar}\leqslant 10\%$时直接以百分数的分子部分（即不含百分号的数值）代入计算。收到基灰分、收到基含硫量低于下限值时按下限值计算，高于上限值时按上限值计算。

② 脱硫。去除率为与收到基含硫量相关的函数。式中，石灰石/石膏法、石灰/石膏法、氨法、钠碱法、双碱法、湿法脱硫除尘一体化措施在收到基含硫量为$0.3\%\leqslant S_{ar}\leqslant 3\%$时直接以百分数的分子部分（即不含百分号的数值）代入计算；电石渣法、烟气循环流化床法、氧化镁法在收到基含硫量为$0.3\%\leqslant S_{ar}\leqslant 2.5\%$时直接以百分数的分子部分（即不含百分号的数值）代入计算；海水脱硫法在收到基含硫量不超过1%时直接以百分数的分子部分（即不含百分号的数值）代入计算；收到基含硫量低于下限值时以下限值代入计算，高于上限值时以上限值代入计算。

6.4.2.2　核算案例

某燃煤电厂主要从事电力生产供应，采用2×630MW煤粉锅炉，以烟煤和褐煤为主要燃料，年发电量约15×10^8kW·h。该企业的烟气污染治理技术采用低氮燃烧+SCR脱硝、静电除尘、石灰石/石膏法脱硫及湿式电除尘，涉及的废气污染物主要为氮氧化物、二氧化硫、颗粒物等。本核算以废气中二氧化硫为例，分别说明该企业二氧化硫产生量和排放量的计算方法。该电厂二氧化硫去除措施采用改善pH值分区技术，满足《火电厂污染防治可行技术指南》（HJ 2301—2017）相关要求，该企业基本信息如表6-35。

表6-35　某电厂二氧化硫产排核算基本信息

项目	核算参数	
	名称	数量
原料及用量	煤炭	2097112t/a
工艺	煤粉锅炉	
规模（产能）	630MW（1913蒸t/h）	
二氧化硫污染治理技术	高效石灰石/石膏法	
实际运行率参数	脱硫治理设施运行时间	6783h/a
	正常生产时间	6783h/a

（1）二氧化硫产生量计算

1）确定产污系数及其计量单位

燃料类型为煤炭，工艺为煤粉锅炉，规模为670蒸t/h以上机组容量按照实际装机规模等级（单位：MW）。根据产品、原料、工艺、规模组合情况，结合收到基含硫量（0.65%）在产排污系数手册的产污系数表中，选择相应的产污系数核算公式，计算二氧化硫产污系数值，如下：

$$二氧化硫产污系数值 = 17.04S_{ar} = 17.04\times0.65 = 11.076（kg/t\ 原料）$$

2）确定燃料消耗量

结合生产情况确定原料/燃料用量为2097112t。

3）计算二氧化硫产生量

二氧化硫产生量=原料/燃料用量×相应的二氧化硫产污系数值即：

$$二氧化硫产生量 = 2097112\times11.076 \approx 23227612（kg）$$

（2）二氧化硫去除量计算

1）确定末端治理技术去除率

根据产品、原料、工艺、规模判断结果，按照污染物处理工艺名称（高效石灰石/石膏法），在系数手册产污系数表中选择相应的去除率核算公式，结合收到基含硫量（0.65%），计算脱硫率。

当收到基含硫量<0.3%时，按0.3代入公式计算；当收到基含硫量>3%时，按3代入公式计算；否则，按照系数表确定，如：

采用高效石灰石/石膏法，脱硫率=$0.2S_{ar}+99=0.2\times0.65+99=99.13$（%）。

2）确定污染治理设施实际运行率

确定脱硫设施年实际运行时间和机组年实际运行时间分别为6783h、6783h。

二氧化硫治理设施实际运行率为：

k=脱硫设施年实际运行时间/机组年实际运行时间=6783/6783=1

3）计算二氧化硫去除量

二氧化硫去除量（kg）=污染物产生量（kg）×相应的脱硫率×脱硫设施实际运行率，即：

二氧化硫去除量=23227612×99.13%×1≈23025532（kg）

（3）二氧化硫排放量计算

二氧化硫排放量（kg）=二氧化硫产生量（kg）－二氧化硫去除量（kg），即：

二氧化硫去除量=23227612－23025532=202080（kg）

6.4.3　钢铁行业二氧化硫排放量的核算

6.4.3.1　核算方法

炼铁行业工艺生产过程主要包含烧结、球团和炼铁三个工段，其中烧结和球团工段的二氧化硫产污系数与含铁料的消耗量、含铁料的含硫率、固态燃料、固态燃料含硫率和烧结矿的平均含硫率相关，因此二氧化硫产污系数由以上5个参数的函数式来表达，其算法如下。

（1）烧结矿生产

烧结矿生产规模按单台烧结机的烧结面积选取。当生产负荷低于设计负荷的80%时，按单台烧结机日产量重新校核生产规模，对于大、中、小规模，单台烧结机日产量校核标准分别为：≥11232t/d（≥360平方米烧结机）、5616～11232t/d（180～360平方米烧结机）、≤5616t/d（≤180平方米烧结机）。

使用红土矿镍矿原料生产烧结矿时，其机头、机尾产污系数取“烧结矿-铁矿、石灰、煤粉、碳粉-带式烧结机-≤180平方米组合”烧结机头、机尾产污系数的1.3倍，一般排放口产污系数取该组合下的一般排放口产污系数的1.1倍。

生产烧结矿会产生二氧化硫，其产污系数采用计算公式法表示。

计算公式为：

$$S_{二氧化硫}=2\times（M_{含铁料}\times S_{含铁料}+M_{固燃}\times S_{固燃}-1000\times S_{烧结矿}） \quad (6\text{-}12)$$

式中　$S_{二氧化硫}$——二氧化硫产污系数，kg/t 烧结矿；

$M_{含铁料}$、$M_{固燃}$——单位合格产品的含铁料、固态燃料消耗量，kg/t 烧结矿；

$S_{含铁料}$、$S_{固燃}$——含铁料、固态燃料的平均含硫率；

$S_{烧结矿}$——合格烧结矿的平均含硫率。

在企业无统计数据时，$M_{含铁料}$取900kg/t 烧结矿，$M_{固燃}$取55kg/t 烧结矿；含铁料为攀西高硫混合铁料时，$S_{含铁料}$取0.7%，为国内其他地区时，$S_{含铁料}$取0.2%～0.4%，若为进口铁矿时，$S_{含铁料}$取0.02%；$S_{固燃}$取0.6%；如企业无检测数据时，$S_{烧结矿}$取0.02%～0.06%。

当烧结矿含硫率$S_{含铁料}$无法获取或判定时，可采用如下经验公式：

二氧化硫产生量=2×[铁矿石消耗量（万吨）×铁矿石含硫量（%）×100
+煤炭消耗量（吨）×煤炭平均收到基含硫量（%）+焦炭消耗量（吨）
×焦炭平均收到基含硫量（%）−烧结矿产量（万吨）×10000×0.04%]

（2）球团矿生产

球团矿生产工艺分为竖炉法、带式焙烧法和链篦机-回转窑法。竖炉法分为大、中小两种规模，依据单台竖炉的公称面积进行规模划分，当生产负荷低于设计负荷的80%时，按单台竖炉日产量重新校核生产规模，对于大、中小规模，单台竖炉日产量校核标准分别为≥1200t/d（焙烧面积≥8m^2）、＜1200t/d（焙烧面积＜8m^2），其余两种工艺不分规模。

球团矿生产时会产生二氧化硫，其产污系数采用计算公式法表示。

计算公式为：

$$S_{二氧化硫}=2\times(M_{含铁料}\times S_{含铁料}+M_{燃料}\times S_{燃料}-1000\times S_{球团矿}) \tag{6-13}$$

式中 $S_{二氧化硫}$——二氧化硫产污系数，kg/t 烧结矿；

$M_{含铁料}$、$M_{燃料}$——单位合格产品的含铁料、固态燃料消耗量，kg/t 烧结矿；

$S_{含铁料}$、$S_{燃料}$——含铁料、固态燃料的平均含硫率；

$S_{球团矿}$——合格球团矿的平均含硫率。

在企业无统计数据时，$M_{含铁料}$取1000kg/t 烧结矿；燃料为煤粉时，$M_{燃料}$取25～30kg/t 球团矿，燃料为燃气时，$M_{燃料}$取25kg 标煤/t 球团矿；含铁料为攀西高硫混合铁料的，$S_{含铁料}$取0.7%，为国内其他地区的，$S_{含铁料}$取0.2%～0.4%，为进口铁矿时，则$S_{含铁料}$取0.02%；燃料为煤粉时，$S_{燃料}$取0.6%～1%，燃料为煤气，$S_{燃料}$取0.08%；在企业无检测数据时，$S_{球团矿}$取0.03%～0.06%。

当球团矿含硫率$S_{含铁料}$及球团矿消耗燃料含硫率$S_{燃料}$无法获取或判定时，可采用如下经验公式：

二氧化硫产生量（t）=2×[铁矿石消耗量（万吨）×铁矿石含硫量（%）×100
+球团矿产量（万吨）×10000×25×0.065%/1000
−球团矿产量（万吨）×10000×0.04%]

（3）高炉法炼铁生产

高炉法炼铁产生废气分为矿槽废气、出铁场废气、热风炉废气和高炉煤气。目前，绝大多数企业的高炉煤气经过除尘后收入煤气柜，全厂综合利用，排污为0，因此不再计算高炉煤气的产污系数。

6.4.3.2 核算案例

某钢铁企业炼铁厂主要从事生产烧结矿、球团矿、炼钢生铁。该企业涉及的主要产排污核算环节为烧结核算环节、球团核算环节、炼铁核算环节。以二氧化硫为例说明排放量计算过程。

该企业基本信息如表6-36所列。

表6-36 某钢铁企业基本信息

项目	核算环节1：烧结核算环节			核算环节2：球团核算环节			核算环节3：炼铁核算环节	
	名称	数量		名称	数量		名称	数量
产品及产量	烧结矿	351.2917万吨		球团矿	151.413万吨		炼钢生铁	208.5378万吨
原料、用量、含硫率	煤炭	6249.6t	0.63%	铁矿石	146.72万吨	0.05%		
	焦炭	178552.064t	0.50%					
	铁矿石	314.2472万吨	0.05%					
工艺	带式烧结法			链篦机-回转窑法			高炉法	
规模	$360m^2$			所有规模			$2580m^3$	
污染治理设施	石灰石/石灰-石膏法			石灰石/石灰-石膏法			直排	
实际运行率参数	脱硫设施年运行时间		8184h	脱硫设施年运行时间		7265h		
	年生产时间		8184h	年生产时间		7265h		

（1）工段1的排放量计算

1）二氧化硫产生量计算

① 获取产污系数及其计量单位。根据企业基本信息，主要产品为烧结矿，主要原料为铁矿、石灰、焦粉、煤粉等，主要工艺为带式烧结法，生产规模为$\geqslant 360m^2$。因此本烧结矿二氧化硫产污系数=2×(900×0.05%+55×0.6%−1000×0.02%)=1.16(kg/t 烧结矿)。

② 获取企业产品产量。该企业实际情况为：该工段主要产品烧结矿2017年产量为351.2917万吨。

③ 计算二氧化硫产生量。由于查询到的组合中，二氧化硫产污系数的单位为kg/t 烧结矿，因此在核算产生量时采用产品产量。

二氧化硫产生量=二氧化硫产污系数×产品（烧结矿）产量

=1.16kg/t×351.2917×10000t=4074983.72kg

2）二氧化硫去除量计算

① 查找治理技术平均去除率。由于该企业二氧化硫治理技术采用石灰石/石灰-石膏法，查询相应组合内石灰石/石灰-石膏法工艺的平均去除率为88.96%。

② 计算污染治理设施实际运行率。根据产污系数组合查询结果，该组合中二氧化硫法对应的污染治理设施实际运行率计算公式为：

k=脱硫设施年运行时间/年生产时间=8184h÷8184h=1

③ 计算二氧化硫去除量：

二氧化硫去除量=4074983.72kg×88.96%×1=3625105.517kg

3）二氧化硫排放量计算

二氧化硫排放量=4074983.72kg−3625105.517kg=449878.203kg

（2）工段2的排放量计算

1）二氧化硫产生量计算

① 查找产污系数及其计量单位。根据企业基本信息，查找系数手册中主要产品为球团矿，主要原料为铁精矿、膨润土，主要工艺为链篦机-回转窑法，生产规模为所有规模。因此，本球团矿二氧化硫产污系数=2×(1000×0.05%+25×0.08%−1000×0.04%)=0.24(kg/t 球团矿)。

② 获取企业产品产量。该企业实际情况为：该工段主要产品球团矿2017年产量为151.413万吨。

③ 计算二氧化硫产生量。由于查询到的组合中，二氧化硫产污系数的单位为kg/t 球团矿，因此在核算产生量时采用产品产量。

二氧化硫产生量=二氧化硫产污系数×产品（球团矿）产量
=0.24kg/t×151.413×10000t=363391.2kg

2）二氧化硫去除量计算

① 查找治理技术平均去除率。由于该企业二氧化硫治理技术采石灰石/石灰-石膏法，查询相应组合内石灰石/石灰-石膏法工艺的平均去除率为88.96%。

② 计算污染治理设施实际运行率。根据产污系数组合查询结果，该组合中二氧化硫法对应的污染治理设施实际运行率计算公式为：

k=脱硫设施年运行时间/年生产时间=7265h÷7265h=1

③ 计算二氧化硫去除量：

二氧化硫去除量=363391.2kg×88.96%×1=323272.81kg

3）二氧化硫排放量计算

二氧化硫排放量=363391.2kg−323272.81kg=40118.39kg

（3）工段3的排放量计算

1）二氧化硫产生量计算

① 查找产污系数及其计量单位。根据企业基本信息，主要产品为炼钢生铁，主要原料为烧结矿、球团矿、焦炭、煤粉，主要工艺为高炉法，生产规模为2000～4000m^3，该组合中一般排放口二氧化硫的产污系数为0.077kg/t 铁水。

② 获取企业产品产量。该企业实际情况为：该工段主要产品炼钢生铁2017年产量为208.5378万吨。

③ 计算二氧化硫产生量。由于查询到的组合中，二氧化硫产污系数的单位为kg/t 铁水，因此在核算产生量时采用产品产量。

二氧化硫产生量=二氧化硫产污系数×产品（炼钢生铁）产量
=0.077kg/t×208.5378×10000t=160574.106kg

2）二氧化硫去除量计算

① 查找治理技术平均去除率。由于该企业高炉一般排放口二氧化硫直排，查询相应组合内的平均去除率为0。

② 计算污染治理设施实际运行率。根据产污系数组合查询结果，该组合中二氧化硫法无对应的污染治理设施即：

$$k=\text{脱硫设施年运行时间}/\text{年正产生产时间}=0\div7265\text{h}=0$$

③ 计算二氧化硫去除量：

$$\text{二氧化硫去除量}=160574.106\text{kg}\times0\times0=0\text{kg}$$

3）二氧化硫排放量计算

$$\text{二氧化硫排放量}=160574.106\text{kg}-0\text{kg}=160574.106\text{kg}$$

（4）二氧化硫总排放量计算

按照系数法计算的二氧化硫排放量如下：

二氧化硫总排放量=工段1排放量+工段2排放量+工段3排放量

=449878.203kg+40118.39kg+160574.106kg=650570.699kg

6.4.4　机械行业颗粒物排量的核算

6.4.4.1　核算方法

结合企业产品、原料、工艺、规模等信息，查找系数手册对应工段，确定对应的产污系数组合。

6.4.4.2　核算案例

某商用车企业，位于某市生产基地具备重卡3万辆/a、车桥15万根/a、柴油发动机5万台/a生产能力。其主要原辅料用量见表6-37。

表6-37　案例重卡和车桥原辅料及能源用量

类别	序号	原料名称	消耗量/(t/a)	备注
重卡生产	1	钢板	35814	冲压工段，冲压件产量25069.8t/a
	2	各类焊丝	24	焊接工段
	3	焊缝密封胶、PVC胶	273	涂装工段
	4	脱脂剂	185	预处理工段
	5	磷化剂	214	转化膜工段
	6	表调剂	25	转化膜工段
	7	电泳底漆	307.5	涂装工段
	8	车身中涂漆（油性）	120	涂装工段
	9	面漆（油性）	150	涂装工段

续表

类别	序号	原料名称	消耗量/(t/a)	备注
重卡生产	10	各种稀释剂	40.5	涂装工段
	11	天然气	$206.6\times10^4m^3/a$	涂装工段
保险杠生产	1	聚丙烯树脂	862	树脂纤维加工
	2	丙酮清洗溶剂	5	涂装工段
	3	中涂漆（油性）	38	涂装工段
	4	面漆（油性）	78	涂装工段
	5	稀释剂	29	涂装工段
	6	天然气	$20.2\times10^4m^3/a$	涂装工段
车桥生产	1	钢板	46686	下料工段
	2	各类焊丝	84	焊接工段
	3	面漆（油性）	174	涂装工段
	4	各种稀释剂	26.1	涂装工段
	5	热处理淬火油	12	热处理工段
	6	天然气	$22.8\times10^4m^3/a$	热处理工段、涂装工段
柴油发动机生产	1	铸件产品产量	26624	铸造工段
	1.1	主要原料：生铁、废钢	31000	
	1.2	原砂、再生砂	3200	
	1.3	树脂	320	
	2	锻件	6656	外购
	3	面漆（油性）	42	涂装工段
	4	稀释剂	8	涂装工段
	5	切削液	120	机械加工工段
	6	清洗液	80	机械加工工段
	7	天然气	$12\times10^4m^3/a$	热处理工段、涂装工段

以废气中颗粒物为例，说明该企业颗粒物排放量的计算方法。

根据企业基本信息，查找系数手册中对应的产污系数组合，以该组合中颗粒物、挥发性有机物、化学需氧量指标为例说明计算过程。

（1）颗粒物产生量计算

1）查找产污系数及其计量单位

① 铸造工段：产品为铸件。主要工艺为黏土砂造型+热芯盒+中频炉熔炼。组合中的产污系数单位为kg/t 产品。

② 下料工段：产品为板材。主要工艺为等离子切割。产污系数单位为kg/t 原料。

③ 预处理工段：产品为干式预处理工件。主要工艺抛丸。产污系数单位为kg/t 原料。

④ 焊接工段：产品为焊接件。主要工艺为二氧化碳保护焊。产污系数单位为kg/t 原料。

⑤ 热处理、涂装工段：燃天然气废气中含颗粒物。产污系数单位为kg/m^3 原料。

⑥ 检测试验工段：主要工艺为柴油发动机热试。产污系数单位为kg/台 产品。

⑦ 热处理（淬火）工段：主要工艺是淬火。产污系数单位为kg/t 原料。

2）获取企业产品产量与原辅料用量

该企业2017年产品产量与原辅料用量统计如下。

① 铸造工段：铸件产量26624t/a。

② 下料工段：下料钢板量46686t/a。

③ 预处理工段：抛丸清理铸件量26624t/a，车桥钢板抛丸量约20000t/a。

④ 焊接工段：重卡焊丝耗量24t/a，车桥焊丝耗量84t/a。

⑤ 热处理、涂装工段：天然气耗量合计$261.6\times10^4m^3/a$。

⑥ 检测试验工段：柴油发动机热试量50000台/a。

⑦ 热处理（淬火）工段：热处理淬火油用量12t/a。

3）计算颗粒物产生量

分工段核算产生量。

① 铸造工段：颗粒物产生量=黏土砂造型/浇注工艺颗粒物产污系数×铸件产量+热芯盒工艺颗粒物产污系数×铸件产量+中频炉熔炼工艺颗粒物产污系数×铸件产量=（1.97kg/t 产品×26624t/a+0.330kg/t 产品×26624t/a+0.479kg/t 产品×26624t/a）÷1000=74.0t/a。

② 下料工段：颗粒物产生量=等离子切割工艺颗粒物产污系数×下料钢板量=1.10kg/t原料×46686t/a÷1000=51.4t/a。

③ 预处理工段：颗粒物产生量=抛丸工艺颗粒物产污系数×抛丸工件量=2.19kg/t 原料×46624t/a÷1000=102.1t/a。

④ 焊接工段：颗粒物产生量=焊接工艺颗粒物产污系数×焊丝耗量=9.19kg/t 原料×108t/a÷1000=0.993t/a。

⑤ 热处理、涂装工段：颗粒物产生量=天然气颗粒物产污系数×天然气耗量=0.000286kg/m^3原料×2616000m^3/a÷1000=0.748t/a。

⑥ 检测试验工段：颗粒物产生量=柴油发动机热试颗粒物产污系数×柴油发动机热试量=0.0167kg/台 产品×50000台/a÷1000=0.835t/a。

⑦ 热处理（淬火）工段：颗粒物产量=热处理（淬火）颗粒物产污系数×热处理淬火油用量=200kg/t 淬火油×12t 淬火油/a÷1000=2.40t/a。

合计产生量：74.0t/a+51.4t/a+102.1t/a+0.993t/a+0.748t/a+0.835t/a+2.40t/a=232t/a。

（2）颗粒物去除量计算

1）查找治理技术平均去除率

铸造、下料、预处理、焊接工段颗粒物治理技术采用袋式除尘，查询袋式除尘的平均去除率为95%。

热处理、涂装工段天然气颗粒物和柴油发动机热试颗粒物无治理措施，去除率为0。

热处理（淬火）工段颗粒物治理技术采用油雾净化器，查询油雾净化器的平均去除率为90%。

2）计算污染治理设施实际运行率

根据产污系数组合查询结果，该组合中颗粒物袋式除尘法对应的污染治理设施实际运行参数分别为除尘设备耗电量、除尘设备额定功率、除尘设备运行时间。

根据查询结果，该组合中颗粒物袋式除尘法和油雾净化器对应的污染治理设施实际运行率计算公式如下。

袋式除尘：k=除尘设备耗电量/(除尘设备额定功率×除尘设备运行时间)。

油雾净化器：k=工艺废气净化装置耗电量/(工艺废气净化装置额定功率×工艺废气净化装置运行时间)。

经计算，k=0.95。

3）计算颗粒物去除量

颗粒物去除量=（74.0+51.4+102.1+0.993）t/a×95%×0.95+2.40t/a×90%×0.95=208t/a

(3) 颗粒物排放量计算

颗粒物排放量=232t/a−208t/a=24t/a

第7章 数据采集与质量控制

- 系数制定的抽样方法
- 数据获取方式及质量控制
- 核算参数的不确定性及验证

7.1 系数制定的抽样方法

7.1.1 抽样方法概述

抽样调查的目的是从全部样本中抽取具有代表性的样本数据，通过对被抽取样品产污情况的分析来估计和推算全部样品的产污系数，是科学实验、质量检验、社会调查普遍采用的一种经济有效的工作和研究方法，是产污系数核算的前期准备工作之一。判断样本的代表性主要是从判断样本是否是概率样本，变量在样本中的分布是否和在总体中的分布相似两个方面进行评估。

常用的抽样方法有单纯随机抽样、系统抽样、分层抽样、整群抽样、多阶段抽样，通过比较几种方法的适用条件和优劣势（见表7-1），根据工业污染源产排污量核算技术要求和行业特点，选取抽样方法。

7.1.2 抽样方法的确定

根据比较不同抽样方法的优缺点，本次产污系数制定的样本企业抽样，主要采用分层抽样法。通过将各层的样本结合起来，对总体的目标量进行估计。

样本量计算的基本公式为：

$$n=\frac{Z_{\alpha/2}^{2}\sum_{h=1}^{L}W_{h}\sigma^{2}}{\varDelta^{2}} \tag{7-1}$$

式中 n——样本容量；

$Z_{\alpha/2}$——置信度为$\alpha/2$所对应的标准正态分布的双侧分位数；

L——抽样层数；

W_h——h层权重；

$\varDelta$——样本均值绝对允许误差；

σ^2——总体方差。

样本容量n与置信度所对应的标准正态分布的双侧分位数$Z_{\alpha/2}$及总体方差σ^2成正比，与样品均值绝对允许误差的平方$\varDelta^2$成反比。

抽样步骤如下：

（1）抽样准备阶段

① 确定抽样范围，即行业包含的具有代表性的影响因素的组合；

表7-1 抽样方法比较

方法	单纯随机抽样	系统抽样	分层抽样	整群抽样	多阶段抽样
定义	也称简单随机抽样，是最简单、最基本的抽样方法	又称机械抽样，是按照一定顺序，机械地每隔若干个单位抽取一个单位的抽样方法	指先将总体按某种特征分为若干次级总体（层），然后再从每一层内进行单纯随机抽样，将抽取的对象组成一个样本	将总体分为若干群组，抽取其中部分群组作为观察单位组成样本	指将抽样过程分阶段进行，每个阶段使用的抽样方法往往不同，即将以上方法结合使用，在大型流行病学调查中常用
做法	从总体N个对象中，利用抽签或其他随机方法（如随机数字）抽取n个对象，构成一个样本 重要原则：总体中每个对象被抽到的概率相等，为n/N	事先将总体单元按一定顺序排列，先用随机抽样方法随机抽取一个单元作为起始单元，然后按照某种规定的规则抽取其他样本单元	每一层内个体变异越小越好，层间变异则越大越好。可分为两类 按比例分配：分层随机抽样，各层内抽样比例相同 最优分配：各层抽样比例不同，内部变异小的抽样比例小，内部变异大的抽样比例大，此时获得的样本均数或样本率的方差最小	若抽到的群组中的全部个体均作为调查对象，称为单阶段整群抽样；若通过再次抽样后调查部分个体，称为二阶段抽样	先从总体中抽取范围较大的单元，称为一级抽样单元（如省、自治区、直辖市），再从抽得的一级单元中抽取范围较小的二级单元，以此类推，最后抽取其中范围更小的单元 每个阶段的抽样可以采用单纯随机抽样、系统抽样和其他抽样方法
优点	简单直观	（1）可以在不知道总体单位数的情况下进行抽样； （2）在现场人群中较易进行； （3）样本是从分布在总体内部的各部分的单元中抽取的，分布比较均匀，代表性较好	（1）结果精确度高； （2）组织管理更方便； （3）能保证总体中每一层都有个体被抽到，除了能估计总体的参数值，还可以分别估计各个层内的情况	（1）易于组织，方便实施，可以节省人力、物力； （2）群间差异越小，抽取的群越多，则精确度越高	充分利用各种抽样方法的优势，克服各自的不足，并能节省人力、物力
缺点	在实际应用中存在局限，抽出的单元较分散，无其他辅助信息保证抽样的代表性	假如总体各单位的分布有周期性趋势，而抽取的间隔恰好与此周期或其倍数吻合，则可能使样本产生偏性。例如疾病的时间分布、季节性，调查因素周期性变化，如果不注意到这种规律，就会使结果产生偏移	需要对总体样本的情况有较多的了解，难度较大；不适用于较小区域抽样	抽样误差较大，故通常在单纯随机抽样样本量估计的基础上再增加1/2	在抽样之前要掌握各级调查单位的人口资料及特点

② 确定每个组合需要核算的污染物种类；

③ 根据行业污染负荷、地区分布等因素，确定总体方差σ^2、置信度α和样本均值绝对允许误差Δ。

总体方差σ^2的确定原则：在实际应用时，由于组合总体方差σ^2未知，采用它的无偏估计量样本方差S^2来代替。S^2可采用试点调查或事先检验的结果估计得到，或根据以往的资料估计得到S^2。本项目采用调查所得的各组合若干企业（工段）的初始产污系数计算S^2。

置信度α的确定原则：根据重点行业优先序分析结果，重点行业α为5%～10%；非重点行业α为10%～20%，不能超过20%。

样本均值绝对允许误差Δ的确定原则：为各行业总体均值的10%～20%。

（2）样本量的核算阶段

① 根据选定的置信度α和样本均值绝对允许误差Δ，应用式（7-1）计算每个组合每个污染物的样本容量n_i，i代表第i个污染物，$i=1,2,\cdots,k$。

② 分别计算大气污染物和水污染物的组合样本量n_g、n_l：

n_l是每个水污染物计算出的样本量中最大的一个；

n_g是每个大气污染物计算出的样本量中最大的一个。

（3）样本量修正阶段

根据抽样对象的主要影响因子组合数、污染负荷、地域分布等，以合理的样本容量范围的下限为基础，分别对不同行业的样本量进行优化和调整，计算出最终的总样本量。根据污染负荷大小适当增减组合样本量。

7.1.3 抽样原则与要求

① 样本量应满足产污系数和污染治理设施效率核算准确性所需的企业、工段或污染治理设施的数量。

产污系数核算所需的样本量分配需根据污染物产生量占比，以及组合数情况等综合考虑。原则上每个组合内样本量的多少应按照本组合污染物产生量在行业内占比的大小进行分配。

污染治理设施效率核算需根据设施数量的占比，合理地分配样本量。

② 某行业某组合条件下最小样本企业数（包括不同数据来源样本企业）原则上不低于该行业该组合条件下企业数量的1%；其中实测企业样本量不能低于3家，每个样本企业的样本量原则上不低于3个。

监测要求参照行业排污单位自行监测技术指南。无行业自行监测技术指南的参照《排污单位自行监测技术指南 总则》（HJ 819—2017）。

样本企业的选取需同时考虑本行业的区域分布差异，尽可能地覆盖本行业具有明显区域特征的地区。

在样本企业的选取时应侧重选取本次普查中无法采用实测法进行排污量核算填报的企业，此类企业原则上不低于样本企业数的70%。

③ 样本的数据来源包括历史数据、实测数据、模拟数据。样本量的分配必须充分考虑已有数据的使用，需明确样本量中不同来源数据的比例和权重。

7.1.4 抽样案例分析——电子电气行业

本课题在研究过程中，通过选择合适的污染源企业进行调研、监测及分析，从污染源企业中选择代表性的产污、排污工段样本，取得监测样品，分析调研资料及监测数据。

污染源企业的选择主要从企业所具备的行业产品生产工段的完整性及代表性、企业生产及环保管理水平（高/中/低）、企业规模（大/中/小）、污染处理工艺代表性、历史资料完整性、现场监测及模拟监测可行性等方面考虑，以确定其产、排污方面数据的代表性和有效性。数量上，以印制线路板（PCB，含表面处理）、元器件、线缆生产等为重点，按每类代表性工段/工艺的产污从小到大的原则，选择2～5个污染源企业作为调查对象。

为了更好地完成对代表性污染源企业的调研，为产排污核算方法研究提供有效的基础数据，调研方法采取历史资料及文献调查、现场调查与监测、实验模拟监测和类比调查相结合。根据行业概况，38行业共计划调研200家、39行业120家、40行业10家、43行业5家，共计划调研335家企业，企业分布详见图7-1。

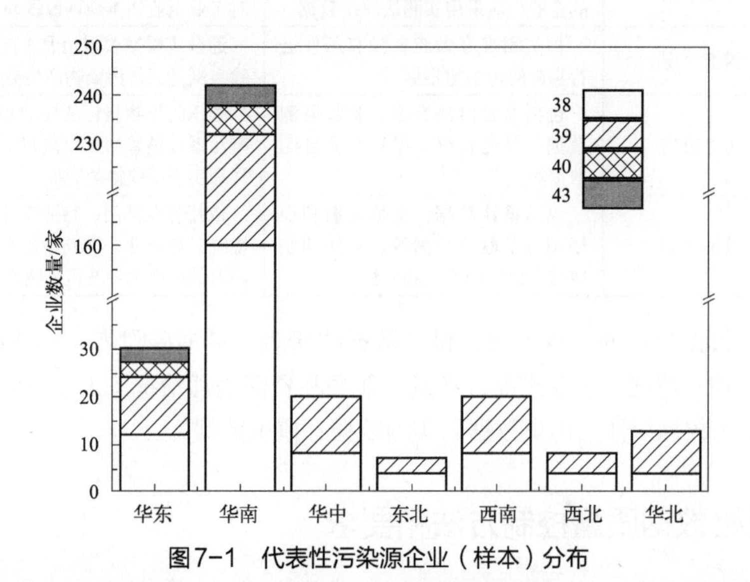

图7-1 代表性污染源企业（样本）分布

38—电气机械和器材制造业；39—计算机、通信和其他电子设备制造业；40—仪器仪表制造业；43—金属制品、机械和设备修理业

企业类型分布按整机约10%、零部件/组件约10%、PCB约35%、元器件约45%的比例进行选择，以保证企业的代表性。选择工段齐全、产污及排污可查的企业；特别是

历史有效数据不齐全或缺失的企业，应作为产污系数的验证性企业，列为重点之一。

代表性污染源企业中，重点关注半导体晶片、显示器、光栅、磁性材料及元器件、涉表面处理行业产品、电子元器件、电子电路、线缆、电动机、电光源等领域的企业。

7.2 数据获取方式及质量控制

7.2.1 调研表的设计

工业生产受众多因素的影响且产生的污染物种类繁多，产污系数核算所需的原始数据需通过样本企业的选取后进行合理采集。污染源监测受经费和生产负荷、开工条件等的限制，不可能完全依靠实测满足样本数据的需求。为此，产污系数核算需增加样本数据的获取途径，包括实测数据、实验室模拟数据、历史数据、设计数据和文献数据等。各类数据类型与获取方式见表7-2。

表7-2 数据类型与获取方式

序号	数据类型	数据含义	获取方式
1	实测数据	具有在线监测和具备实测条件的企业，应采用实测法获得数据	根据污染物指标的标准测定方法，通过对工业企业样本现场取样和实测获得数据
2	模拟数据	指实测难度大或者没有条件进行实测的污染物指标	通过实验室模拟企业生产活动，进行实验室测量获得污染物产生数据
3	历史数据	包括监督监测数据、验收监测数据、委托监测数据和企业自测数据等	根据污染物指标的标准测定方法，选择产污系数核算当年以前对工业企业现场取样和实测所获得的数据
4	其他数据	包括设计数据、文献数据和现场调查获取的数据等。需注明获取这些数据的方式和方法	依托行业部门、行业设计单位、生态环境统计和企业，以及通过文献查阅等途径获取的生产水平及污染物产生水平的数据

针对不同数据来源的调查方案，设计数据调研表（见书后附表1～附表10）。调研表应包括企业基本情况，企业产品、产量、能源和资源消耗情况，工艺流程，污染物排放情况，需注明数据属性（历史数据、实测数据、模拟数据）。

7.2.2 原始数据质量控制方法和要求

（1）实测数据质量控制

① 根据行业工艺特点和各行业的市场、企业开工情形、污染物产生和排放规律，以

及地域分布特点选择实测样本，以充分代表各种产品、工艺、规模、原材料路线、区域、投产年限等“主要影响因子”组合及末端治理设施组合的样本；重点选择了缺乏数据基础的中、小型企业进行实测。

② 工况要求：污染源实测应在工况稳定、生产达到设计能力75%以上的情况下进行。国家、地方排放标准对生产负荷另有规定的，按标准规定执行。总体工况不能达到规定要求的，可根据污染源工艺和生产设施情况，局部调整工况实测。对确定无法调整达到规定工况要求的，应在生产设施运行稳定的情况下实测。实测期间应有专人负责监督和记录污染源工况、生产设备、治理设施运行状况。

③ 采样布点：分为污染物产生和排放采样点。产污采样点的选择原则是：对进入末端治理设施前产生的污染物进行采样；少数行业根据行业工艺特点，选择主要的中间环节采样。所有废水或废气产生口，在采样实测污染物浓度时，均同步实测废水或废气流量。排污采样点的选择原则是：废水中汞、镉、铅、砷、铬（+3价）、铬（+6价）的实测，一律在车间或车间处理设施排放口或专门处理此类污染物的设施排放口采样；废水其他项目的实测，在厂区外排口或厂区处理设施排放口采样，所有排放口均分别采样、分析。集中式排放污水的污染源，需对每个污染源单独采样、分析；所有废水或废气排放口，在采样实测污染物浓度时，均同步实测废水或废气流量。

④ 采样要求：根据已了解的污染源生产工艺特点和产排污规律，选择代表性时段采样。未掌握排放规律和周期的废水污染源，按照《地表水和污水监测技术规范》（HJ/T 91—2002）规定，选择1～2个生产周期加密实测，确定采样的代表性时段。废水采样位置的具体设置要求、采样方法和样品的现场处理、流量测定按照《地表水和污水监测技术规范》（HJ/T 91—2002）、《水污染物排放总量监测技术规范》（HJ/T 92—2002）的规定执行。有条件的行业，对非稳定排放的废水污染源，采用比例采样器采集废水样品。废气采样点位的位置条件与布设、采样方法与操作、流量测定执行《固定污染源排气中颗粒物测定与气态污染物采样方法》（GB/T 16157—1996）、《固定污染源排气中颗粒物测定与气态污染物采样方法》（GB/T 16157—1996）修改单、《固定污染源废气 低浓度颗粒物的测定 重量法》（HJ 836—2017）、《固定污染源烟气（SO_2、NO_x、颗粒物）排放连续监测技术规范》（HJ 75—2017）的规定。

⑤ 实测要求：污染源实测的质量保证和质量控制，按国家有关规定、实测技术规范和有关质量控制手册执行。a.废水实测：根据实测项目正确选择样品容器、保存方法，采样后尽快分析测定。各企业每次采样时采集不小于采样点10%的平行样。b.废气实测：在进现场前，对废气流量测定设备、采样器流量计、气体分析仪器等进行校核。根据所测得的流速等参数值，及时调节采样流量，保证颗粒物的等速采样条件。废气采样器有相应的加热和恒温、除湿功能，保证采样效率。

⑥ 数据获取：污染物数据分析方法原则上选用污染物分析标准方法。实验室分析过程中，每次每个实测项目一般应加不少于10%的平行样；对可以得到标准样品或质量控制样品的项目每次应做10%的质控样品分析；可进行加标回收测试的项目，条件许可时

做10%的加标回收样品分析。

⑦ 数据校核：妥善保存好实测采样、分析原始记录，确保能够复原再现采样实测过程。获得的数据能够复原，并按定性和定量相结合的方式进行校核。定性主要是通过行业专家的经验判断，定量主要是通过数理统计方法学如t检验、F检验、方差检验等，对数据进行显著性检验，对明显偏离的不合理数据进行剔除。按国家标准和实测技术规范有关要求进行数据处理和填报，并按有关规定和要求进行三级审核。

（2）实验室模拟数据的质量控制

① 实验室模拟的原则：要比较真实地再现工业生产活动，关键的技术指标如原料、工艺技术、主要设备、生产条件（温度、压力、自动控制水平等）等能够和实际工业生产接近和类似。

② 具体采样和分析方法同（1）中现场实测数据的质量控制方法。

（3）历史实测质量控制

① 评估数据的真实性和可信度。要求地方环境监测部门、企业等数据提供方在提供历史实测数据时，必须提供数据来源说明。

② 考虑数据的典型性和代表性。选取历史实测数据时，充分考虑行业的覆盖面、典型性和代表性。对部分偏离行业特征的数据进行去除，选取有代表性的数据。

③ 合理选用数据。采取判别法对历史实测数据和调查数据进行甄别，以确定是否符合要求；同时充分考虑企业当时的工况、末端治理设施的基本情况。

④ 建立严格的数据质量控制体系，即通过召开行业和环保专家研讨会，对全部数据进行总体评估，舍弃不符合质量要求的数据。

7.2.3 数据处理与加工过程

根据各行业的实际情况确定实测数据、模拟数据、历史数据各自的权重，计算产排污系数。其中，权重根据行业特点，综合考虑数据来源、企业各种工况运行时间、主要影响因子组合的代表性等各种因素确定。

对产污系数进行校核如下。

① 在企业层面：依据已有的企业数据、环境数据、经济数据等，对报送数据进行总量数据校验、结构数据校验、排放数据校验。

② 在行业层面：对于生产工艺或生产过程类似的行业的产污系数或污染治理设施去除率可进行互相校核。如火电和锅炉行业，主要区别是锅炉的蒸吨数，65蒸吨以上是火电行业，65蒸吨以下是锅炉行业，两者的污染治理设施的去除率应比较接近，如汞的去除率可进行互相校核。

③ 在区域层面：通过区域人口、企业、经济数据逻辑关系审核，实现区域数据质量

控制。

④ 在国家层面：建立国家层面的质量审核程序，对普查上报的数据进行质量控制和检查验收。

对最终的个体产排污系数采取严格的质量控制措施。在课题验收时，邀请行业专家、国家和地方环保专家、企业代表与地方环境管理部门、地方环境监测部门的相关人员对系数进行审查；对长期观察结论有明显偏差的系数，由系数开发机构与地方环境管理部门、地方环境监测部门、实测企业共同研讨出现偏差的原因，必要时重新实测或对产排污系数进行调整；对最终的产排污系数成果进行验收。

产排污系数质量控制流程见图7-2。

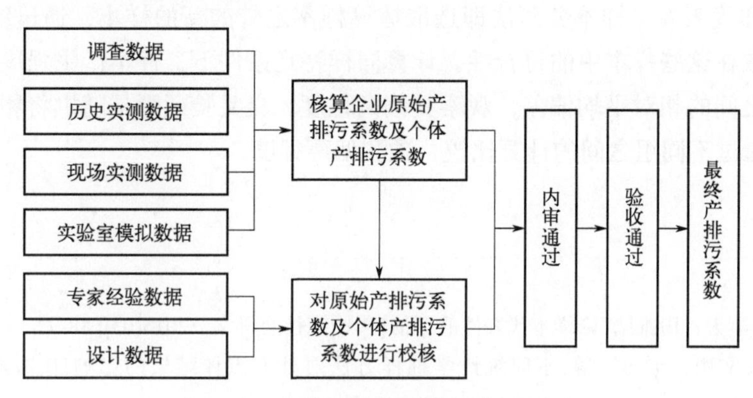

图7-2　产排污系数质量控制流程示意

7.3　核算参数的不确定性及验证

(1) 产污系数不确定性分析

产污系数受多种生产过程的因素影响，而参与生产过程的各因素本身也存在着不确定的变化，如原料中的杂质、工艺过程中的参数、生产的工况等。产污系数核算过程中的不确定性主要来源于样本数据的不确定性、影响因素组合的不确定性及参数的不确定性等，具体有如下几点：

① 产品类别及型号规格、原辅材料及成分、产污工艺类型众多，样本分布的不均匀或样本采集过程的代表性。

② 监测数据、历史数据和模拟数据，受采样、实验室分析、模拟设备等过程中诸多因素的影响，本身就存在着一定误差和不确定性。

③ 工业生产中除了客观因素的影响，还有主观因素的影响，如环境管理水平、生产管理水平和员工的操作技能等。这些因素的存在直接干扰污染物的产生水平。

④ 产污系数代表了在特定组合条件下，污染物产生强度的平均水平，具体到某一个企业，污染物产生量的核算可能存在偏差。

（2）产污系数的验证

产污系数的核算是通过对特定组合条件的分析，采用按照特定组合条件的分层抽样，在获取样本原始产污系数的基础上，再通过不同的方法计算得到特定组合条件下的产污系数。在核算过程中，样本数据的采集方式和来源途径等，都可能对系数带来一定的偏差。产污系数的验证也是对其进一步校正的过程。

采用样本分割法和交叉验证的方法对产污系数核算的结果进行验证，以评估产污系数的合理性和代表性。样本分割法即选取核算样本之外的新的样本，通过统计学分析，验证产污系数在这些样本中的符合性。计算同样特定条件下，样本产生强度与已有污染物产生系数之间的相对平均偏差，观察其偏离程度。交叉验证则是随机将相同条件下的样本分组，通过不同组之间的计算比较，预测偏离程度。

参考文献

[1] 王晓晖，风笑天，田维绪. 论样本代表性的评估[J]. 山东社会科学，2015(03): 88-92.

[2] 张倩睿，龚文娟，彭惠，等. 不同统计学抽样方法对处方点评结果的影响[J]. 医药导报，2015, 34(05): 697-700.

[3] 罗仙仙，亢新刚，杨华. 我国森林资源综合监测抽样理论研究综述[J]. 西北林学院学报，2008(06): 187-193.

[4] 杨扬，黄辰，李俊. 我国典型抽样方法的研究现状及定性比较[J]. 现代经济信息，2015(05): 127-128.

第8章 系数动态更新与信息化管理

- 产排污核算系数编码体系
- 工业污染源产排污系数动态管理平台
- 工业产排污系数 APP
- 信息化平台开发的前景

8.1 产排污核算系数编码体系

8.1.1 编码的意义

随着我国信息化、智能化进程的不断推进，产排污量信息是精准治污的重要依据，采用信息化手段推进环境治理体系和治理能力提升，对实现感知环境态势变化、掌握环境管控重点来源、辅助科学决策具有重要意义。信息化技术作为支撑工业污染源产排污系数核算应用最广泛、最直接的工具，实现产排污系数的信息化管理与应用势在必行。编码是将文字信息转换为计算机编程语言代码的过程。产排污系数编码就是将产排污系数转换为具有一定规律性且易于计算机和人识别与处理的符号。通过编码对产排污系数进行信息化转化，使每个系数都具有唯一的编码——“身份名片”，在系数数据库中实现快速识别、筛选和应用。同时，编码可实现系数和产排污量核算的同步更新，更加快捷、有效地支撑各项环境管理系统、平台等。

目前，我国与工业污染源相关的编码标准包括《排污单位编码规则》（HJ 608—2017）和《固定污染源（水、大气）编码规则（试行）》等，都是以企业（污染源）为对象，针对污染源统一标识、生产设施、治理设施、污染排放口数量，以及排放去向等重点产排污设备和环节进行编码。这些编码规则重点在表征污染源企业名称、统计设备数量和编号，与产排污系数相关的核心要素，如原辅材料种类、生产工艺类型、治理技术选择等无关，无法利用污染源编码规则对产排污系数进行编码。

产排污系数编码的意义与必要性主要体现在以下几个方面。

（1）编码体系是产排污系数信息化应用的必然需求

编码体系的建立可实现对产排污系数的信息化转化，为构建工业污染源产排污系数数据库及工业污染源管理大数据平台等奠定了基础，是实现系数信息化应用的必然需求。同时编码体系实现了对系数的工段、产品、原料、工艺、规模、污染治理技术等信息的全面、精准表征，为建立系数信息的标签体系，实现系数的分类、筛选、统计等功能提供精准技术支持。

（2）编码体系支撑产排污系数更新完善

随着我国工艺技术的不断发展，产排污系数需要持续更新完善。编码体系和规则的建立，通过构建系数数据库，实现系数的全面信息化。编码体系对系数的每个影响因素及整体结构都留有足够的扩充空间，能够满足系数更新的要求。在数据管理时会对更新系数有所区分，使系数的更新不会影响之前的产排污核算结果，支撑系数实现不断更新完善。

（3）编码体系支撑产排污系数更广泛的应用

产排污系数不仅支持了两次全国污染源普查，在日常环境监管中，该系数还广泛应用于环境统计、排污许可、排放清单编制、环境税等多项环境管理工作中，是开展工业污染源产排污核算的重要工具。通过编码体系构建产排污系数数据库及应用模块，与现行各环境管理平台对接，通过编码直接调取所需系数进行产排污核算，使系数应用更加广泛和便捷；同时，实现支撑应用与系数数据库的同步更新，为精准核算产排污量提供技术支持。

8.1.2　编码原则

产排污系数编码是一个将复杂概念简单化的技术过程。编码原则是保证产排污系数信息化管理的关键，为全面展示系数的特征和结构，编码方案的设计原则包括唯一性、稳定性、全面性、延展性和兼容性。

（1）唯一性

唯一性是产排污系数编码的最根本原则，该原则强调某一个污染物的产污系数和排放量核算参数与编码之间具有唯一性的对应关系。

（2）稳定性

稳定性是对编码体系结构的要求。根据产排污系数的组成和表达方式，将系数包含的各项关键内容相应作为编码的核心组成部分，设计编码的长度和表达形式。确保在产排污系数主体存续期间，其信息编码结构保持稳定，不因系数相关因素变化而影响编码结构。

（3）全面性

全面性是对编码覆盖度的要求。编码的全面性包括横纵两个方面。横向全面性体现在编码要对系数包含的全部特征因素进行表征，不能缺失其中任何一种。纵向全面性是指对系数的每一项关键因素编码时，编码规则要能满足这项关键因素涉及的所有情况。如“产品”因素项，各行业的产品种类有的多有的少，编码要确保能够覆盖所有行业的产品种类数量。

（4）延展性

延展性是对编码持续更新的要求。我国生产工艺和污染治理技术日新月异，工业污染源产排污系数也应随着技术的升级不断更新完善，因此系数编码规则的设定要遵循可持续更新的延展性原则。一方面系数结构在现有基础上能够补充新的关键因素信息；另一方面是系数编码在关键特征因素内部留有足够的更新空间，满足系数新增、修订的需要。

（5）兼容性

兼容性是对编码的应用提出的要求。系数作为产排污核算的重要工具，应用于污染源普查、环境统计、排污许可等多项环境管理工作中。随着信息化管理水平的不断提升，系数需要与各相关环境管理系统、平台等对接和融合应用，因此编码设计要尽可能兼容已发布应用的相关编码规则，以便系数在更多、更广泛的平台顺利对接应用。

8.1.3 编码体系框架

工业污染源产排污核算模型关键参数编码体系是指依据产污和排污环节“两段”式关系，构建相应的编码体系框架，对参数各组成部分内容分别制定编码规则和要求，各部分编码结果共同构成工业污染源产排污核算模型关键参数编码体系。该体系由产污环节关键参数编码和排污环节关键参数编码两部分组成。其中产污环节包含的关键信息有行业信息、生产环节信息和污染物指标信息三类关键因素信息，相应的产污环节编码也对应包含行业信息编码、生产环节信息编码和污染物指标编码。具体到特征因素：行业信息编码包含行业类别编码；生产环节信息编码包含产污工段编码、原料编码、产品编码、生产工艺编码、生产规模编码；污染物指标编码包含污染物介质编码和污染物类型编码。排污环节编码是对污染治理技术和治理设施运行效率两项特征因素进行编码。其中污染治理技术编码还可细分为废水处理方法编码和废气处理方法编码；治理设施运行效率编码是对治理设施运行效率的各项参数进行编码。产排污核算关键参数信息编码体系见图8-1。

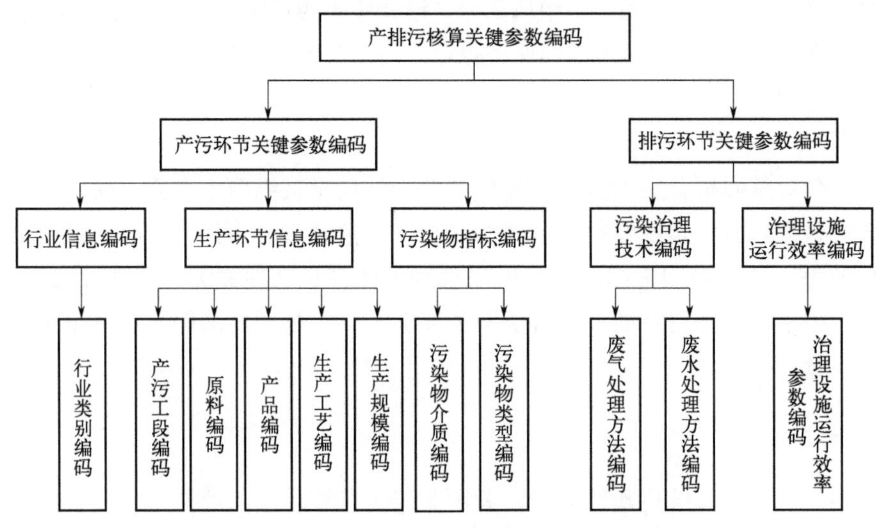

图8-1　工业污染源产排污系数编码体系框架图

8.1.4　产污环节关键系数编码

产污系数编码包含行业信息编码、生产环节信息编码和污染物指标编码。

① 行业信息编码，引用《国民经济行业分类》（GB/T 4754—2017）中采矿业，制造业，电力、热力、燃气及水生产和供应业所包含的所有小类行业代码，作为行业类别编码，长度为4位。例如，0610代表烟煤和无烟煤开采洗选行业，0610即为其行业类别编码。

② 生产环节信息编码，即对产污工段、原料、产品、生产工艺、生产规模五项要素所包含的信息根据特征分类后进行编码，编码方案见图8-2。编码方法以各小类行业信息为信息边界，对该小类行业内所包含的产污工段、原料、产品、生产工艺、生产规模的种类进行流水顺序编码。编码位数根据小类行业中出现种类最多的情况，再结合预留一定更新的空间来确定。根据2017年应用于第二次全国污染源普查的产污系数情况统计，小类行业中，生产环节各因素包含种类最多的情况及其编码设置位数见表8-1。例如，原料，最大种类数量已经达到95种，再为将来系数更新预留一定空间，则编码位数设置为3位，即编码从001开始，顺序编至999结束。如果某因素所包含的内容不区分种类，如某行业不区分生产规模，其各位编码可全部用0代替。

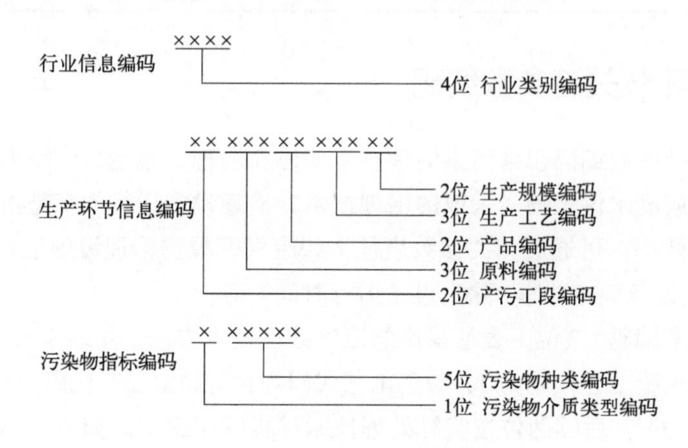

图8-2　产污系数编码结构

表8-1　生产环节各因素包含种类最多的情况及其编码设置位数

关键因素	行业代码	行业名称	种类数量	编码位数
产污工段	2611	无机酸制造	40	2位
产品	2611	无机酸制造	49	2位
原料	3311	金属结构制造	95	3位
生产工艺	3311	金属结构制造	130	3位
生产规模	2750	兽用药品制造	27	2位

③ 污染物指标编码主要表征在该小类行业内的某生产环节组合条件下产生污染物的信息，包括污染物介质类型和污染物种类。污染物介质类型编码，1位，使用英文字

母表示：废气污染物使用英文单词“air”首位字母a表示，废水污染物使用英文单词“water”首位字母w表示。污染物种类编码，5位，引用《大气污染物名称代码》（HJ 524—2009）、《水污染物名称代码》（HJ 525—2009）中相应污染物种类的代码，每一组字母和数字组合表示一种污染物。废气和废水常见污染物指标编码见表8-2和表8-3。

表8-2　废气常见污染物编码

废气污染物	编码	废气污染物	编码	废气污染物	编码	废气污染物	编码
废气排放量	a00000	颗粒物	a34000	汞	a20058	铬	a20033
二氧化硫	a21026	挥发性有机物①	a99054	镉	a20026	砷	a20007
氮氧化物	a21002	氨	a21001	铅	a20044		

① HJ 524—2009中a99054为总挥发性有机物的编码，本书编码a99054统一指挥发性有机物。

表8-3　废水常见污染物种类编码

废水污染物	编码	废水污染物	编码	废水污染物	编码	废水污染物	编码
废水排放量	w00000	总磷	w21011	总汞	w20111	总铬	w20116
化学需氧量	w01018	石油类	w22001	总镉	w20115	六价铬	w20117
氨氮	w21003	挥发酚	w23002	总铅	w20120		
总氮	w21001	氰化物	w21016	总砷	w20119		

8.1.5　排污环节关键参数编码

排污环节关键参数编码包含污染治理技术编码和治理设施运行效率编码。污染治理技术指治理废气或废水污染物所采取的治理技术。治理设施运行效率是指所采取的治理技术设施的运行效率，可通过相关参数表征，如废气颗粒物治理设施运行效率=除尘设备耗电量/（除尘设备额定功率×除尘设备运行时间）等。

废气处理技术编码，3位，表征采用的废气处理技术方法，见表8-4。编码第一位为去除对象代码，脱硫工艺代码为S，脱硝工艺代码为N，除尘工艺代码为P，挥发性有机物处理工艺代码为V，后续两位按实际处理技术种类顺序编写。如果实际采用的废气处理方法不在表8-4中，可在“其他”中进行补充，如“S12其他（干法脱硫）”。

废水处理技术编码，4位，表征采用的废水处理技术方法，见表8-5，大类方法分为物理法、化学法、物理化学法、好氧生物处理法、厌氧生物处理法，以及稳定塘、人工湿地及土地处理法等。以第一位为以上几种核心处理方法的顺序编码，后三位为所在大类方法中的具体治理技术进行顺序编码。如果实际废水处理方法不在表8-5中，可在“其他”中进行补充，如“1701其他（写明具体技术）”。如果多种治理方法联合应用，则新增该组合方法，再进行顺序编码。

治理设施运行效率编码，2位-多位，表征采用治理设施的运行效率，通过相关参数或函数形式表征。将该小类行业内所有表征治理设施运行效率的参数进行顺序编码，从01开始至99结束，则治理设施运行效率的编码即为其表征参数的编码。如治理设施运行效率=污水治理设施运行时间（h/a）/正常生产时间（h/a），污水治理设施运行时间编

表8-4 废气处理技术编码

编码	脱硫工艺	编码	脱硝工艺	编码	除尘工艺	编码	挥发性有机物处理工艺
A00	直排	—	炉内低氮技术	—	过滤式除尘	—	直接回收法
—	炉内脱硫	N01	低氮燃烧法	P01	袋式除尘	V01	冷凝法
S01	炉内喷钙	N02	循环流化床锅炉	P02	颗粒床除尘	V02	膜分离法
S02	型煤固硫	N03	烟气循环燃烧	P03	管式过滤	—	间接回收法
—	烟气脱硫	—	烟气脱硝	—	静电除尘	V03	吸收+分流
S03	石灰石/石膏法	N04	选择性非催化还原法（SNCR）	P04	低低温	V04	吸附+蒸气解析
S04	石灰/石膏法	N05	选择性催化还原法（SCR）	P05	板式	V05	吸附+氮气/空气解析
S05	氧化镁法	N06	活性炭（焦）法	P06	管式	—	热氧化法
S06	海水脱硫法	N07	氧化/吸收法	P07	湿式除雾	V06	直接燃烧法
S07	氨法	N08	其他	—	湿法除尘	V07	热力燃烧法
S08	双碱法			P08	文丘里	V08	吸附/热力燃烧法
S09	烟气循环流化床法			P09	离心水膜	V09	蓄热式热力燃烧法
S10	旋转喷雾干燥法			P10	喷淋塔/冲击水浴	V10	催化燃烧法
S11	活性炭（焦）法			—	旋风除尘	V11	吸附/催化燃烧法
S12	其他			P11	单筒（多筒并联）旋风	V12	蓄热式催化燃烧法
				P12	多管旋风	—	生物降解法
				—	组合式除尘	V13	悬浮洗涤法
				P13	电袋组合	V14	生物过滤法
				P14	旋风+布袋	V15	生物滴滤法
				P15	其他	—	高级氧化法
						V16	低温等离子体
						V17	光解
						V18	光催化
						V19	其他

码为“01”，正常生产时间编码为“02”，则该治理设施运行效率的编码为0102。治理设施运行效率涉及的运算参数越多，编码位数越多。

表8-5　废水处理技术编码

编码	处理技术名称	编码	处理技术名称	编码	处理技术名称
0000	直排	4000	好氧生物处理法	6000	稳定塘、人工湿地及土地处理法
1000	物理处理法	4100	活性污泥法	6100	稳定塘
1100	过滤分离	4110	A/O工艺	6110	好氧化塘
1200	膜分离	4120	A^2/O工艺	6120	厌氧塘
1300	离心分离	4130	A/O^{2}工艺	6130	兼性塘
1400	沉淀分离	4140	氧化沟类	6140	曝气塘
1500	上浮分离	4150	SBR类	6200	人工湿地
1600	蒸发结晶	4160	MBR类	6300	土地渗滤
1700	其他	4170	AB法		
2000	化学处理法	4200	生物膜法		
2100	中和法	4210	生物滤池		
2200	化学沉淀法	4220	生物转盘		
2300	氧化还原法	4230	生物接触氧化法		
2400	电解法	5000	厌氧生物处理法		
2500	其他	5100	厌氧水解类		
3000	物理化学处理法	5200	定型厌氧反应器类		
3100	化学混凝法	5300	厌氧生物滤池		
3200	吸附	5400	其他		
3300	离子交换				
3400	电渗析				
3500	其他				

工业污染源污染治理设施信息编码结构见图8-3。

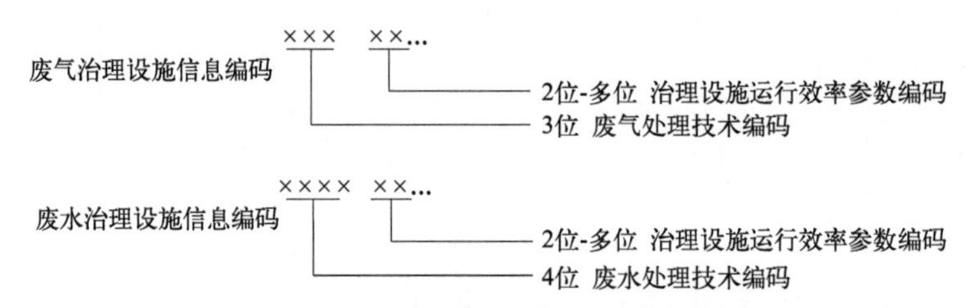

图8-3　工业污染源污染治理设施信息编码结构

8.1.6　产排污核算系数编码案例

以“3825光伏设备及元器件制造行业”为例，该行业产排污系数各关键因素编码见表8-6，该行业某一个系数编码结果见表8-7。

表8-6　光伏设备及元器件制造行业产排污系数各关键因素编码

产污工段	编码	产品	编码	原料	编码	生产工艺	编码	生产规模	编码	污染物指标	编码	污染治理技术	编码	治理设施运行效率参数	编码
电池板生产	01	高纯多晶硅	01	冶金级硅	001	改良西门子法	001	所有规模	00	工业废气量	a00000	直排	A00	除尘设备耗电量	01
高纯多晶硅生产	02	洁净高纯多晶硅原料	02	高纯多晶硅	002	酸洗	002			颗粒物	a34000	袋式除尘	P01	除尘设备额定功率	02
硅片生产（硅料清洗）	03	单晶硅片	03	洁净高纯多晶硅原料	003	碱洗	003			氮氧化物	a21002	喷淋塔	P10	除尘设备运行时间	03
硅片生产（硅片制备）	04	多晶硅片	04	单晶硅片	004	拉棒+多线切割+清洗	004			挥发性有机物	a99054	旋风+布袋除尘	P14	工艺废气净化装置耗电量	04
组件生产	05	单晶电池板	05	多晶硅片	005	铸锭+多线切割+清洗	005			工业废水量	w00000	A/O工艺	4110	工艺废气净化装置额定功率	05
		多晶电池板	06	单晶电池板/多晶电池板	006	碱制绒+湿法刻蚀	006			化学需氧量	w01018	化学混凝法	3100	工艺废气净化装置运行时间	06
		电池组件	07			酸制绒+湿法刻蚀	007			氨氮	w21003	生物膜法	4200	污水治理设施运行时间	07
						焊接层压装框	008			总氮	w21001	厌氧水解类+耗氧生物处理法	M51004000	正常生产时间	08
										总磷	w21011				

表8-7　光伏设备及元器件制造行业某产排污系数编码

影响因素名称	行业	产污工段	产品	原料	生产工艺	生产规模	污染物指标	产污系数	单位	末端治理技术	末端治理效率/%	污染治理设施实际运行系数（k值）计算公式
具体内容	光伏设备及元器件制造行业	高纯多晶硅生产	高纯多晶硅	冶金级硅	改良西门子法	所有规模	化学需氧量	37.44	kg/t 产品	化学混凝法	56	$k=\frac{污水治理设施运行时间（h/a）}{正常生产时间（h/a）}$
编码	3825	02	01	001	001	00	w01018	—	—	3100	—	0708
产污系数编码	3825020100100100w01018									排放量核算参数编码	3825020100100100w0101831000708	

8.2 工业污染源产排污系数动态管理平台

8.2.1 平台建设的背景和意义

在大数据信息化背景下，建立“工业污染源产排污系数管理与核算平台”，通过构建产排污系数数据库、样本企业数据库，搭建查询、统计和核算等功能，实现对产排污系数的信息化管理，为产排污量核算以及对接其他相关管理平台，为精细化、精准化、科学化的环境管理体系建设提供直接技术支撑。

（1）平台建设意义

建立“工业污染源产排污系数管理与核算平台”可实现对工业污染源产排污核算系数制定步骤进行全面信息化集成，对系数成果进行多种形式展示，为系数法进行工业污染源产排污核算提供直接数据库和信息化支持，为适应当前以改善环境质量为核心的环境管理需求、建立健全统一的污染源监管体系、全面推进污染防治及环境风险防范管理等方面提供依据和支撑。

此外，通过平台对系数制定的样本数据进行不断收集，逐步对系数进行动态修订和完善，使系数更为精准地表征行业平均水平，为工业污染源数据的“真、准、全”提供坚实基础和核算依据，为做好“多源数据、统一使用”奠定基础。

（2）平台建设目标及内容

“工业污染源产排污系数管理与核算平台”建设要实现以下目标：

基于“2017版”工业污染源产排污核算系数成果的基础上开发本平台，对系数成果进行统计、分析和综合展示；同时根据系数制定步骤及要求，建立系数制定样本数据收集和系数核算系统，建立系数和样本数据关联，为后续对系数进行持续动态更新奠定基础。

以用户需求为前提，充分利用工业污染源产排污核算信息及系数成果，最大限度地发挥工业污染源产排污核算系数成果的环境效益和社会效益，为环境统计、排污许可、环境税等管理需求提供服务。

实现工业污染源产排污核算系数成果的集成和综合展示，按行业罗列、思维导图及影响因素组合条件逐级展示等形式对系数成果进行综合展示，并把系数使用说明、应用要点等要求同步存储展示，便于使用者查询使用。

对系数成果建立综合统计分析功能，可实现对系数进行多级查询、按条件统计，为掌握系数整体情况、筛选统计重点系数提供依据。

建立“系数制定-样本企业”的信息库，根据系数制定步骤及核算要求，通过对样本企业数据收集及核算，得到个体和平均产污系数，从而实现系数成果与样本企业基础数据信息关联溯源，为系数的持续动态更新奠定基础。

实现通过样本企业信息进行个体产污系数和平均产污系数核算等功能，为产排污系数全面信息化编制、修订、管理、归档奠定技术基础。

8.2.2　平台设计

8.2.2.1　设计原则

平台设计中应遵循以下原则。

（1）科学实用原则

该原则是平台架构的根本出发点，立足于科学技术，一切以满足应用真实的业务需要为架构目的。

（2）系统性原则

平台是一个有机整体。在系统设计中，要从整个系统的角度进行考虑，使系统有统一的信息代码、统一的数据组织方法、统一的设计规范和标准，以此来提高系统的设计质量。

（3）可靠性原则

可靠性既是评价系统设计质量的一个重要指标，又是系统设计的一个基本出发点。只有设计的系统平台是安全可靠的，才能在实际中发挥它应有的作用。一个成功的管理信息系统必须具有较高的可靠性，如安全保密性、检错及纠错能力、抗病毒能力、系统恢复能力等。

（4）应用性原则

平台在设计之初，要充分考虑用户的业务类型、用户的管理基础工作、用户的人员素质、人机界面的友好程度、掌握系统操作的难易程度、用户业务应用等诸多因素的影响。因此，在系统设计时必须充分考虑这些因素，才能设计出用户可接受且实用性强的系统。

8.2.2.2 平台架构

系统总体架构设计分为技术支撑层、数据层、应用层、用户层四层架构，以及安全体系与运行保障机制、标准规范体系与集成框架两大保障体系，如图8-4所示。

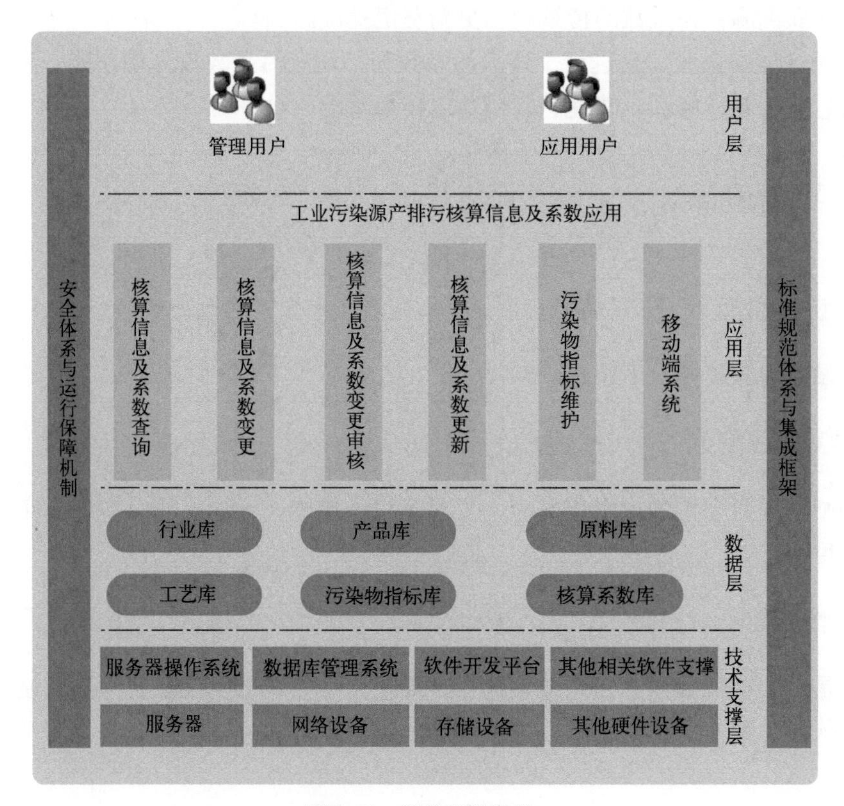

图8-4 系统总体架构

（1）技术支撑层

技术支撑层提供系统运行所需硬件、软件环境。

硬件环境包括服务器、网络设备、存储设备及其他相关硬件设备。软件环境包括服务器操作系统、数据库管理系统、软件开发平台及其他相关软件支撑平台。

（2）数据层

项目建设中涉及的数据，包括行业数据、产品数据、原料数据、工艺数据、污染物指标、末端治理技术数据、核算系数数据及其他相关数据。对工业源产排污核算信息、核算系数、核算方法进行统一整理，建立产排污系数核算及应用要点数据库。

（3）应用层

应用层包括系统在应用层面的功能建设，主要包括核算信息及系数的查询、变更、审核、更新，污染物指标维护功能及移动端APP的建设。

（4）用户层

用户层包括本次系统建设涉及的目标用户，包括管理用户和应用用户。

管理用户为中国环境科学研究院普查工作办公室。管理用户通过工业污染源产排污核算信息及系数管理端，对各类工业污染源产排污核算信息及系数进行动态维护，以确保工业污染源产排污核算信息及系数最新成果能够为各类应用用户使用。

应用用户为各级普查办负责普查数据审核与污染物排放量核算的工作人员，包括国家普查办用户、省级普查办用户、地市级普查办用户、县级普查办用户及普查业务指导员。应用用户通过工业产排污系数APP，查询工业污染源核算信息及系数，便于进行普查数据审核与污染物排放量核算工作。

8.2.2.3　平台系统设计

（1）样本数据管理模块

用于用户进行数据查询和新增样本数据。查询可通过列表搜索，新增样本数据可通过页面新增及Excel导入，具体功能见表8-8。

表8-8　样本数据管理模块功能设计

功能	简介
数据查询	通过数据查询功能，用户可按企业名称、行业类别以不同条件查询样本数据，并可将查询结果导出Excel文件
新增	新增样本企业信息
导入	根据Excel模板导入样本数据

1）样本企业信息

① 流程逻辑

用户通过菜单进入样本企业界面后，界面中将展示当前用户下的所有样本企业列表，用户可根据企业名称、行业类别对样本企业数据进行过滤。

数据流程：用户进入样本企业界面，选择查询条件，即将数据库中符合条件的数据进行调取展示。

② 人机交互

Ⅰ.界面设计，见图8-5。

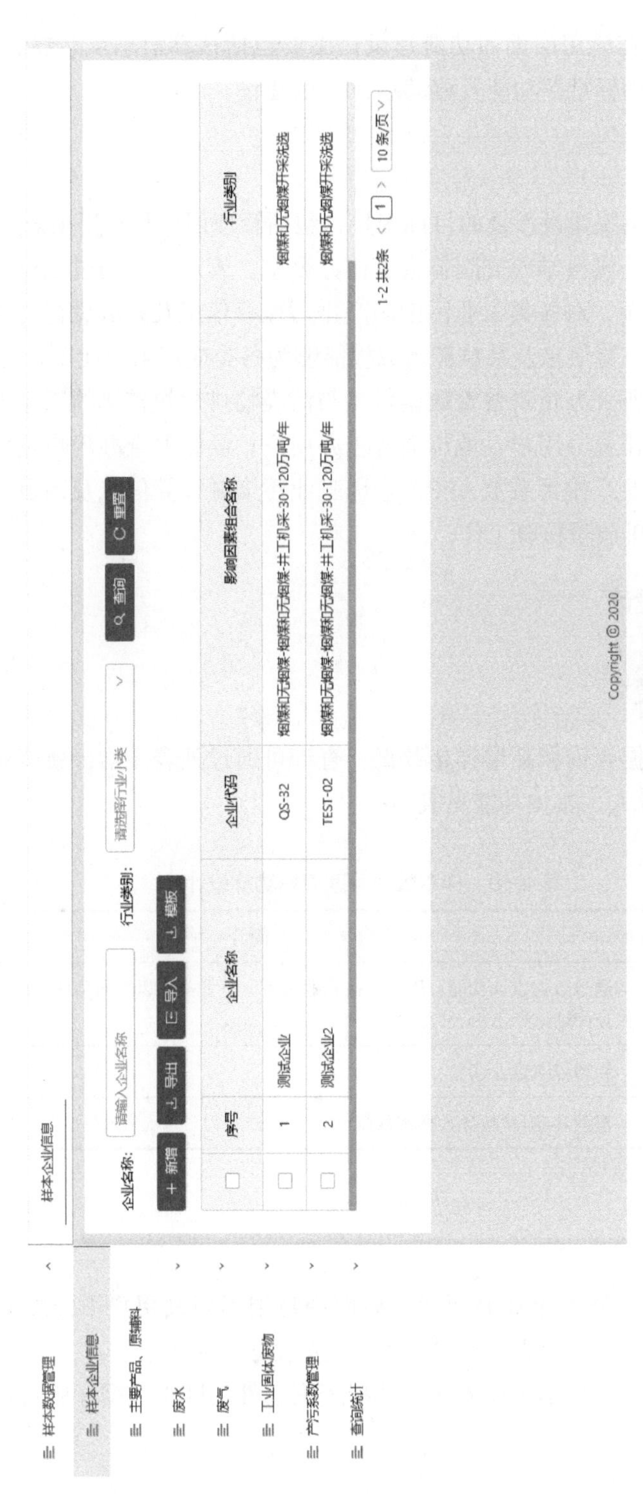

图 8-5　样本企业数据列表

Ⅱ.输入项，见表8-9。

表8-9　样本企业列表信息输入项

输入项	类型	说明
企业名称	输入框	样本企业名称
行业类别	选择	各个行业名称

Ⅲ.输出项，见表8-10。

表8-10　样本企业列表信息输出项

输出项	类型	说明
数据列表	样本企业信息	序号、企业名称、组织机构代码、影响因素组合名称、行业类别、行业代码、企业规模、工业总产值（万元）、操作

2）主要产品、原辅料

① 流程逻辑

用户通过菜单进入主要产品、原辅料界面后，界面中将展示当前用户下的主要产品、原辅料列表，用户可根据企业名称、样本工段对样本企业数据进行过滤。

数据流程：用户进入主要产品、原辅料界面，选择查询条件，即将数据库中符合条件的数据进行调取展示。

② 人机交互

Ⅰ.界面设计，见图8-6。

Ⅱ.输入项，见表8-11。

表8-11　主要产品、原辅料列表信息输入项

输入项	类型	说明
企业名称	输入框	样本企业名称
样本工段	输入框	企业生产工段名称

Ⅲ.输出项，见表8-12。

表8-12　产品、原辅料信息输出项

输出项	类型	说明
数据列表	主要产品、原辅料	企业名称、样本工段、样本批次、取样时间、生产工艺、产品、产品序号、产品名称、产品年生产能力、产品计量单位、产品测量周期实际产量、产品测量周期单位、产品测量周期（天）、原辅料序号、原辅料推算年产量、原辅料名称、原辅料测量周期、原辅料实际用量、原辅料测量周期单位（天）

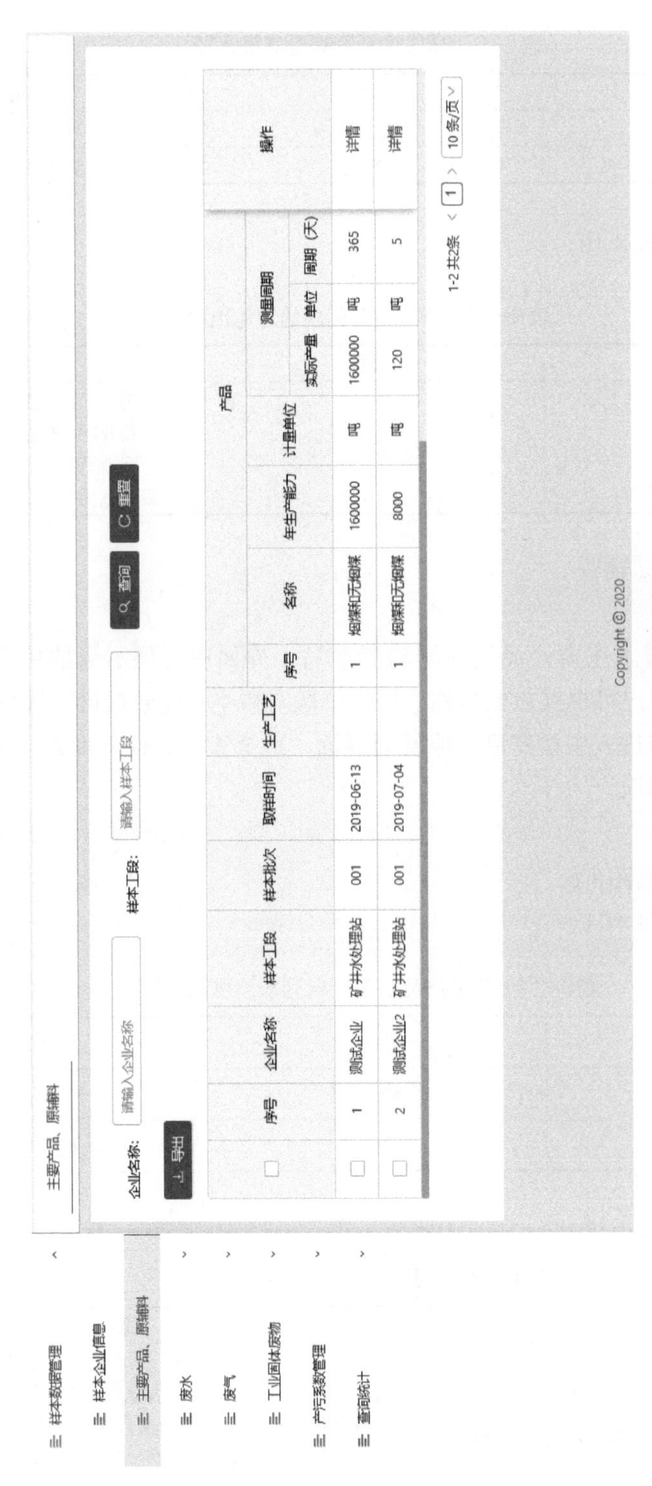

图8-6 主要产品、原辅料列表

3）废水–治理设施

① 流程逻辑

用户通过菜单进入废水-治理设施界面后，界面中将展示当前用户下的所有废水治理设施列表，用户可根据企业名称、废水类型名称对样本企业数据进行过滤。

数据流程：用户进入废水-治理设施界面，选择查询条件，即将数据库中符合条件的数据进行调取展示。

② 人机交互

Ⅰ.界面设计，见图8-7。

Ⅱ.输入项，见表8-13。

表8-13　样本企业废水–治理设施列表信息输入项

输入项	类型	说明
企业名称	输入框	样本企业名称
废水类型名称	选择	废水类型名称

Ⅲ.输出项，见表8-14。

表8-14　样本企业废水–治理设施列表信息输出项

输出项	类型	说明
数据列表	样本企业废水-治理设施信息	企业名称、治理设施名称、废水类型、设计处理能力、年运行时间（h）、年实际处理水量（t）、排放方式、治理设施实际运行率（k）、运行率参数一、运行率参数一单位、运行率参数二、运行率参数二单位、运行率参数三、运行率参数三单位

4）废水–排放量

① 流程逻辑

用户通过菜单进入废水-排放量界面后，界面中将展示当前用户下的所有废水排放量列表，用户可根据企业名称、样本工段对样本企业数据进行过滤。

数据流程：用户进入废水-排放量界面，选择查询条件，即将数据库中符合条件的数据进行调取展示。

② 人机交互

Ⅰ.界面设计，见图8-8。

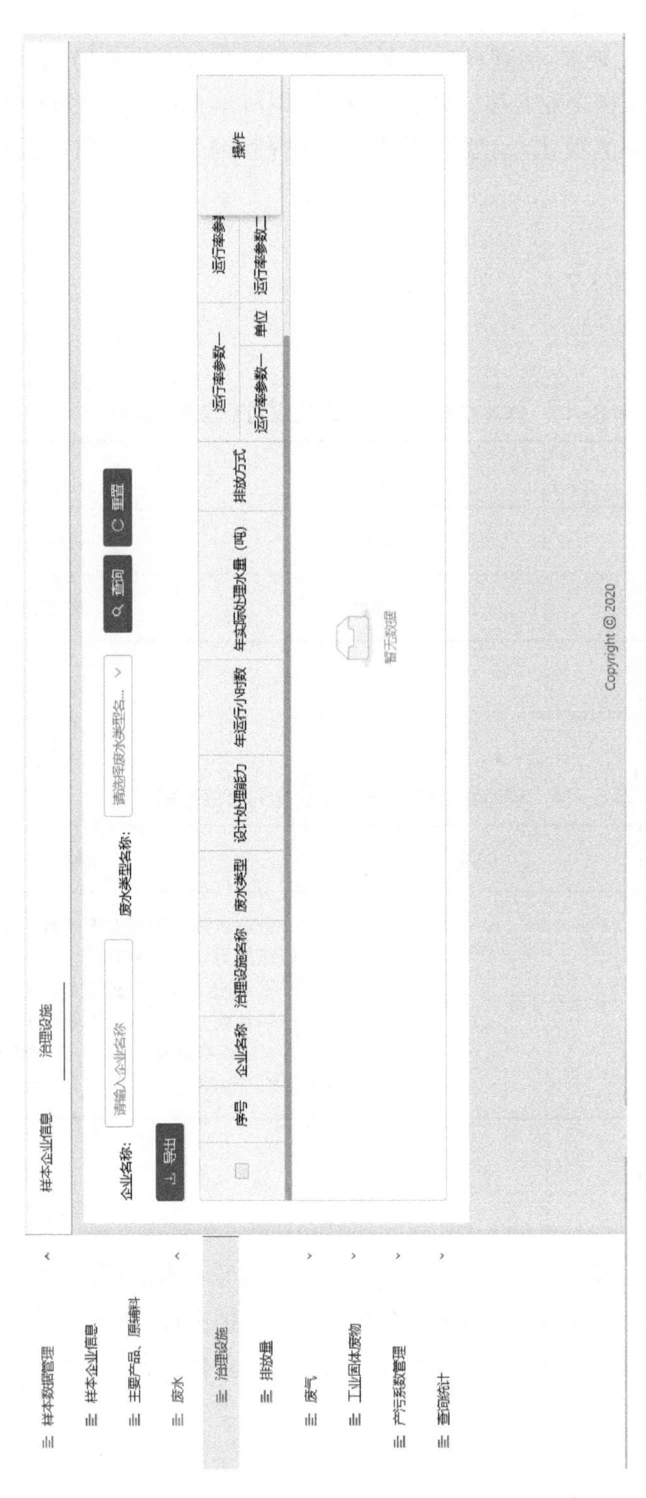

图 8-7 废水－治理设施信息列表

图8-8　样本企业废水－排放量数据列表

Ⅱ.输入项，见表8-15。

表8-15　样本企业废水-排放量列表信息输入项

输入项	类型	说明
企业名称	输入框	样本企业名称
样本工段	输入框	企业生产工段名称

Ⅲ.输出项，见表8-16。

表8-16　样本企业废水-排放量列表信息输出项

输出项	类型	说明
数据列表	样本企业废水-排放量信息	企业名称、样本工段、采样点位、样品批次、样品取样时间、污染物指标、治理技术名称、进口数据浓度、进口数据单位、进口数据属性、废水量、废水量单位、废水量属性、排口数据浓度、排口数据单位、排口数据属性、排放标准名称、排放标准单位、排放标准限值、污染物产生量、污染物产生量单位、污染物排放量、污染物排放量单位、处理效率（%）

5）废气-治理设施

① 流程逻辑

用户通过菜单进入废气治理设施界面后，界面中将展示当前用户下的所有废气治理设施列表，用户可根据企业名称、废气类型名称对样本企业数据进行过滤。

数据流程：用户进入废气治理设施界面，选择查询条件，即将数据库中符合条件的数据进行调取展示。

② 人机交互

Ⅰ.界面设计，见图8-9。

Ⅱ.输入项，见表8-17。

表8-17　样本企业废气-治理设施列表信息输入项

输入项	类型	说明
企业名称	输入框	样本企业名称
废气类型名称	选择	废气类型名称

Ⅲ.输出项，见表8-18。

表8-18　样本企业废气-治理设施列表信息输出项

输出项	类型	说明
数据列表	样本企业废气-治理设施信息	企业名称、治理设施名称、样本工段、废气类别、设计处理能力、设施年运行时间（h）、治理设施实际运行率（k）、运行率参数一、运行率参数一单位、运行率参数二、运行率参数二单位、运行率参数三、运行率参数三单位

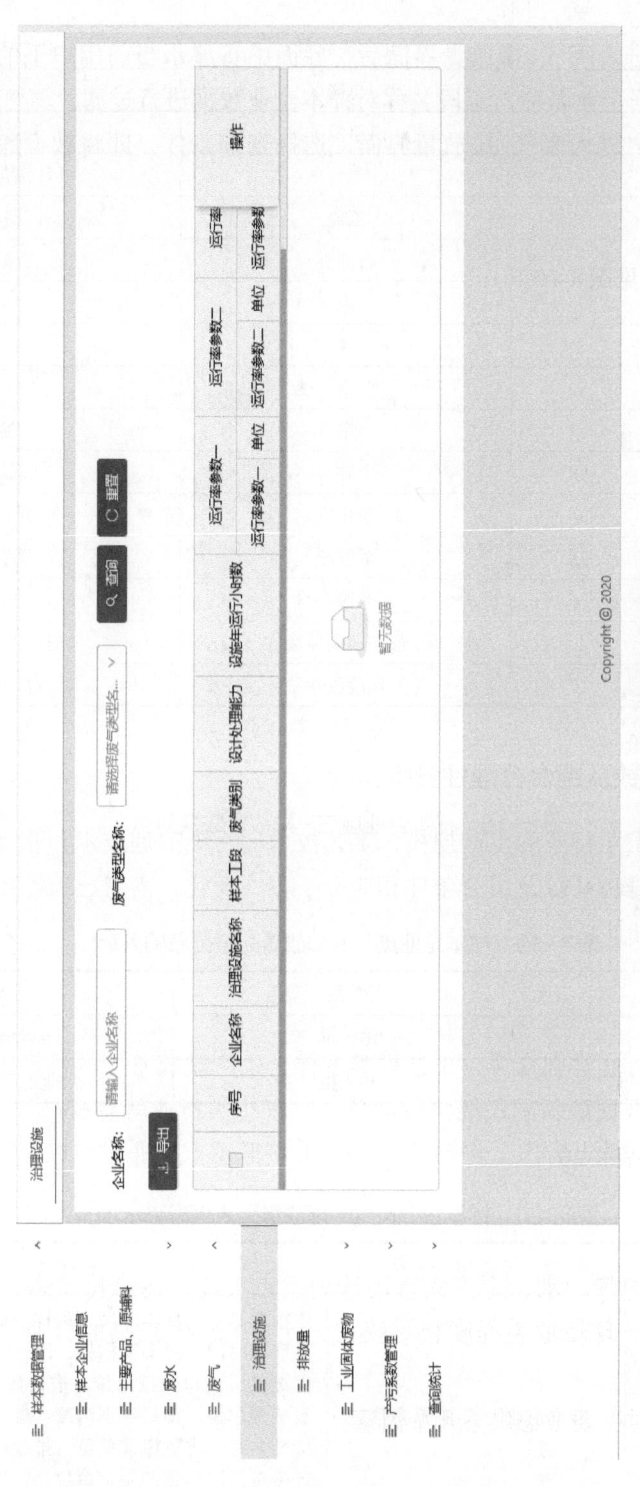

图 8-9　废气 - 治理设施信息列表

6）废气-排放量

① 流程逻辑

用户通过菜单进入废气-排放量界面后，界面中将展示当前用户下的所有废气排放量列表，用户可根据企业名称、工段名称对样本企业数据进行过滤。

数据流程：用户进入废气-排放量界面，选择查询条件，即将数据库中符合条件的数据进行调取展示。

② 人机交互

Ⅰ.界面设计，见图8-10。

图8-10　样本企业废气-排放量数据列表

Ⅱ.输入项，见表8-19。

表8-19　样本企业废气-排放量列表信息输入项

输入项	类型	说明
企业名称	输入框	样本企业名称
工段名称	输入框	企业生产工段名称

Ⅲ.输出项，见表8-20。

表8-20　样本企业废气-排放量列表信息输出项

输出项	类型	说明
数据列表	样本企业废气-排放量信息	企业名称、样本工段、采样点位、样品批次、样品取样时间、污染物指标、治理技术名称、进口数据浓度、进口数据单位、进口数据属性、废气量、废气量单位、排口数据浓度、排口数据单位、排放标准名称、排放标准单位、排放标准限值、污染物产生量、污染物产生量单位、污染物排放量、污染物排放量单位、处理效率（%）

（2）产污系数管理模块

用于用户进行个体产污系数的查看，以及行业的产排污系数计算与查看（表8-21）。

表8-21　产污系数信息表

个体产污系数	对样本数据管理里面新增的样本数据进行计算，得到每个个体产污系数
行业产排污系数	行业对当前的个体产污系数进行分配权重，对行业“四同组合”影响因素根据权重计算，得到系数，并提交审核

1）个体产污系数

① 流程逻辑

用户通过菜单进入个体产污系数界面后，界面中将展示当前用户下的所有个体产污系数列表，用户可根据企业名称、行业类型对个体产污系数进行过滤。

数据流程：用户进入个体产污系数界面，选择查询条件，即将数据库中符合条件的数据进行调取展示。

② 人机交互

Ⅰ.界面设计，见图8-11。

图8-11　个体产污系数列表

Ⅱ.输入项，见表8-22。

表8-22　个体产污系数列表信息输入项

输入项	类型	说明
企业名称	输入框	样本企业名称
行业类型	选择	各个行业名称

Ⅲ.输出项，见表8-23。

表8-23　个体产污系数列表信息输出项

输出项	类型	说明
数据列表	样本企业个体产污系数信息	企业名称、影响因素组合名称、行业类别、工段、污染物类型、污染物指标、个体产污系数、平均处理效率、平均排放量

2）行业产排污系数

① 流程逻辑

用户通过菜单进入行业产排污系数界面后，界面中将展示当前用户下的所有行业产排污系数列表，用户可根据行业类型、污染物类型对行业产排污系数进行过滤。

数据流程：用户进入行业产排污系数界面，选择查询条件，即将数据库中符合条件的数据进行调取展示。

② 人机交互

Ⅰ.界面设计，见图8-12。

图8-12　行业产排污系数列表

Ⅱ.输入项，见表8-24。

表8-24　行业产排污系数列表信息输入项

输入项	类型	说明
行业类型	选择	各个行业名称
污染物类型	选择	污染物介质类型

Ⅲ.输出项，见表8-25。

表8-25　行业产排污系数列表信息输出项

输出项	类型	说明
数据列表	样本企业行业产排污系数信息	影响因素组合名称、行业类别名称、污染物类型、污染物指标、单位、产污系数、版本、状态

（3）行业系数审核模块

用于用户进行行业系数审核，可通过此模块功能实现：将行业系数审核通过之后，直接进入最终版本系数库。

行业系数审核

① 流程逻辑

用户通过菜单进入行业系数审核界面后，界面中将展示当前用户下的所有行业产污系数审核列表，用户可根据行业类型、污染物类型对行业产污系数审核数据进行过滤。

数据流程：用户进入行业系数审核界面，选择查询条件，即将数据库中符合条件的数据进行调取展示。

② 人机交互

Ⅰ.界面设计，见图8-13。

Ⅱ.输入项，见表8-26。

表8-26　行业系数审核列表信息输入项

输入项	类型	说明
行业类型	选择	各个行业名称
污染物类型	选择	污染物介质类型

Ⅲ.输出项，见表8-27。

表8-27　行业系数审核列表信息输出项

输出项	类型	说明
数据列表	样本企业行业系数审核信息	影响因素组合名称、行业类别名称、污染物类型、污染物指标、单位、产污系数、版本、状态

（4）查询统计模块

用于用户进行统计分析。

系数库

① 流程逻辑

用户通过菜单进入查询统计-系数库界面后，界面中将展示当前用户下的所有样本企业列表，用户可根据行业类型、污染物类型对样本企业数据进行过滤。

数据流程：用户进入查询统计-系数库界面，选择查询条件，即将数据库中符合条件的数据进行调取展示。

② 人机交互

Ⅰ.界面设计，见图8-14。

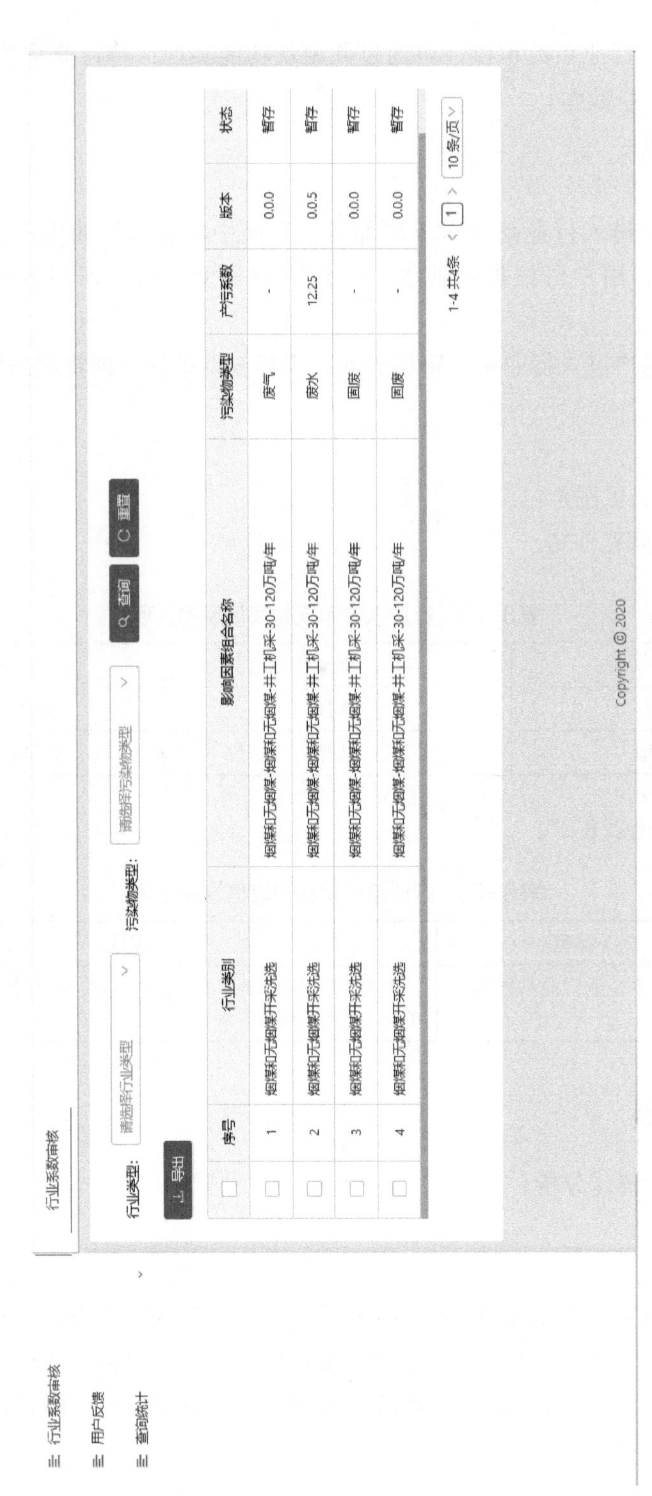

图8-13 行业系数审核列表

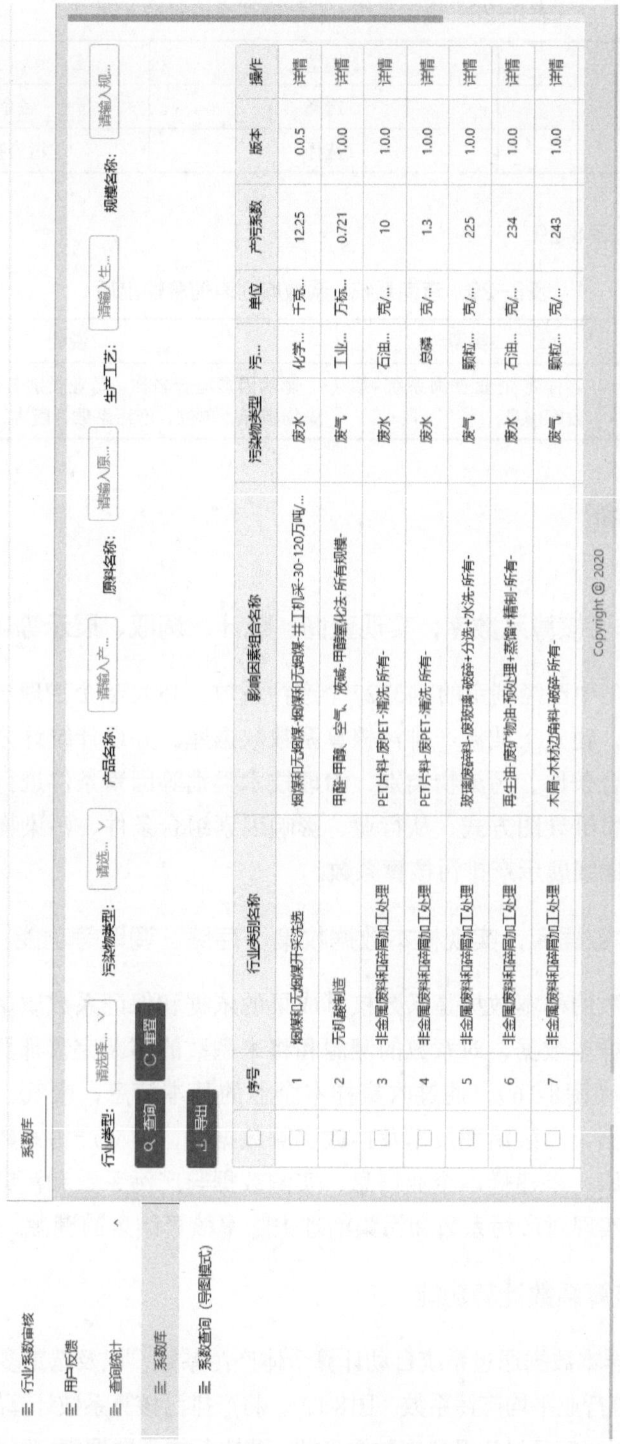
行业系数审核
用户反馈
查询统计
系数库
系数查询（导图模式）
系数库
行业类型：请选择...
污染物类型：请选...
产品名称：请输入产...
原料名称：请输入原...
生产工艺：请输入生...
规模名称：请输入规...
查询
重置
导出
序号 行业类别名称 影响因素组合名称 污染物类型 污... 单位 产污系数 版本 操作
1 烟煤和无烟煤开采洗选 烟煤和无烟煤-烟煤和无烟煤-井工机采-30-120万吨/... 废水 化学... 千克... 12.25 0.0.5 详情
2 无机酸制造 甲醛-甲醇、空气、液碱-甲醇氧化法-所有规模- 废气 工业... 万标... 0.721 1.0.0 详情
3 非金属废料和碎屑加工处理 PET片料-废PET-清洗-所有- 废水 石油... 克/... 10 1.0.0 详情
4 非金属废料和碎屑加工处理 PET片料-废PET-清洗-所有- 废水 总磷 克/... 1.3 1.0.0 详情
5 非金属废料和碎屑加工处理 玻璃废碎料-废玻璃-破碎+分选+水洗-所有- 废气 颗粒... 克/... 225 1.0.0 详情
6 非金属废料和碎屑加工处理 再生油-废矿物油-预处理+蒸馏+精制-所有- 废水 石油... 克/... 234 1.0.0 详情
7 非金属废料和碎屑加工处理 木屑-木材边角料-破碎-所有- 废气 颗粒... 克/... 243 1.0.0 详情
Copyright © 2020

图8-14　查询系统-系数库列表

Ⅱ.输入项，见表8-28。

表8-28　查询系统-系数库列表信息输入项

输入项	类型	说明
行业类别	选择	各个行业名称
污染物类型	选择	污染物介质类型

Ⅲ.输出项，见表8-29。

表8-29　查询系统-系数库列表信息输出项

输出项	类型	说明
数据列表	样本企业查询系统-系数库信息	影响因素组合名称、行业类别名称、污染物类型、污染物指标、单位、产污系数、版本、状态

8.2.3　平台功能

8.2.3.1　建立产排污核算系数库，实现查询、统计、调取、展示等功能

基于“二污普”中已经制定的143327个产污系数，459275个治理技术去除率（不含直排）的系数成果，建立工业源产排污核算系数数据库。并设计统计分析功能，可按照行业、影响因素组合条件、污染物类别、治理技术类别等因素条件进行查询和统计分析（图8-15），并按照思维导图方式，从行业、影响因素组合条件、污染物类别、治理技术等条件逐层次清晰详细展示产排污核算系数。

8.2.3.2　建立样本数据库，实现样本数据收集、存储、调取等功能

产排污核算系数的样本数据是系数核算成果的依据和保证系数质量的关键，统计所有用于系数制定的样本数据，对系数的溯源和将来系数的不断完善都具有重要意义。设计建立样本数据库（图8-16），通过收集样本企业的基本信息，废气、废水、固体废物实测数据、历史数据，污染治理技术及排放实测数据等，建立产污系数和污染治理技术去除率的样本数据库，搭建样本企业信息、实测数据与产污系数和污染治理技术去除率的逻辑对应关系，实现对产污系数和污染治理去除率核算结果的溯源。

8.2.3.3　产排污核算系数计算功能

该平台可利用样本数据通过系统自动计算个体产污系数，以及选定多个个体产污系数，设定各自权重，计算行业平均产污系数（图8-17）。将产排污核算系数计算的全过程都在系统中实现，并清晰地展示核算过程及样本数据来源，建立起样本数据库、系数数据库的关联关系，为系数的溯源、精准化，以及持续更新奠定坚实基础。同时，系数制定监管单位也可实

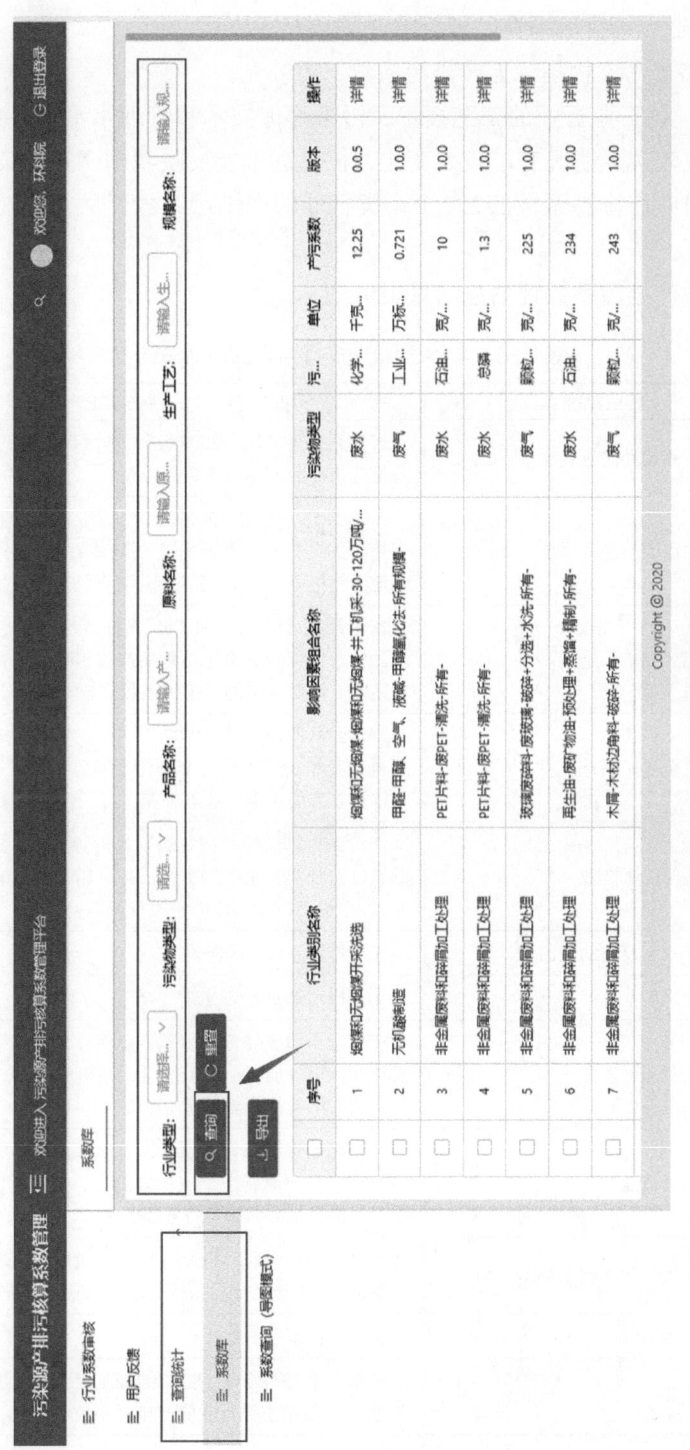

图 8-15　系数查询功能截图

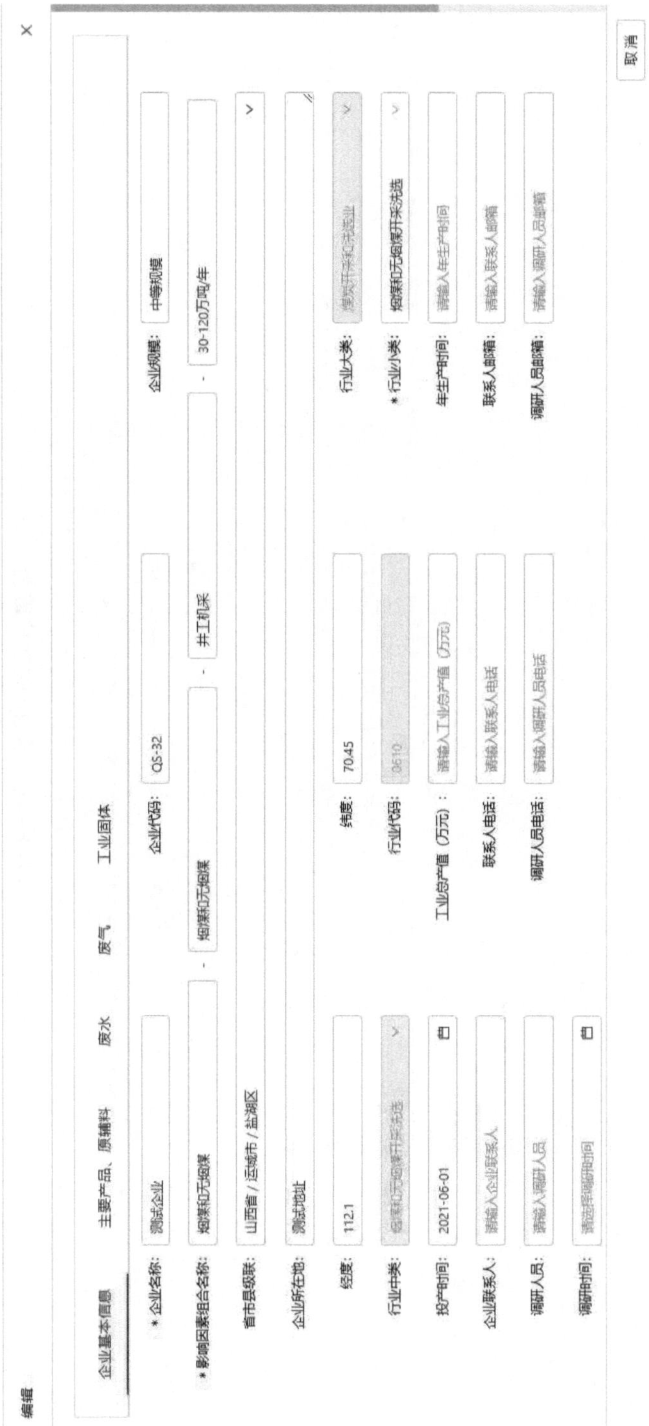

编辑

企业基本信息　主要产品、原辅料　废水　废气　工业固体

*企业名称：测试企业　企业代码：QS-32　企业规模：中等规模

*影响因素组合名称：烟煤和无烟煤 - 烟煤和无烟煤 - 井工机采 - 30-120万吨/年

省市县级联：山西省 / 运城市 / 盐湖区

企业所在地：测试地址

经度：112.1　纬度：70.45　行业大类：煤炭开采和洗选业

行业中类：烟煤和无烟煤开采洗选　行业代码：0610　*行业小类：烟煤和无烟煤开采洗选

投产时间：2021-06-01　工业总产值（万元）：请输入工业总产值（万元）　年生产时间：请输入年生产时间

企业联系人：请输入企业联系人　联系人电话：请输入联系人电话　联系人邮箱：请输入联系人邮箱

调研人员：请输入调研人员　调研人员电话：请输入调研人员电话　调研人员邮箱：请输入调研人员邮箱

调研时间：请选择调研时间

取消

图8-16　样本数据收集表格

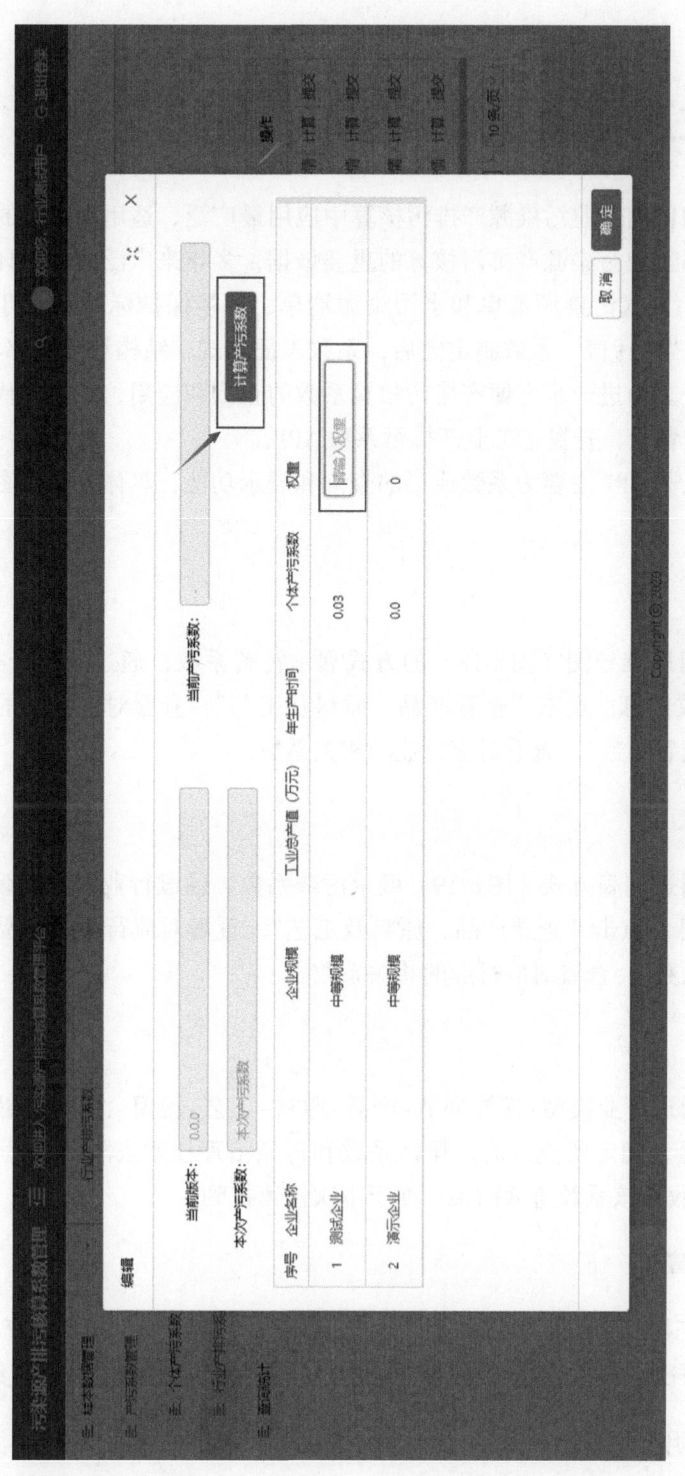

图8-17　行业产排污系数计算界面

现对系数制定成果的审核和反馈，确保系数制定方法统一，经多层审核保障系数质量。

8.3 工业产排污系数APP

系数法是我国目前工业污染源产排污核算中应用最广泛、适用性最强的算法。产排污核算系数是支撑工业污染源产排污核算的重要依据，多年来广泛应用于环境统计、排污许可、环境税、大气污染源清单和水污染源清单、环境保护标准制修订等一系列环境管理工作当中。“二污普”系数制定之后，系数表征形式、结构和数量都与“一污普”有较大变化和提升。为进一步方便产排污核算系数的查询和应用，结合现代互联网、移动终端应用广泛的背景，开发了工业产排污系数APP。

工业产排污系数APP主要为系数成果的查询和展示功能，具体包括导图展示和列表展示两类。

（1）导图展示

功能介绍：用思维导图（图8-18）的方式展示污普系数，通过行业分类逐级关联，显示具体行业系数信息，点击“查看产品、原料及工艺”，查看对应行业的产品、原料及工艺；点击“查看系数”，查看对应行业的相关系数。

（2）列表展示

功能介绍：通过列表方式（图8-19）展示污普系数，通过行业分类逐级关联，显示具体行业系数信息，点击“查看产品、原料及工艺”，查看对应行业的产品、原料及工艺；点击“查看系数”，查看对应行业的相关系数。

（3）系数查询

功能介绍：通过行业类型-核算环节-产品-原料-工艺-规模-污染物类别-治理技术等信息，逐级选择，确定所查询的产排污系数和污染治理技术去除率信息，见图8-20。点击“收藏”，可收藏该系数查询结果，便于下次快速找到。

（4）产排污量核算

查询到具体产排污系数后，点击“计算”，展示计算界面，通过输入产品产量以及相关参数数值，再次点击“计算”，计算污染物产生量和污染物排放量（图8-21）。

（5）系数使用说明展示

在主界面点击“系数使用说明”，可查询到所有小类行业的系数使用说明（图8-22）。

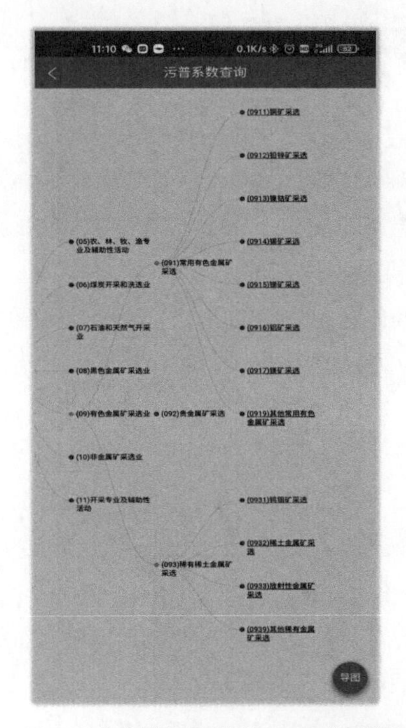

图8-18　工业产排污系数APP思维导图展示

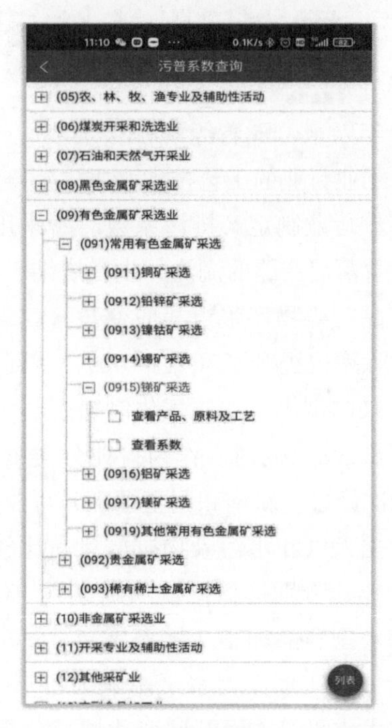

图8-19　工业产排污系数APP列表展示

图8-20　产排污系数查询APP展示

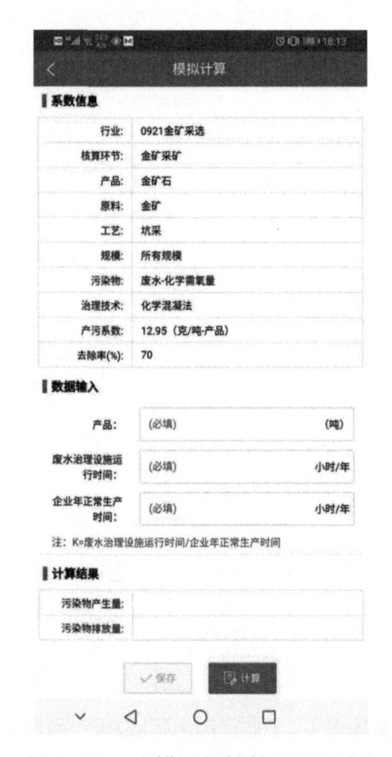

图8-21　产排污量核算APP展示

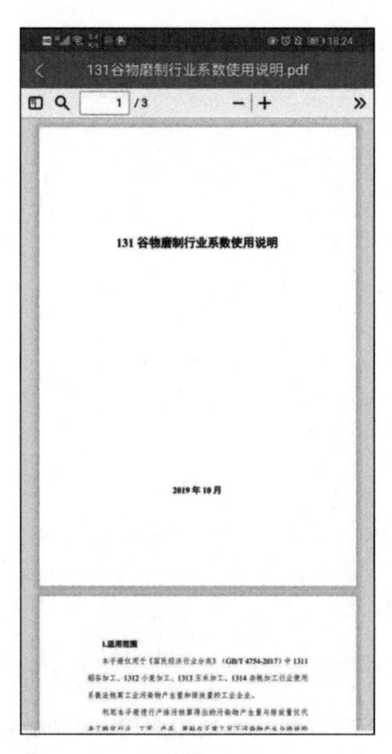

图8-22　系数使用说明APP展示

8.4　信息化平台开发的前景

产排污核算系数作为核算依据，广泛应用于排污许可、环境统计、环境税、排放清单等诸多方面。建立工业污染源产排污系数信息平台，实现用于系数制定的样本数据的不断扩充和更新，对系数核算结果不断优化验证。同时对系统收集系数在应用中存在的问题，进行及时评估，明确下一步系数更新完善的方向，实现系数应用-反馈-后评估-系列持续改进动态更新机制，为系数的更新完善，更好地精准治污，生态环境保护系统化、科学化、法治化、精细化、信息化提供持续性数据支撑。

随着系数应用领域的逐渐扩大，产排污系数信息平台会逐步建立与各个现行环境管理平台的衔接，如环境统计、排污许可等信息管理平台，将系数数据库直接与应用方的信息平台搭建链接，实现系数的同步更新和快速应用，支撑相关管理业务对工业污染源企业产排污量的准确核算和精准管控。

此外，基于工业污染源产排污系数的深度开发应用，该系数可实现支撑企业生产过程、污染物产排过程的动态模拟，以及对产排污量的精准预测；协助企业设计模拟生产要素等条件的改变对产排污量结果的影响。在行业层面，可利用典型工艺条件的产污系数对污染物当年产生排放情况进行预测判断，并结合治理技术改进升级，评估行业、区域污染物减排潜力。也可在区域、流域层面建立工业污染源排放清单，基于产排污水平进行污染物管控情景模拟预测等，为环境管理提供直接技术支撑，为精准治污提供重要保障。

参考文献

[1] 董广霞，周冏，王军霞，等.工业污染源核算方法探讨[J].环境保护，2013,41(12): 57-59.

[2] 余蕾蕾，李翠莲.环评污染源核算中的产排污系数法应用[J].资源节约与环保，2019(3): 22.

[3] 顾晋饴，张俊，王俊杰，等.江苏省光伏电池行业污泥产排污特征[J].环境工程技术学报，2018,8(3): 343-348.

[4] BERNAL M F,OYARZÚN J,OYARZÚN R.On the indiscriminate use of imported emission factors in environmental impact assessment:A case study in Chile[J].Environmental Impact Assessment Review, 2017, 64: 123-130.

[5] WANG K,TIAN H Z,HUA S B,et al.A comprehensive emission inventory of multiple air pollutants from iron and steel industry in China:Temporal trends and spatial variation characteristics[J].Science of the Total Environment, 2016, 559: 7-14.

[6] TIAN H Z,WANG Y,XUE Z G,et al.Atmospheric emissions estimation of Hg,As,and Se from coal-fired power plants in China, 2007[J]. Science of the Total Environment, 2011, 409(16): 3078-3081.

[7] HASANBEIGI A,MORROW W,SATHAYE J,et al.A bottom-up model to estimate the energy efficiency improvement and CO_2 emission reduction potentials in the Chinese iron and steel industry[J].Energy, 2013, 50: 315-325.

[8] KARADEMIR A.Evaluation of the potential air pollution from fuel combustion in industrial boilers in Kocaeli, Turkey[J]. Fuel, 2006, 85(12/13): 1894-1903.

[9] 冯喆，高江波，马国霞，等.区域尺度环境污染实物量核算体系设计与应用[J].资源科学，2015, 37(9): 1700-1708.

[10] 生态环境部，国家统计局，农业农村部.关于发布《第二次全国污染源普查公报》的公告[A/OL].(2020-06-08).http://www.gov.cn/xinwen/2020-06/10/content_5518391.htm.

[11] 乔琦，白璐，刘丹丹，等. 我国工业污染源产排污核算系数法发展历程及研究进展[J]. 环境科学研究，2020, 33(8): 1783-1794.

[12] 方世源，刘鹰，王孝霖，等. 航天发射设备标准化编码体系设计[J].航空标准化与质量，2020(6): 25-28.

[13] CHENG Z D,HE Y L,CUI F Q.A new modelling method and unified code with MCRT for concentrating solar collectors and its applications[J].Applied Energy, 2013, 101: 686-698.

[14] EPSTEIN S.An extended coding theorem with application to quantum complexities[J].Information and Computation, 2020, 275: 104660.

[15] FURUKAWA S,UCHINO E,AZETSU T,et al.Application of subspace method and sparse coding to tissue characterization of coronary plaque for high-speed classification[J].Procedia Computer Science, 2015, 60: 564-572.

[16] WANG J J,CHEN P,ZHENG N N,et al.Associations between MSE and SSIM as cost functions in linear

decomposition with application to bit allocation for sparse coding[J]. Neurocomputing, 2021, 422: 139-149.

[17] 张学雷，袁步先，刘定.污染源编码研究[C]//2012中国环境科学学会学术年会论文集. 南宁，2012:532-536.

[18] 环境保护部. 排污单位编码规则：HJ 608—2017[S]. 北京：中国环境科学出版社，2018.

[19] 环境保护部. 关于开展火电、造纸行业和京津冀试点城市高架源排污许可证管理工作的通知[A/OL]. (2016-12-27). http://www.mee.gov.cn/gkml/hbb/bwj/201701/t20170105_394016.htm.

[20] 刘定，魏斌，李石头. 基于统一社会信用代码的污染源企业标识研究[J]. 环境保护，2016,44(19): 45-50.

[21] 蔡国祯，何心怡. 一种解决污染源基础信息数据关联的方案[J]. 天津科技，2019, 46(3): 41-43.

[22] CAI G Z,HE X Y.A solution to data association of pollution source basic information[J].Tianjin Science & Technology, 2019, 46(3): 41-43.

[23] 袁步先，刘定，张学雷. 基于组织机构代码的污染源标识研究[J]. 环境监控与预警，2015, 7(2): 8-12.

[24] 邹世英，潘鹏，刘大钧，等. 国家排污许可管理信息平台若干思考[J]. 环境影响评价，2018, 40(01): 10-14.

[25] 宋佳，苗茹，赵晓宏，等. 面向全过程管理的污染源编码体系研究[J]. 环境科学与技术，2015, 38(增刊1): 474-480, 507.

[26] 宋佳，苗茹，赵晓宏，等. 污染源条码体系及条码制管理探讨[J]. 中国人口・资源与环境，2014, 24(增刊2): 183-187.

[27] 白璐，乔琦，张玥，等.工业污染源产排污核算模型及参数量化方法研究[J/OL].环境科学研究，2021, 9(34): 2273-2284.

[28] 国家质量监督检验检疫总局，中国国家标准化管理委员会.国民经济行业分类：GB/T 4754—2017[S]. 北京：中国标准出版社，2017.

[29] 环境保护部. 大气污染物名称代码：HJ 524—2009[S]. 北京：中国环境科学出版社，2010.

[30] 环境保护部. 水污染物名称代码：HJ 525—2009[S]. 北京：中国环境科学出版社，2010.

[31] 易锟. 污染源编码规则研究[J]. 科技资讯，2012(23): 148.

第9章 我国工业化进程与产排污水平评估

- 概况
- 重点行业十年间产排污水平变化分析

9.1 概况

9.1.1 伴随工业化进程发展的产排污系数

随着对工业生产的不断深入了解和掌握，产排污系数制定的方法也在持续优化。以工业化发展阶段性变化特征为视角，骆祖春等提出根据人均GDP来划分工业化的发展阶段，将中国经济划分为前工业化以前的阶段（1949～1979年）、前工业化阶段（1980～1988年）、初期的工业化阶段（1989～1996年）、中期的工业化阶段（1997～2005年）、后期的工业化阶段（2006年至今）。而“1996版”“2007版”“2017版”三版产排污系数的制定时间与中期及后期工业化阶段的划分节点吻合，分别代表了不同阶段工业污染源的产排污水平。总体来看，三版产排污系数制定的思路，综合考虑了工业行业主要产品及工艺技术路线、生产规模的变化等情况对主要污染物的产排污水平、清洁生产水平和末端治理技术水平的影响；三版产排污系数之间的差异，在很大程度上代表了不同时期我国工业生产工艺技术水平、产品结构及污染治理水平的变化。

9.1.1.1 “1996版”“2007版”与“2017版”系数的发展

1996年，国家环境保护局编写出版的“1996版”系数手册是我国首次大规模发布的系数成果，该系数手册初步确立了我国产排污系数体系的雏形，其成果包含工业污染源产排污系数、主要燃煤设备产排污系数，以及乡镇工业污染物排放系数，包含了48种产品的4 398个系数，涉及包括有色金属工业、轻工、电力、纺织、化工、钢铁和建材7个行业。2003年广东省环境保护局通过对全省第三产业的排污情况调查，开发了该省第三产业中9个大类行业主要水污染物的排污系数，江苏、浙江等省份也开展了类似的工作。

2006年10月，随着国务院下发《国务院关于开展第一次全国污染源普查的通知》，产排污系数才再一次得以系统化开发。产排污系数法是第一次全国污染源普查的重要核算方法之一，根据普查的范围和要求，产排污系数涵盖了工业源、生活源和集中式污染治理设施三大类的空气污染物、水污染物、固体废物共28种污染物指标，其中，工业源产排污系数是由中国环境科学研究院牵头，联合25家行业协会、科研单位、总公司、高校共同参与研究，开发了《国民经济行业分类》第二产业中（除建筑业）32个大类行业、264个小类行业共计9307个产污系数和12958个排污系数；生活源和集中式污染治理设施的产排污系数包括城镇居民生活源、住宿餐饮业、居民服务与其他服务业和医院4大类的产排污系数共计2397个，其中，污水处理厂污泥产排污系数135个、城镇生活垃圾集中式处理设施污染物产排污系数1064个、危险废物集中式处理设施污染物产排污系数328个。

2016年10月，国务院下发了《国务院关于开展第二次全国污染源普查的通知》，正式启动第二次全国污染源普查，普查对象包括工业污染源、农业污染源、生活污染源、集中式污染治理设施、移动源及其他产生排放污染物的设施。其中，产排污系数法仍作为工业污染源污染物排放量估算的主要方法之一。为满足普查需求设立的“第二次全国污染源普查工业污染源产排污核算”项目，由中国环境科学研究院承担，组织实施模式与“一污普”时类似，但在核算方法和技术路线方面进行了改进和提升。为了更加准确地体现及量化不同行业工业生产和治理现状对污染物产排污水平的影响，充分反映出工业行业的发展和污染治理水平的提升，“二污普”对已有的方法进行了优化和完善，开展了工业污染源产排污系数的制修订工作。此次修订覆盖42个大类、659个小类的工业行业，较“一污普”增加了395个小类行业。

以炼铁行业烧结工序为例，1996 ～ 2017年，炼铁行业烧结、球团和炼铁工段的主要产品、工艺路线和原料变化不大，但随着钢铁行业装备技术水平、节能环保水平、环境管理要求和水平的提升，主要工艺的产污、排污强度持续降低。

① 随着钢铁行业环境管理精细化程度的不断增加，三版产排污系数覆盖的产排污节点和信息量也逐渐增加。“1996版”烧结工序仅考虑了烟尘和二氧化硫的产排污系数。“2007版”产排污系数增加了工业废气量和氮氧化物，同时区分了烟、粉尘污染物。“2017版”产排污系数结合不断精细化的环境管理要求及与排污许可数据的一致性，从烧结机设备的主要产排污节点入手，将废气量及颗粒物的产排污系数细化为烧结机头/机尾/一般排放口3个节点的数据，并明确二氧化硫和氮氧化物的主要产排污节点来自烧结机头。在治理技术和排放水平方面，以烧结工序二氧化硫的治理为例，“1996版”系数制定时期，烧结工序主要管控的污染物以烟尘为主，二氧化硫多直排；“2007版”时期，二氧化硫主要的治理技术为干法或湿法脱硫，去除率为40% ～ 60%；“2017版”时期，主要脱硫技术扩充至5种，处理效率在85% ～ 90%之间，治理技术种类和去除率均有所提升。

② 在生产规模方面，“1996版”系数依据当时的钢铁行业生产状况来对规模进行划分。2007 ～ 2017年，我国钢铁行业在工业增长方式和产业升级等方面取得了巨大的成绩，在“2017版”与“2007版”系数中也得到充分体现，如在“淘汰90m^2以下的烧结机，限制发展180m^2以下的烧结机”等产业政策的引导下，生产烧结矿的带式烧结机面积分别由“一污普”的＜50m^2、50 ～ 180m^2和≥180m^2三个区间的划分升级为≤180m^2、180 ～ 360m^2和≥360m^2三个区间。

③ 在系数的表达方式上也有部分改变，如“2017版”烧结和球团工段的二氧化硫产污系数计算改变了以往使用的区间法，改进为函数法，提高了污染物核算结果的准确性。

表9-1列出了目前国内主要的三版系数的对比。根据表9-1可知，三版系数在覆盖范围、系数制定的方法、排放量的核算方法上均有所不同。

表9-1 “1996版”“2007”版和“2017版”三版产排污系数对比

类别	研究对象	覆盖范围	系数个数	主要污染物指标		系数表达		系数制定		排放量计算方法	样本企业数据时段
				废气污染物	废水污染物	产污影响因素	排污影响因素	数据获取方法	数据处理方法		
“1996版”	重点工业行业	有色金属、轻工、电力、纺织、化工、钢铁、建材	48种产品、90种生产工艺的4398个系数	二氧化硫、烟尘、一氧化碳、氨、尿素、硫酸雾、氮氧化物、废气量	废水量、化学需氧量、生化需氧量、五日生化需氧量、悬浮物、硫化物、总铬、氰化物、挥发酚、油、氨氮、COD_{Cr}、铜、铅、锌、镉、砷、油、氟化物、五氧化二磷、硫化氢、酚、氰	产品、生产工艺(含原料)、生产规模、装备技术水平	末端治理技术	实测、物料衡算、普查数	均值	排放量=活动水平×排放系数	1989～1992年
“一污普”(2007版)	主要工业行业	《国民经济行业分类》(GB/T 4754—2002)中32个大类行业、264个小类行业	1349种原料、1031种工艺的9307个产污系数，12958个排放系数①	二氧化硫、烟尘、工业粉尘、氮氧化物、氟化物、工业废气量	化学需氧量、氨氮、总氮、总磷、五日生化需氧量、石油类、挥发酚、氰化物、汞、镉、铅、铬、砷、工业废水量	产品、工艺、原料、规模	末端治理技术	实测、物料衡算、历史数据	加权平均	排放量=活动水平×排放系数	2005～2008年
“二污普”(2017版)	全部工业行业	《国民经济行业分类》(GB/T 4754—2017)中41个大类行业，657个小类行业，以及05农、林、牧、渔专业及辅助性活动的2个小类行业	1300种主要产品、1589种原料、1528个工艺的31327个废水和废气污染物的产污系数，以及101587种末端治理技术去除率②	二氧化硫、氮氧化物、颗粒物、挥发性有机物、氨、汞、镉、铅、铬、砷、工业废气量	化学需氧量、氨氮、总氮、总磷、石油类、挥发酚、氰化物、汞、镉、铅、铬、砷、工业废水量	工段、产品、工艺、原料、规模	末端治理技术、末端治理设施运行率	实测、物料衡算、历史数据、实验/模型模拟	加权平均、中位数	排放量=产生量−去除量=活动水平×产污系数×(1−末端治理技术去除率×末端治理设施运行率)	2015～2018年

① 表示“一污普”统计结果包含固体废物的系数。

② 表示“二污普”统计结果未包含固体废物的系数。

9.1.1.2 系数制定的方法

（1）“1996版”系数制定方法

“1996版”系数手册中首次提出产排污系数的概念，并由此建立了产排污量核算体系的雏形。在系数制定的样本数据采集上，实测数据、物料衡算数据和调查数据等均作为样本数据的来源，通过计算样本企业个体化的产污系数（原始产污系数），再对其进行归类汇总和加权平均获得个体产污系数（特定产品在特定工艺/原料、规模、设备技术水平及正常管理水平条件下的产污系数），最后通过对不同技术水平、规模、工艺的逐次加权平均，得到一次、二次和三次产污系数（也称为“综合产污系数”）（图9-1），可满足不同活动水平下的排放量计算需求。在精度上，加权次数增加，产污系数的概括性升高，准确度下降。

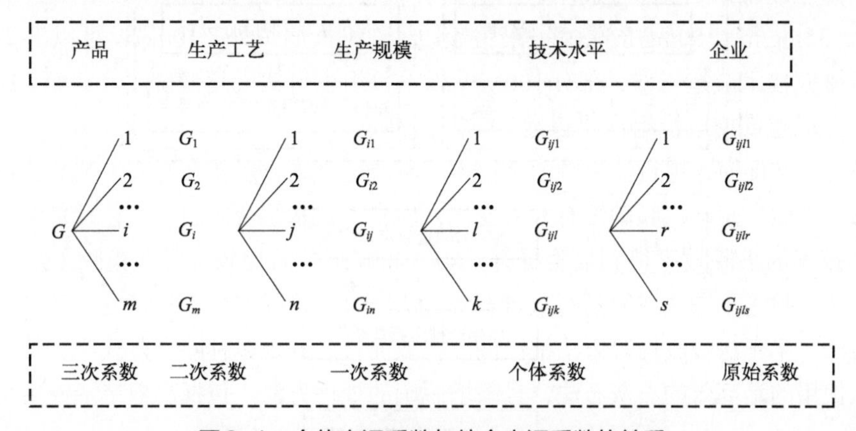

图9-1　个体产污系数与综合产污系数的关系

假设某产品生产有m种生产工艺（包括不同的原料路线），第i种$(i=1,2,\cdots,m)$生产工艺有n种(一般$n \leqslant 3$)规模，第j种$(j=1,2,\cdots,n)$生产规模有k种生产技术，而第$l(l=1,2,\cdots,k)$种生产技术水平下有s个实测或调查的企业单位，则从s个企业中求得某一污染物的s个原始产污系数,个体产污系数G_{ijl}就是该s个原始系数的平均值，一次、二次和三次产污系数依此类推求得（图9-1）。

在污染物产生水平的影响因素识别中，“1996版”系数手册中将技术水平和工艺区分对待，并将不同原料的差异这一影响因素隐含在工艺中，即产污系数的基本影响因素为产品、生产工艺、生产规模和技术水平。

（2）“2007版”系数制定方法

随着改革开放进程的加快，我国制造业不断发展壮大，轻、重工业同步发展，1996～2007年，制造业门类、产品数量和种类及工艺技术的类别快速增长，在系数制定的研究过程中发现部分行业，如火电、锅炉等行业的污染物产生和排放的量和质与原料（燃料）具有明显的相关性。在“1996版”系数基础上，“2007版”系数中将产污水平的主要影响因素确定为产品、工艺、原料、规模，明确提出将原料作为主要影响因素之一，同时将工艺和技术水平合并考虑。工业污染源产排污系数核算中，首先要针对具体的工业行业（小类行业），研究产污系数和排污系数的影响因子及其组合。对于所确定的小类行业的主要影响因子组合，开展产排污系数的核算工作（图9-2），具体包括原始产排污系数和个体产排污系数的核算。

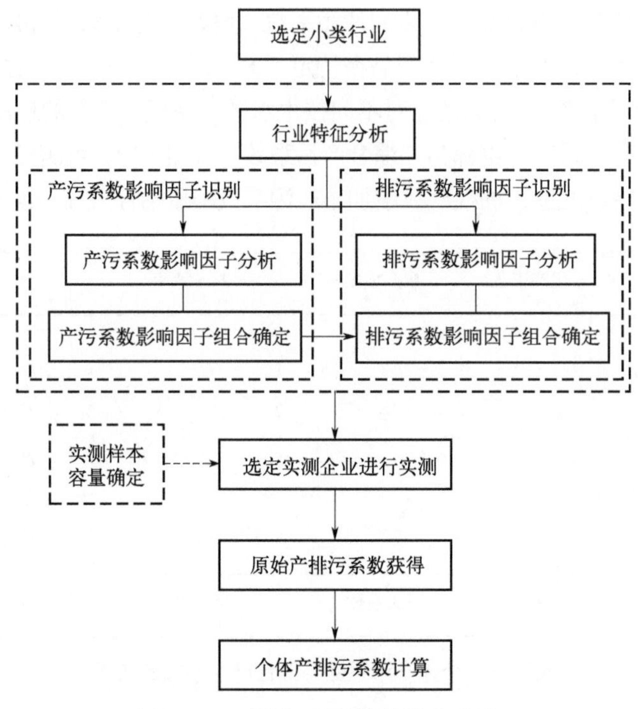

图9-2　产排污系数核算技术路线

(3)“2017版”系数制定方法

当前我国工业生产活动越来越多地体现出区域分工和专业化生产的趋势，细化的、符合企业实际生产情况的产污系数体系需求日益凸显。许耕野等指出，产污系数与产排污环节不对应导致其应用存在局限性以及偏差，其“四同组合”模式对离散型生产不适用（“四同”即“原料”“产品”“规模”“工艺”4个因素的组合条件相同）。“2017版”系数之前，多数行业在系数制定时对影响因素中“工艺”的识别筛选中，以企业整个生产流程的代表性工艺为主，而实际生产中某些企业只存在部分工序独立运行的情况也十分普遍。以1713棉印染加工行业为例，生产棉制品的主要工艺流程一般为“前处理-印染/印花-后整理”，“2007版”系数中与之对应的仅有工艺为“前处理-印染-后整理”的产排污系数，但随着区域分工形式的变化，逐渐出现了专门从事前处理或染色的企业，特别是在纺织行业集中度较高的江浙地区。为了适应这种生产分工方式的转变，“2017版”系数将该全流程工艺划分为“前处理”“染色”“印花”“整理”等工段，并分别给出各产排污环节的系数。

针对上述情况，“2017版”系数在制定时充分考虑企业实际生产与工艺流程之间的关系多样且复杂的情况，同时针对我国工业生产活动区域分工和专业化生产现状，提出并建立了基于物质代谢规律的工业生产分类方法。按照生产过程的加工方式，将工业行业划分为流程型行业及离散型行业两大类，创建了产污工段划分原则与方法，形成“长流程工艺可拆分为若干核算环节，若干短流程核算环节可组合为长流程工艺”的核算方法，以适应企业实际生产情况，提升系数法核算的适用性。其中，流程型工业行业是指企业通过对原材料采用物理或化学方法使原材料增值，采用批量或连续的方式进行生产的行业；典型的流程型生产行业有医药、化工、石油化工、电力、钢铁等。离散型工业行业是指企业生产的产品由多个零件装配组合而成，生产过程主要发生物料物理性质（形状、组合）变化的行业；典型的离散型制造行业有机械加工业、家具生产业、电子元器件制造业、汽车制造业、家用电器制造业、医疗设备制造业、玩具生产业等。

在产污系数的影响因素方面，“2017版”系数确定的影响因素为工段、产品、工艺、原料、规模。具体的系数制定方法详见“第3章　工业生产特征与污染物产生排放规律”。

9.1.1.3　排放量计算方法

“1996版”和“2007版”均是直接采用排放系数与活动水平相乘计算得到污染物排放量，影响排放系数的主要因素为末端治理技术的水平。20世纪90年代初期，我国工业污染防治水平较低，末端治理技术较为单一，重点控制的污染物较少（主要以烟粉尘、化学需氧量等为主）。“1996版”系数只将实际生产中采用较多且处理效果好、能达标排放的治理技术进行了综合考虑（加权平均），但未给出不同治理技术的排放系数，也即排放系数具有唯一性。

21世纪初，污染物的控制进一步强化，二氧化硫、氮氧化物等列入重点控制污染物。随着国家环保投入的增加，环保产业的兴起和对污染机理认识的深入，新的污染治理技术和已有污染治理技术的持续完善，有效地提升了污染治理水平。“2007版”系数在“1996版”系数的基础上进行了完善，充分筛选和分析了“一污普”时期典型的污染治理技术，按照不同污染治理技术确定了相应的排放系数。但“1996版”和“2007版”中排污系数在使用时仍面临一些局限，例如由于排污系数的确定是通过所有样本企业采用同一种（或类似）治理技术效率的平均值，难以体现出不同企业间治理过程的个体差异。此外，由于“2007版”系数中部分行业排污系数制定时是按照污染治理措施常年稳定运行的理想状态核算的，缺少系数现场核查，核算结果与实际情况会产生偏离。

针对上述问题，为了最大程度上体现不同企业相同（类似）污染治理设施的实际状况，“2017版”系数中对污染物排放量的核算技术路线进行了优化：一是从污染物的代谢规律来看，污染物的最终排放经历了从产生到去除（或产生后直接排放）的过程，明确了污染物排放量是产生量与去除量两个变量的差值；二是考虑到污染物去除量同时受末端治理技术及治理设施运行状态的影响，明确了去除量为产生量与污染治理技术平均去除效率及治理设施实际运行率的乘积。

9.1.1.4 覆盖范围及污染物指标

“1996版”系数局限于7个行业；“2007版”系数基于GB/T 4754—2011《国民经济行业分类》，系数覆盖了41个工业行业中32个行业，覆盖度为78%；“2017版”系数基于《国民经济行业分类》(GB/T 4754—2017)，系数全部覆盖41个工业行业（大类覆盖度为100%，小类覆盖度为99%），且包含了与工业生产特征相似的部分生产过程（如农产品初加工中的粮食烘干、毛茶加工等）。

污染物指标方面，“2017版”系数中废气污染物指标增加了汞、铬、镉、铅、砷5种重金属以及氨和挥发性有机物。

9.1.2 产排污水平评估

对“2007版”产排污系数成果进行分析评价：一方面能为“2017版”产排污系数的制定明确修订或补充的重点方向；另一方面通过适用性评价，也能梳理出部分仍能沿用的系数组合，极大地提升系数制定的效率。评价的内容主要围绕国民经济行业覆盖全面性、污染物指标完整性、产排污系数合理性等几个方面展开，在对各工业行业的产品、原料、生产工艺、生产规模、污染物指标、污染治理技术等因素开展系统评估的基础上，判断各行业产排污系数关键要素是否全面，评估已有系数体系在本行业的适用性，评价已有系数体系的准确性，确定已有产排污系数是否需要修订或补充。

9.1.2.1 行业覆盖度

系数应当能基本实现行业、产品全覆盖。国家统计局于2017年6月30日发布了《国民经济行业分类》(GB/T 4754—2017)，相较之前执行的2011版分类标准，行业分类有较大的变动。特别是相关的标准解释于2018年10月才发布。在之前的产污系数核算中，存在着一定的产品归类的误区和盲区，因此，在“2017版”系数制定过程中尽最大的可能进行调整，做到产品分类与行业保持一致。

部分行业，如天然橡胶、粮食初加工、鲜花加工、精制茶等，在国民经济行业分类中不属于工业污染源核算范围，但加工过程与工业生产类似，需要补充产污系数；同时在普查过程中发现一些新产品、新工艺，需要补充产污系数及产排污量核算方法。

“2007版”系数制定依据的是《国民经济行业分类》(GB/T 4754—2002)。其后，国家先后两次对《国民经济行业分类》进行了修订，变化很大。目前，《国民经济行业分类》(GB/T 4754—2017) 共有666个小类行业（工业行业），相比2002年版《国民经济行业分类》:

① 新增小类行业205个，占比30.78%。

② 内容变更小类行业100个，占比15.02%。

③ 分类无变化小类行业361个，占比54.20%。

“2007版”工业源产排污系数共包括32个大类行业、264个小类行业、1349种原料、

1031种工艺的9307个产污系数。《第一次全国污染源普查工业污染源产排污系数手册》中对41个大类行业和461个小类行业（包括100个内容变更的小类行业、361个内容基本无变化的小类行业）的产排污系数缺失情况进行梳理。

梳理结果如下：

① 41个大类行业中，9个大类行业（含84个小类行业）未制定产污系数。

② 205个新增小类行业无产排污系数。

③ 461个小类行业中，234个小类行业无产排污系数。

④ 666个小类行业中，共计439个小类行业无产排污系数，核算方法缺失。

9.1.2.2 污染物指标完整性

系数制定坚持覆盖企业排污活动全流程、全工艺、全污染指标的原则。对化工等下游产品种类繁多的行业，核算方法无论按产品还是按工艺归类都存在着污染物排放指标不一、产品类型难以归类等问题。做到对企业排污活动全流程、全工艺、全污染指标的产污系数制定，科学合理地反映各产品工艺特征、污染特点难度较大。

根据国务院《第二次全国污染源普查方案》，工业污染源的普查内容包括：

① 废水污染物：化学需氧量、氨氮、总氮、总磷、石油类、挥发酚、氰化物、汞、镉、铅、铬、砷。

② 废气污染物：二氧化硫、氮氧化物、颗粒物、挥发性有机物、氨、汞、镉、铅、铬、砷。

③ 工业固体废物：一般工业固体废物和危险废物的产生、贮存、处置和综合利用情况。

全国污染源普查的逻辑思路已从“2007版”的总量控制，转变到“2017版”的重点关注环境质量改善。与“2007版”相比，“2017版”核算的污染物指标变化较大，新增了气态氨、VOCs、汞、镉、铅、砷、铬等指标，新增污染物指标的产排污系数缺失，如表9-2所列。

表9-2 污染物指标变动情况

污染物种类	编号	“2017版”	“2007版”
大气污染物指标	1	二氧化硫	二氧化硫
	2	颗粒物	烟尘
	3		工业粉尘
	4	工业废气量	工业废气量
	5	氮氧化物	氮氧化物
	6		氟化物
	7	NH_3	—
	8	VOCs	—
	9	汞	—
	10	镉	—
	11	铅	—

续表

污染物种类	编号	“2017版”	“2007版”
大气污染物指标	12	砷	—
	13	铬	—
水污染物指标	1	化学需氧量	化学需氧量
	2	总磷	总磷
	3	总氮	总氮
	4		五日生化需氧量
	5	氨氮	氨氮
	6	石油类	石油类
	7	汞	汞
	8	镉	镉
	9	铬	铬
	10	铅	铅
	11	砷	砷
	12	氰化物	氰化物
	13	挥发酚	挥发酚
	14	工业废水量	工业废水量
固体废物	1	一般工业固体废物	一般工业固体废物
	2	危险废物	危险废物

9.1.2.3 产排污系数及组合合理性分析

近十年来，各工业行业的生产规模、工艺技术、污染治理技术和管理水平均得到了较大提升，已有产排污系数及组合条件相应有了很大变化，需对已有产排污系数及组合的合理性进行分析和评估。

（1）行业分类方法

工业行业具有行业类别众多、工艺种类多样、生产规模不一、污染因子各异、产排节点繁杂等特点，根据最新国民经济行业分类，仅小类行业就有666个。为了对系数的评价做到全面覆盖、重点突出，将41个大类行业按照重点、非重点以及系数缺失三种情况进行了分类。

1）重点行业

对国家环境保护气、水、土三大行动计划重点关注、污染排放占比较大、污染物排放特征具代表性、环境危害程度相对较重、社会关注度较高的行业进行全面梳理和筛选。

选取重点行业时主要考虑以下几个因素：

① 国家环境保护气、水、土三大行动计划重点关注的行业。

国民经济41个工业行业中涉及的污染种类不同，各行业对环境的影响特征不一样。

a.《大气污染防治行动计划》重点对石化、有机化工、表面涂装、包装印刷等行业实施挥发性有机物综合整治，对火电、钢铁、石油炼制、有色金属冶炼、燃煤锅炉、水泥、工业窑炉等重点行业进行脱硫、脱硝、除尘改造。

b.《水污染防治行动计划》中要求对造纸、焦化、氮肥、有色金属、印染、农副食品加工、原料药制造、制革、农药、电镀等行业进行专项治理。

c.《土壤污染防治行动计划》中要求对有色金属矿采选、有色金属冶炼、石油开采、石油加工、化工、焦化、电镀、制革等行业加强监管。

② 污染物排放量相对较大、环境危害程度相对较重、社会关注度较高的行业。

据《2021年环境统计年报》统计，按《国民经济行业分类》（GB/T 4754—2017）调查统计的42个工业行业中：

a. 二氧化硫排放量位于前3位的工业行业依次为电力、热力生产和供应业，黑色金属冶炼和压延加工业，非金属矿物制品业。3个行业共排放二氧化硫149.5万吨，占重点调查工业企业二氧化硫排放总量的71.3%。

b. 氮氧化物排放量位于前3位的工业行业依次为电力、热力生产和供应业，非金属矿物制品业，黑色金属冶炼和压延加工业。3个行业共排放氮氧化物303.0万吨，占重点调查工业企业氮氧化物排放总量的82.1%。

c. 颗粒物排放量位于前3位的工业行业依次为煤炭开采和洗选业、非金属矿物制品业、黑色金属冶炼和压延加工业。3个行业的颗粒物排放量合计为211.9万吨，占全国工业源颗粒物排放总量的65.2%。

d. COD排放量位于前4位的行业依次为纺织业、造纸和纸制品业、化学原料和化学制品制造业、农副食品加工业。4个行业的排放量合计为20.5万吨，占全国工业源重点调查企业化学需氧量排放总量的54.4%。

e. 氨氮排放量位于前4位的行业依次为化学原料和化学制品制造业、农副食品加工业、造纸和纸制品业、纺织业。4个行业的排放量合计为0.7万吨，占全国工业源重点调查企业氨氮排放总量的49.3%。

f. 总氮排放量排名前4位的行业依次为化学原料和化学制品制造业，纺织业，农副食品加工业，计算机、通信和其他电子设备制造业。4个行业的排放量合计为4.1万吨，占全国工业源重点调查企业总氮排放总量的51.0%。

g. 总磷排放量排名前4位的行业依次为农副食品加工业、化学原料和化学制品制造业、纺织业、食品制造业。4个行业的排放量合计为0.115万吨，占全国工业源重点调查企业总磷排放总量的56.3%。

因此，从工业行业现有41个大类行业中筛选出22造纸和纸制品业，44电力、热力生产和供应业，31黑色金属冶炼和压延加工业，30非金属矿物制品业，25石油、煤炭及其他燃料加工业，32有色金属冶炼和压延加工业，27医药制造业，26化学原料和化学制品制造业，19皮革、毛皮、羽毛及其制品和制鞋业，13农副食品加工业，17纺织业，18纺织服装、服饰业等12个大类行业为重点行业。

筛选出的12个重点行业具有以下特点：

① 均为《水污染防治行动计划》（简称“水十条”）、《大气污染防治行动计划》（简称“气十条”）的重点管理行业，以及重金属污染综合防治的重点行业。

② 多为流程型行业，污染物产生量和排放量相对较大、环境危害程度高、社会关注度较高，如钢铁、有色金属、石化、制药、电力等行业。

③ 均为污染物产生量和排放量行业排名比较靠前的行业，且12个行业的污染物产生量和总排放量占重点调查工业企业污染物排放总量的80%以上。

2）非重点行业

① 三大行动计划非重点关注行业。

② 非重点行业多为离散型行业，离散型生产主要发生物料物理性质（形状、组合）的变化，污染产生量相对较少，如机械加工、家具生产、电子元器件制造、汽车制造等行业。

③ 非重点行业均为污染物产生量和排放量行业排名比较靠后的行业，且行业污染物产生量和总排放量占重点调查工业企业污染物排放总量的20%以下。

非重点行业包括：6煤炭开采和洗选业，7石油和天然气开采业，8黑色金属矿采选业，9有色金属矿采选业，10非金属矿采选业，14食品制造业，15酒、饮料和精制茶制造业，20木材加工和木、竹、藤、棕、草制品业，28化学纤维制造业，29橡胶和塑料制品业，33金属制品业，34通用设备制造业，35专用设备制造业，36汽车制造业，37铁路、船舶、航空航天和其他运输设备制造业，38电气机械和器材制造业，39计算机、通信和其他电子设备制造业，42废弃资源综合利用业，45燃气生产和供应业，46水的生产和供应业，共计20个行业。

3）系数缺失行业

除重点行业和非重点行业之外，剩余9个行业的“2007版”产排污系数缺失，包括：11开采专业及辅助性活动，12其他采矿业，16烟草制品业，21家具制造业，23印刷和记录媒介复制业，24文教、工美、体育和娱乐用品制造业，40仪器仪表制造业，41其他制造业，43金属制品、机械和设备修理业。

（2）行业产排污系数评估示例

以电镀行业为例，开展“2007版”产排污系数适用性评估。

① 行业覆盖全面性

与电镀行业相关的产排污系数主要包括第一次全国污染源普查所公布的“金属表面处理及热处理加工制造业产排污系数表”和为支撑电镀行业环保税征收所公布的“电镀工业废水产污系数表”，如表9-3和表9-4所列。

产品对象方面，现有产排污系数仅考虑了镀锌、镀铬、镀铜、镀镍四种产品。而我国目前常见的电镀产品除以上四种外，还有镀锡、镀银、镀金、镀钯等十几种常见镀种。

原料组成方面，现有产排污系数针对的结构材料均是钢铁工件，而现有常见结构材

表9-3　金属表面处理及热处理加工制造业产排污系数表

产品名称	原料名称	工艺名称	规模等级	污染物指标	单位	产污系数	末端治理技术名称	排污系数
镀锌件	结构材料：钢铁工件 工艺材料：镀锌电镀液及其添加剂，酸、碱液等	镀前处理-电镀-镀后处理	所有规模	工业废水量	t/m^2产品	0.76	物理+化学	0.76
				化学需氧量	g/m^2产品	281.95	物理+化学	109.7
				石油类	g/m^2产品	38.9	上浮分离	7.3
				六价铬	g/m^2产品	18.3	氧化还原法	0.37
				氰化物	g/m^2产品	19.4	氧化还原法	0.34
				工业废气量（工艺）	m^3/m^2产品	18.6	—	18.6
				HW17危险废物（表面处理废物）等	kg/m^2产品	0.278	—	—
镀铬件	结构材料：钢铁工件 工艺材料：镀铬电镀液（铬酐）及其添加剂，酸、碱液等	镀前处理-电镀-镀后处理	所有规模	工业废水量	t/m^2产品	0.92	物理+化学	0.92
				化学需氧量	g/m^2产品	338.95	物理+化学	134.3
				石油类	g/m^2产品	50.6	上浮分离	9.1
				六价铬	g/m^2产品	55.4	氧化还原法	0.41
				氰化物	g/m^2产品	23.7	氧化还原法	0.38
				工业废气量（工艺）	m^3/m^2产品	74.4	—	74.4
				HW17危险废物（表面处理废物）等	kg/m^2产品	0.278	—	—
其他镀种件（镀铜、镍等）	结构材料：钢铁工件 工艺材料：各种电镀液及其添加剂，酸、碱液等	镀前处理-电镀-镀后处理	所有规模	工业废水量	t/m^2产品	0.84	物理+化学	0.84
				化学需氧量	g/m^2产品	305.95	物理+化学	119.7
				石油类	g/m^2产品	43.6	上浮分离	8.1
				氰化物	g/m^2产品	20.2	氧化还原法	0.34
				工业废气量（工艺）	m^3/m^2产品	37.3	—	37.3
				HW17危险废物（表面处理废物）等	kg/m^2产品	0.278	—	—

续表

产品名称	原料名称	工艺名称	规模等级	污染物指标	单位	产污系数	末端治理技术名称	排污系数
阳极氧化件	结构材料：有色金属 工艺材料：氧化液，酸、碱液等	阳极氧化	所有规模	工业废水量	t/m^2产品	0.68	物理+化学	0.68
				化学需氧量	g/m^2产品	253.95	物理+化学	98.7
				石油类	g/m^2产品	35.6	上浮分离	6.7
				工业废气量（工艺）	m^3/m^2产品	18.6	—	18.6
				HW17危险废物（表面处理废物）等	kg/m^2产品	0.278	—	—
发蓝件	结构材料：钢铁工件 工艺材料：氧化液，酸、碱液等	发蓝	所有规模	工业废水量	t/m^2产品	0.61	物理+化学	0.61
				化学需氧量	g/m^2产品	228.95	物理+化学	87.7
				石油类	g/m^2产品	32.1	上浮分离	5.9
				工业废气量（工艺）	m^3/m^2产品	55.8	—	55.8
				HW17危险废物（表面处理废物）等	kg/m^2产品	0.139	—	—

表9-4　电镀工业废水产污系数表

产品名称	原料名称	工艺名称	规模等级	污染物指标	单位	产污系数
镀锌件	结构材料：钢铁工件 工艺材料：镀锌电镀液及其添加剂，酸、碱液等	镀前处理-电镀-镀后处理	所有规模	工业废水量	m^3/m^2产品	0.57
				化学需氧量	g/m^2产品	211.46
				六价铬	g/m^2产品	13.73
				锌离子	g/m^2产品	28.5
镀铬件	结构材料：钢铁工件 工艺材料：镀铬电镀液（铬酐）及其添加剂，酸、碱液等	镀前处理-电镀-镀后处理	所有规模	工业废水量	m^3/m^2产品	0.69
				化学需氧量	g/m^2产品	254.21
				六价铬	g/m^2产品	41.55
其他镀种件（镀铜、镍等）	结构材料：钢铁工件 工艺材料：各种电镀液及其添加剂，酸、碱液等	镀前处理-电镀-镀后处理	所有规模	工业废水量	m^3/m^2产品	0.63
				化学需氧量	g/m^2产品	229.46
				镍离子	g/m^2产品	电镀镍：63.0；化学镍：31.5
				镉离子	g/m^2产品	31.5
				铅离子	g/m^2产品	63.0
				银离子	g/m^2产品	31.5
				铜离子	g/m^2产品	酸性铜：63.0；焦磷酸铜：31.5
阳极氧化件	结构材料：有色金属 工艺材料：氧化液，酸、碱液等	阳极氧化	所有规模	工业废水量	m^3/m^2产品	0.51
				化学需氧量	g/m^2产品	190.46
发蓝件	结构材料：钢铁工件 工艺材料：氧化液，酸、碱液等	发蓝	所有规模	工业废水量	m^3/m^2产品	0.46
				化学需氧量	g/m^2产品	171.71

料还包括铜及铜合金、铝及铝合金、钛合金、塑料等。

电镀工艺方面，现有产排污系数是针对“前处理-电镀-后处理”整个电镀生产环节，实际上电镀前处理、电镀、后处理等不同环节产生的污染物种类和污染物量差异巨大。例如，前处理主要产生的污染物为酸碱废水、含油废水等，而清洗过程产生的废水主要包括重金属废水和含氰废水等。

现有产排污系数没有考虑企业规模和清洁生产水平对产排污系数的影响，另外我国各地电镀企业执行的排放标准也不一致。不同地区间排污情况差异巨大，需要有不同的排污系数。

因此，电镀行业现有产排污系数不能覆盖整个电镀行业污染物产生和排放情况。

② 现有系数的合理性

Ⅰ. 指标范围。“一污普”产排污系数指标：工业废水量、工业废气量、化学需氧量、石油类、六价铬、氰化物、HW17等危险废物。

电镀工业废水产污系数表产污指标：废水包括工业废水量、化学需氧量、六价铬、锌、镍、镉、铅、银、铜；废气包括颗粒物、氮氧化物、二氧化硫。

电镀行业已有的产排污系数不能覆盖行业大多数污染物：

“一污普”系数重金属指标仅有六价铬，缺乏锌、镍、铜、银等常见电镀金属的产排污系数。废气指标仅有工业废气总量，缺乏颗粒物、酸碱废气、含氰废气、铬酸废气等常见废气污染物的产排污系数。

“电镀工业废水产排污指标”仅有废水及废气中部分污染物的产污系数，缺乏固体废物指标，同时也缺乏排污系数。另外，废水污染物缺乏氰化物、总磷等常见污染物指标，废气污染物缺乏酸碱废气、含氰废气、铬酸废气等常见污染物指标。

Ⅱ. 现有指标的合理性。电镀行业现有的产排污系数均以2007年“一污普”取得的电镀行业产排污系数为基础。近十年来，我国先后公布了《清洁生产标准　电镀行业》《电镀污染物排放标准》《电镀污染防治最佳可行技术指南》《排污许可证申请与核发技术规范　电镀工业》等多项涉及电镀行业生产及污染治理的政策措施。随着这些政策措施的相继实施，我国电镀行业的产排污情况发生了巨大的变化。

《清洁生产标准　电镀行业》的实施，大幅度提高了电镀企业的清洁生产水平，清洗水和重金属物料的利用率都有了较大的提高，目前电镀企业的产污水平较十年前有了显著降低。《电镀污染物排放标准》《电镀污染防治最佳可行技术指南》等标准的相继颁布实施，对电镀行业污染物的治理水平提出了更高的要求，目前电镀企业的排污水平也比十年前有了大幅度的降低。另外，由于不同地区执行不同的排放标准，地区间的排污系数差异增大。另外，随着企业入园工作的推进，近年来全国共建设了近100个专业的电镀园区，园区内电镀废水统一处理，能保证电镀废水的达标排放，有效降低了污染物排放水平。

因此，第二次全国污染源普查电镀行业产排污系数核算对目前缺乏的污染物指标进行补充，对已有产排污系数进行修正。

具体电镀行业产排污系数的评估如表9-5所列。

表9-5 系数更新评估表

大类	中类	小类	类别名称	行业覆盖全面性（对比《国民经济行业分类》2002版）				产污系数的合理性		排污系数的合理性	
				新增类别	内容调整	无变化	有已有系数	建议更新/补充的指标	理由	建议更新/补充的指标	理由
33金属制品业	336	3360	金属表面处理及热处理加工	√				更新指标：工业废水量、工业废气量、颗粒物、化学需氧量、石油类、六价铬、氰化物、HW17等危险废弃物，六价铬、锌、镍、镉、铅、银、铜； 补充指标：氨氮、总氮、总磷、挥发酚、酸碱废气、铬酸雾、含氰废气	随着《清洁生产标准 电镀行业》等标准的实施，企业清洗水和原辅材料的利用率有了大幅度提升，企业的整体产污水平有了大幅度降低，因此需要对现有产污系数进行更新。 原有产污系数中缺乏氨氮、总磷、铬酸雾、含氰废气等指标，需要补充	更新指标：工业废水量、工业废气量、化学需氧量、石油类、六价铬、氰化物、HW17等危险废弃物； 补充指标：氨氮、总氮、总磷、挥发酚、铜、锌、镍、锡、银等重金属；酸碱废气、铬酸雾、含氰废气等	近年来，我国电镀行业污染物排放标准日益严格，企业治理设施也有了较大幅度的升级改造，排污水平有了较大水平的降低，因此需要对原有排污系数进行更新。另外，原有排污系数缺乏铜、锌、镍等废水中常见重金属指标及酸碱废气、铬酸雾、氰化废气的常见污染物指标，因此需要补充

注：“√”表示是；有已有系数指的是和一污普以及公开发表的文献、一些研究项目的成果等、2017年以前的系数成果的对比。

9.1.2.4 评估结论

① “2017版”《国民经济行业分类》包括41个大类、666个小类，较“2002版”新增205个小类。目前，9个大类行业（共计84个小类行业）无产排污系数，除此之外，还有355个小类行业无产排污系数，核算方法需补充。

② 新增的多项污染物指标无产排污系数，需补充。

③ 十年来，各工业行业的工艺技术、污染治理技术和管理水平均得到了较大提升，现有产排污系数较实际情况有了较大变化，已远远不能反映我国工业污染源产排污的实际情况。通过对有产排污系数的227个小类行业的产排污系数评估，大部分已有的产排污系数均需修订。

41大类行业产排污系数评估总结见表9-6。

表9-6　41大类行业产排污系数评估总结

序号	行业类别	评估结论
1	06煤炭开采和洗选业	产污系数可沿用“2007版”，排污系数需更新，氨氮、总磷、总氮等指标的产排污系数需补充
2	07石油和天然气开采业	产污系数可沿用“2007版”，排污系数需更新，总磷、总氮等指标的产排污系数需补充，陆地石油开采、海洋石油开采、陆地天然气开采等4个新增小类行业的产排污系数需补充
3	08黑色金属矿采选业	产污系数可沿用“2007版”，排污系数需更新，总磷、总氮、汞、镉、铬、砷、铅等指标的产排污系数需补充，新增小类行业锰矿、铬矿采选的产排污系数需补充
4	09有色金属矿采选业	产污系数可沿用“2007版”，排污系数需修订，氨氮、总磷、总氮、石油类等指标的产排污系数需补充，银矿采选等5个无产排污系数的小类行业需补充
5	10非金属矿采选业	产污系数可沿用“2007版”，排污系数需修订，氨氮、总磷、总氮、石油类、汞、镉、铬、砷、铅等指标的产排污系数需补充，1个无产排污系数的小类行业需补充
6	11开采专业及辅助性活动	无产排污系数，需补充
7	12其他采矿业	无产排污系数，需补充
8	13农副食品加工业	产排污系数需修订，氨氮、总氮、总磷等指标的产排污系数需补充，稻谷加工、小麦加工、杂粮加工等13个新增或无产排污系数的小类行业需补充
9	14食品制造业	产排污系数需修订，氨氮、总氮、总磷等指标的产排污系数需补充，方便面制造、液体乳制造、保健食品制造等9个新增或无产排污系数的小类行业需补充
10	15酒、饮料和精制茶制造业	产排污系数需修订，瓶（罐）装饮用水制造和其他未列明食品制造的2个无产排污系数的小类行业需补充
11	16烟草制品业	无产排污系数，需补充
12	17纺织业	产排污系数需修订，棉纺纱加工、麻织造加工、化纤织造加工等16个新增小类行业的产排污系数需补充

续表

序号	行业类别	评估结论
13	18纺织服装、服饰业	产排污系数需修订，运动机织服装制造、运动休闲针织服装制造、服饰制造等5个新增小类行业的产排污系数需补充
14	19皮革、毛皮、羽毛及其制品和制鞋业	产排污系数需修订，铬、总磷、总氮等指标的产排污系数需补充，皮革服装制造、毛皮鞣制加工等11个无产排污系数的小类行业需补充
15	20木材加工和木、竹、藤、棕、草制品业	产排污系数需修订，单板加工、木门窗制造、竹制品制造等12个新增或无产排污系数的小类行业需补充
16	21家具制造业	无产排污系数，需补充
17	22造纸和纸制品业	产污系数可沿用“2007版”，排污系数需修订，固废指标的产排污系数需补充，木竹浆制造和非木竹浆制造等4个新增或无产排污系数的小类行业需补充
18	23印刷和记录媒介复制业	无产排污系数，需补充
19	24文教、工美、体育和娱乐用品制造业	无产排污系数，需补充
20	25石油、煤炭及其他燃料加工业	产排污系数需修订，颗粒物、二氧化硫、氮氧化物、氨、COD、氨氮、总磷、总氮、石油类、挥发酚、汞、铅、砷等指标的产排污系数需补充，煤制合成气生产、煤制液体燃料生产、生物质液体燃料生产等8个新增或无产排污系数的小类行业需补充
21	26化学原料和化学制品制造业	产排污系数需修订，VOCs等指标的产排污系数需补充，工业颜料制造、工艺美术颜料制造、焰火鞭炮产品制造等13个新增或无产排污系数的小类行业需补充
22	27医药制造业	产排污系数需修订，生物药品制造、基因工程药物和疫苗制造、药用辅料及包装材料制造3个新增小类行业的产排污系数需补充
23	28化学纤维制造业	产排污系数需修订，丙纶纤维制造、氨纶纤维制造、生物基化学纤维制造等4个新增小类行业的产排污系数需补充
24	29橡胶和塑料制品业	产排污系数需修订，橡胶板、管、带制造，运动场地用塑胶制造和人造草坪制造制等13个新增或无产排污系数的小类行业需补充
25	30非金属矿物制品业	产排污系数需修订，气态汞、氨、氨氮、总氮、总磷、石油类等指标的产排污系数需补充，特种玻璃制造、玻璃包装容器制造、园艺陶瓷制造等12个新增或无产排污系数的小类行业需补充
26	31黑色金属冶炼和压延加工业	产排污系数需修订，氨氮等指标的产排污系数需补充
27	32有色金属冶炼和压延加工业	产排污系数需修订，氮氧化物、COD、氨氮、总磷、总氮、汞、铬、镉、铅、砷、锡、锑等指标的产排污系数需补充，硅冶炼、铜压延加工、铝压延加工等6个新增或无产排污系数的小类行业需补充
28	33金属制品业	产排污系数需修订，氨氮、总氮、总磷、石油类、挥发酚、铜、锌、镍、锡、银等指标的产排污系数需补充，建筑装饰搪瓷制品制造、金属制厨房用器具制造、金属制卫生器具制造等25个新增或无产排污系数的小类行业需补充

续表

序号	行业类别	评估结论
29	34通用设备制造业	产排污系数需修订，风能原动设备制造、轻小型起重设备制造、生产专用车辆制造等39个新增或无产排污系数的小类行业需补充
30	35专用设备制造业	产排污系数需修订，深海石油钻探设备制造、隧道施工专用机械制造、烟草生产专用设备制造等52个新增或无产排污系数的小类行业需补充
31	36汽车制造业	产排污系数需修订，氮氧化物、VOCs等指标的产排污系数需补充，汽柴油车整车制造、新能源车整车制造、汽车用发动机制造等4个新增小类行业的产排污系数需补充
32	37铁路、船舶、航空航天和其他运输设备制造业	产排污系数需修订，高铁车组制造、铁路机车车辆制造、船舶改装等24个新增或无产排污系数的小类行业需补充
33	38电气机械和器材制造业	产排污系数需修订，微特电机及组件制造、光伏设备及元器件制造、光纤制造等29个新增或无产排污系数的小类行业需补充
34	39计算机、通信和其他电子设备制造业	产排污系数需修订，二氧化硫、氮氧化物、氨、氨氮、总氮、总磷、石油类、重金属等指标的产排污系数需补充，计算机零部件制造、信息安全设备制造、通信系统设备制造等28个新增或无产排污系数的小类行业需补充
35	40仪器仪表制造业	无产排污系数，需补充
36	41其他制造业	无产排污系数，需补充
37	42废弃资源综合利用业	产排污系数需修订，颗粒物、二氧化硫、氮氧化物、气态汞、氨、VOCs、氨氮、汞、镉、铅、铬、砷等指标的产排污系数需补充
38	43金属制品、机械和设备修理业	无产排污系数，需补充
39	44电力、热力生产和供应业	产排污系数需修订，气态汞、氨氮等指标的产排污系数需补充，风力发电、太阳能发电、生物质能发电等8个新增或无产排污系数的小类行业需补充
40	45燃气生产和供应业	产排污系数需修订，颗粒物、二氧化硫、氮氧化物、氨等指标的产排污系数需补充，液化石油气生产和供应业、煤气生产和供应业、生物质燃气生产和供应业等4个新增小类行业的产排污系数需补充
41	46水的生产和供应业	适当补充和修订产排污系数

9.1.3 “2017版”系数结果

按照PGDMA模型构建方法及参数量化方法，“2017版”研究制定了41个大类工业行业（659个小类行业）的产排污核算方法及参数，共计得到940个核算环节、1300种主要产品、1589种原料、1528个工艺的31327个废水和废气污染物的产污系数以及101587种污染治理技术去除率。“2017版”与“2007版”的行业范围及核算参数等结果对比见

图9-3。“2017版”41个大类工业行业的产品、原料、工艺及产污系数、末端治理技术数量如图9-4所示。

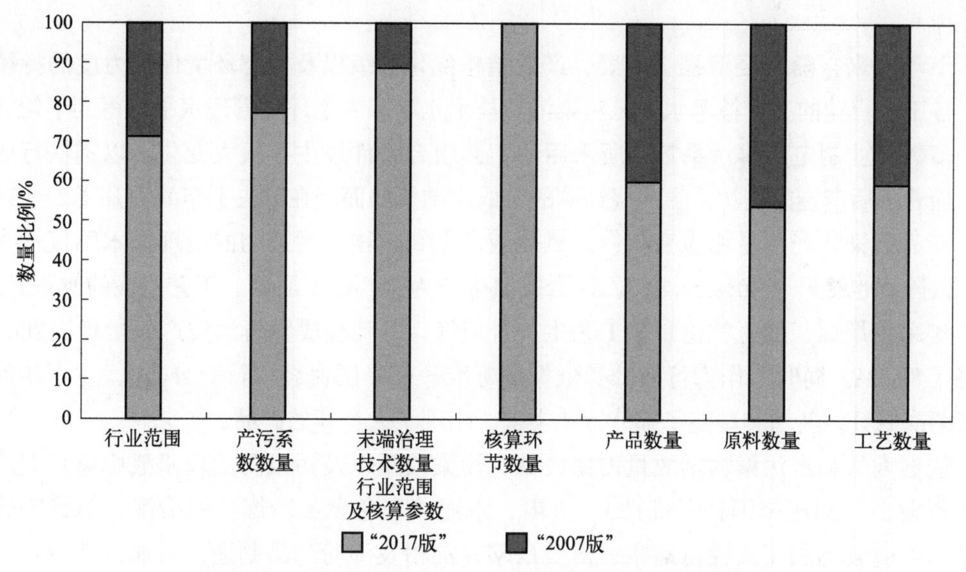

图9-3 “2017版”与“2007版”核算参数结果对比

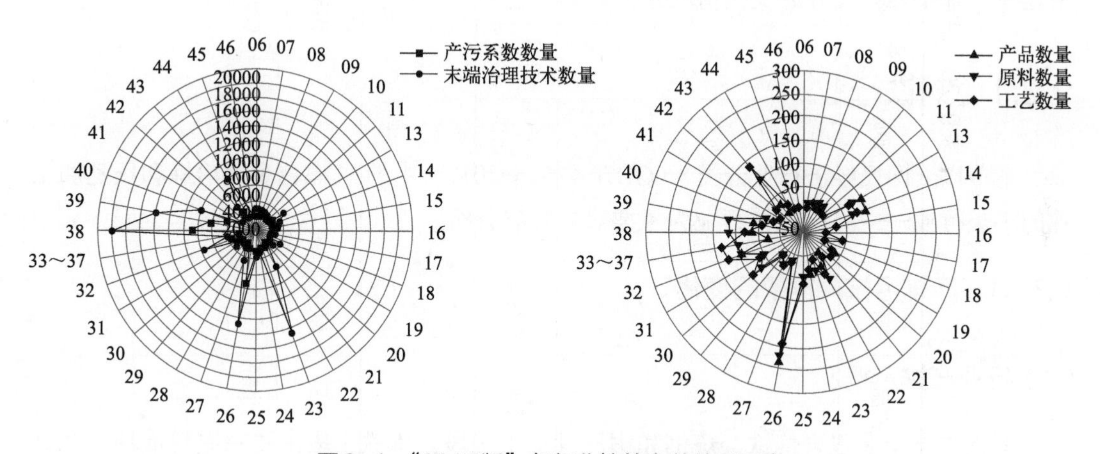

图9-4 “2017版”各行业核算参数结果示意

图中圆圈外数值：06—煤炭开采和洗选业；07—石油和天然气开采业；08—黑色金属矿采选业；09—有色金属矿采选业；10—非金属矿采选业；11—开采专业及辅助性活动；13—农副食品加工业；14—食品制造业；15—酒、饮料和精制茶制造业；16—烟草制品业；17—纺织业；18—纺织服装、服饰业；19—皮革、毛皮、羽毛及其制品和制鞋业；20—木材加工和木、竹、藤、棕、草制品业；21—家具制造业；22—造纸和纸制品业；23—印刷和记录媒介复制业；24—文教、工美、体育和娱乐用品制造业；25—石油煤炭及其他燃料加工业；26—化学原料和化学制品制造业；27—医药制造业；28—化学纤维制造业；29—橡胶和塑料制品业；30—非金属矿物制品业；31—黑色金属冶炼和压延加工业；32—有色金属冶炼和压延加工业；33—金属制品业；34—通用设备制造业；35—专用设备制造业；36—汽车制造业；37—铁路、船舶、航空航天和其他运输设备制造业；38—电气机械和器材制造业；39—计算机、通信和其他电子设备制造业；40—仪器仪表制造业；41—其他制造业；42—废弃资源综合利用业；43—金属制品、机械和设备修理业；44—电力、热力生产和供应业；45—燃气生产和供应业；46—水的生产和供应业

图中圆圈内数值代表参数数量

9.2 重点行业十年间产排污水平变化分析

十年以来，随着经济社会发展、产业结构优化升级以及生态环境保护力度的持续加强，各工业行业的工艺技术水平、污染治理技术水平和生态环境管理水平均得到了较大提升。多数行业制定产排污系数时所采用的工艺组合条件发生了很大变化。以钢铁行业为例，随着落后产能的淘汰，生产烧结矿的带式烧结机的面积在过去十年间提升了2～3倍，单位产品污染物产生量相应变化，二氧化硫、氮氧化物等污染物的治理技术不仅种类增加，去除率也提升了30%～40%。以合成氨生产为例，由于原料、工艺路线的改进升级，2017年采用烟煤、加压气化制氨工艺生产合成氨，每吨合成氨石油类产生量相比2007年下降了82.3%。同时，作为行业分类依据的标准——《国民经济行业分类》，在十年间进行了两次修订，新增和调整了部分行业类别，出现了大量新的产品、工艺。

依据大气和水污染物排放量占比较高、污染较重以及污染防治攻坚战中重点关注的排污行业，分别选择钢铁（炼铁）、火电、水泥、有色金属冶炼（铝冶炼、铅锌冶炼）、造纸和农副食品加工（牲畜屠宰、禽类屠宰、淀粉及淀粉制品制造）行业，从重点关注污染指标、主要产污水平影响因素（产品、原料、工艺、规模等），以及产排污水平和治理技术水平等方面开展变化情况分析。

9.2.1 钢铁行业

本节以《国民经济行业分类》（GB/T 4754—2017）中的31黑色金属冶炼和压延加工业的小类行业——3110炼铁行业为主要对象开展分析。

9.2.1.1 产排污核算框架的变化

（1）行业产排污概况

钢铁生产企业包含炼铁、炼钢和钢压延加工工段。炼铁工段主要有原料堆场、烧结工序、球团生产工序以及高炉炼铁工序。原料堆场主要分为完全封闭和无完全封闭厂房堆场，主要排放的污染物为颗粒物，排放方式为无组织排放；烧结机是钢铁企业污染物最主要的排放点，产生的污染物主要是颗粒物、二氧化硫和氮氧化物；球团生产工序的原料系统进料、混合、造球过程中会产生颗粒物，混料燃烧主要产生二氧化硫、氮氧化物、二噁英、氟化物等；高炉炼铁是炼铁生产中的重要环节，该过程的污染物主要产生于矿槽、高炉出铁场、热风炉、转运、煤粉制备等过程，污染物有二氧化硫、氮氧化物、颗粒物，而产生的高炉煤气经除尘后用作热风炉或轧钢加热炉的燃料。

近年来，我国大力推进落后产能淘汰、钢铁冶炼工艺技术的提升、行业管理水平的进步、行业污染治理设施的快速建设，使得钢铁产业得到飞速发展，行业的污染物排放大幅度降低。伴随《钢铁烧结、球团工业大气污染物排放标准》(GB 28662—2012)、《炼铁工业大气污染物排放标准》(GB 28663—2012)、《炼钢工业大气污染物排放标准》(GB 28664—2012)、《轧钢工业大气污染物排放标准》(GB 28665—2012)、《铁合金工业污染物排放标准》(GB 28666—2012)，以及《排污许可证申请与核发技术规范 钢铁工业》(HJ 846—2017）和2018年的《钢铁工业大气污染物超低排放标准（征求意见稿)》等文件的出台，加大了钢铁行业的污染物排放监管力度，行业的产排污水平也发生了较大变化。

(2) 两版系数构成的对比

炼铁行业“2007版”系数和“2017版”系数组成基本情况如表9-7所列。总体来看，这两版系数组成在污染物指标、产污系数数量以及末端治理技术数量等方面存在差异和变动，同时随着钢铁行业装备技术水平和节能环保水平的提升，主要工艺的产污、排污强度均有不同程度的变化。

表9-7　炼铁行业两版系数对比基本情况

版本	“2007版”	“2017版”
行业代码	3210	3110
行业名称	炼铁	
污染物指标	工业废水量、化学需氧量、挥发酚、氰化物、工业废气量、烟尘、工业粉尘、二氧化硫、氮氧化物	工业废气量（机头/机尾/一般排放口)、颗粒物（机头/机尾/一般排放口)、二氧化硫（机头)、氮氧化物（机头）
产污系数数量	106	75
末端治理技术数量	16	14
核算环节数量	0	3
产品数量	6	6
原料数量	5	5
工艺数量	7	8
“四同组合”数量	7	33

污染物种类有以下变化：

① 废水污染物。相比“2007版”高炉炼铁产生的废水污染物指标，“2017版”均未进行废水污染物的系数核算。炼铁过程中产生的废水以脱硫废水（采用湿法脱硫的企业）和冲渣废水为主。冲渣废水由于水质要求不高，一般循环使用，且在使用过程中水分大量蒸发，需要补水，是炼铁工序中净耗水环节，因此冲渣水不外排，“2017版”未计算其产污系数。此外，脱硫废水一般循环使用，部分排出水也回用至烧结的混料或冲渣环节，实现脱硫废水不排放，故“2017版”未计算其产污系数。

② 废气污染物。“2007版”系数中的烟尘、工业粉尘污染物，“2017版”系数均变更为颗粒物。同时针对颗粒物、二氧化硫和氮氧化物进一步明确了产生的环节，其中颗粒物分别来自机头、机尾和一般排放口，二氧化硫和氮氧化物主要来自机头。

9.2.1.2 产排污水平主要影响因素的变化

过去十年来，炼铁行业烧结、球团和炼铁工段的主要产品、工艺、原料与“2007版”系数基本一致，但随着中国烧结、球团行业快速发展，烧结矿、球团矿的产量和质量，以及工艺与技术装备都取得了长足进步。其中，尽管中小型烧结机仍占烧结面积的1/3左右，但烧结机大型化取得了迅速进展，一批烧结面积大于360m^{2}的烧结机投产。球团矿方面，装备大型化得到一定发展，技术快速推广，链篦机-回转窑主要工艺设备基本实现国产化，可直接用煤作燃料，降低了产品加工费，成为中国球团矿生产的主力装备。炼铁高炉中尽管小容积高炉占比仍然较高，但行业高炉大型化发展趋势逐步加速。

上述生产装备的改造升级，在两版系数的差异上主要表现在规模的变化，生产烧结矿的带式烧结机面积由“2007版”系数的＜50m^2、50～180m^2、≥180m^2，提升至≤180m^2、180～360m^2、≥360m^2；生产炼钢生铁的高炉面积由“2007版”系数的＜350m^2、350～2000m^2、≥2000m^{2}提升至≤1200m^2、1200～2000m^2、2000～4000m^2。

末端治理技术“2007版”主要是除尘（10种）和废水污染物治理技术（5种），针对二氧化硫的治理技术仅有一类“干法或湿法脱硫”。“2017版”治理技术除尘类（3种），相比“2007版”减少，但增加了二氧化硫和氮氧化物治理技术。

9.2.1.3 产排污水平及治理技术水平的变化

总体来看，“2017版”与“2007版”两版产排污系数在数值上的差异主要表现在以下3个方面。

（1）烧结和球团的二氧化硫产污系数核算方式变化

“2007版”烧结和球团工段二氧化硫的产排污系数均采用区间表示，同时给出了铁矿含硫量在＜0.01%、＜0.1%、＜0.25%、≥0.5%四个区间的系数数值。由于废气中二氧化硫的产生量主要取决于原料中铁矿含硫量的高低，因此“2017版”系数采用了物料衡算法给出这两个环节的二氧化硫产生量。

基本公式如下：

$$S_{二氧化硫}=2(M_{含铁料}S_{含铁料}+M_{固燃}S_{固燃}-1000S_{烧结矿})$$

式中 $S_{二氧化硫}$——二氧化硫产污系数，kg/t烧结矿；

$M_{含铁料}$、$M_{固燃}$——单位合格产品的含铁料及固态燃料消耗量，kg/t烧结矿；

$S_{含铁料}$、$S_{固燃}$——原料及固态燃料的平均含硫量，%；

$S_{烧结矿}$——合格烧结矿的平均含硫量，%。

$$S_{二氧化硫}=2(M_{含铁料}S_{含铁料}+M_{燃料}S_{燃料}-1000S_{球团矿})$$

式中 $S_{二氧化硫}$——二氧化硫产污系数，kg/t烧结矿；

$M_{含铁料}$、$M_{燃料}$——单位合格产品的含铁料及燃料消耗量，kg/t烧结矿；

$S_{含铁料}$、$S_{燃料}$——原料及燃料的平均含硫量，%；

$S_{球团矿}$——合格球团矿的平均含硫量，%。

(2) 二氧化硫与氮氧化物末端治理技术普遍提升

2007～2017年，随着钢铁行业装备技术水平的提升，节能环保装置和治理水平也在同步提升。相比十年前，大多数烧结机配有烧结余热回收利用装备和技术，以及烧结烟气脱硫或脱硫脱硝综合治理装备。“2007版”系数中二氧化硫的治理技术仅有干法脱硫或湿法脱硫，且未采用脱硝技术；“2017版”系数中脱硫、脱硝的技术种类、水平均大幅提升，如表9-8所列。

表9-8 炼铁行业两版系数中废气污染物治理技术对比情况

污染物指标	“2007版”	“2017版”
二氧化硫	直排	直排
	干法或湿法脱硫	氨法
		半干法脱硫
		活性炭（焦）法
		活性炭（焦）法-脱硫
		石灰石/石灰-石膏法
氮氧化物	直排	直排
		SCR
		活性炭（焦）法
		活性炭（焦）法-脱硝
		烟气循环技术

(3) 二氧化硫与氮氧化物排放强度普遍下降

“2017版”氮氧化物产污系数基本与“2007版”系数保持一致，个别组合由于脱硝烟气循环的原因产污系数略高于“2007版”，但治理技术的普遍使用和提升，使得“2017版”氮氧化物排污系数（单位产品的氮氧化物排放量）下降20%～50%（表9-9）。

9.2.2 火电行业

本节以《国民经济行业分类》(GB/T 4754—2017）中44电力、热力生产和供应业的小类行业——4411火力发电行业为主要对象开展分析。

9.2.2.1 产排污核算框架的变化

“2017版”系数手册根据《国民经济行业分类》(GB/T 4754—2017）,将原《国民经济行业分类》(GB/T 4754—2002）中，4411火力发电，分解为4411火力发电和4412热电联产。4411火力发电指不包括既发电又提供热力的活动；4412热电联产指既发电又提供热力的生产活动。此外，441电力生产行业还包含4413水力发电、4414核力发电、

表9-9　炼铁行业系数对比情况

核算环节	产品	原料	工艺	版本	规模	污染物指标	二氧化硫				氮氧化物				
							产污系数	治理技术	去除率/%	小结	产污系数	治理技术	去除率/%	排污系数（折算）	小结
烧结	烧结矿	铁矿、石灰、焦粉、煤粉	带式烧结法	“2007版”	≥180m²	工业废气量、烟尘、工业粉尘、二氧化硫、氮氧化物	0.7～8.5	直排	0	二氧化硫：①产污系数由区间法修订为物料衡算法；②治理方式有所提升	0.522～0.612	直排	0	0.573	氮氧化物：①治理方式有所提升；②排污系数降低21.46%
					50～180m²										
					＜50m²										
				“2017版”	≥360m²	工业废气量（机头/机尾/一般排放口）、颗粒物（机头/机尾/一般排放口）、二氧化硫（机头）、氮氧化物（机头）	$2(M_{含铁料}S_{含铁料}+M_{固燃}S_{固燃}-1000S_{烧结矿})$	干法脱硫、石灰石/石灰-石膏法、氨法、活性炭（焦）法	85～90		0.7～0.79	烟气循环技术、活性炭（焦）法、SCR	15～66.67	0.45	
					180～360m²										
					≤180m²										
球团	球团矿	铁精矿、膨润土	带式焙烧法	“2007版”	所有规模	工业废气量、烟尘、二氧化硫、氮氧化物	0.35～7	直排	0	二氧化硫：①产污系数由区间法修订为物料衡算法；②治理方式有所提升	0.5	直排	—	0.5	氮氧化物：①治理方式有所提升；②排污系数基本一致
				“2017版”		工业废气量（机头/机尾/一般排放口）、颗粒物（机头/机尾/一般排放口）、二氧化硫（机头）、氮氧化物（机头）	$2(M_{含铁料}S_{含铁料}+M_{燃料}S_{燃料}-1000S_{球团矿})$	半干法脱硫、石灰石/石灰-石膏法、氨法、活性炭（焦）法	85.54～90		0.7	烟气循环技术、活性炭（焦）法、SCR	15.0、45.0、85.0	0.5	

续表

核算环节	产品	原料	工艺	版本	规模	污染物指标	二氧化硫				氮氧化物				
							产污系数	治理技术	去除率/%	小结	产污系数	治理技术	去除率/%	排污系数（折算）	小结
球团	球团矿	铁精矿、膨润土	竖炉	“2007版”	所有规模	工业废气量、烟尘、二氧化硫、氮氧化物	0.4 ～ 7.2	直排	0	二氧化硫：①产污系数由区间法修订为物料衡算法；②治理方式有所提升	0.143 ～ 0.265	直排	—	0.204	氮氧化物：①产污系数扩大一倍；②治理方式有所提升；③排污系数有所下降
				“2017版”		工业废气量（机头/机尾/一般排放口）、颗粒物（机头/机尾/一般排放口）、二氧化硫（机头）、氮氧化物（机头）	$2(M_{含铁料}S_{含铁料}+M_{燃料}S_{燃料}-1000S_{球团矿})$	半干法脱硫、石灰石/石灰-石膏法、氨法、活性炭（焦）法	85.54 ～ 90		0.265 ～ 0.5	烟气循环技术、活性炭（焦）法、SCR	15.0、45.0、85.0	0.133 ～ 0.25	
球团	球团矿	铁精矿、膨润土	链蓖机-回转窑法	“2007版”	所有规模	工业废气量、烟尘、工业粉尘、二氧化硫、氮氧化物	0.4 ～ 7	直排	0	二氧化硫：①产污系数由区间法修订为物料衡算法；②治理方式有所提升	0.261	直排	—	0.261	氮氧化物：①产污系数一致；②治理方式有所提升；③排污系数下降41%
				“2017版”		工业废气量、颗粒物、二氧化硫、氮氧化物	$2(M_{含铁料}S_{含铁料}+M_{固燃}S_{固燃}-1000S_{烧结矿})$	半干法脱硫、石灰石/石灰-石膏法、氨法、活性炭（焦）法	85.54 ～ 90			烟气循环技术、活性炭（焦）法、SCR	15.0、45.0、85.0	0.154	

4415风力发电、4416太阳能发电、4417生物质能发电，以及4419其他电力生产，这些电力生产的小类行业废气污染物的产生和排放量远低于火力发电和热电联产两个小类行业，因此本节以4411火力发电和4412热电联产两个小类行业产污系数情况进行“2007版”系数手册和“2017版”系数手册对比。

（1）行业产排污概况

火电厂的发电过程是能量转换的过程，燃料（煤、煤矸石、油页岩、石油焦、燃油、天然气、高炉煤气、焦炉煤气、混合气等）中的化学能在燃烧时转变成热能，水被加热转变成高压热蒸汽（燃气轮机组无此过程），汽轮机组将高压热蒸汽或燃气轮机组燃气中的能量转变成机械能，发电机再将机械能最终转换成电能。

“四同组合”如下：

① 产品：火力发电行业的产品为电能，热电联产行业的产品为热能+电能。

② 原料（燃料）：火电行业的原料即燃料，包括煤炭、天然气、煤矸石、燃油等，其中以燃煤和天然气机组为主，分别占比74.98%和18.85%。

③ 工艺：锅炉类型中，煤粉炉、循环流化床锅炉机组台数较多，分别占机组总数49.06%、29.54%。此外还有燃气锅炉、燃气轮机、燃油锅炉/燃气轮机等。

④ 规模：火电机组规模主要为250～449MW，占机组总数23.09%。其次为9～19MW、20～34MW、450～749MW，分别占机组总数的18.31%、12.05%和12%。

火电机组在生产过程中的主要废气污染物：在锅炉燃烧过程中产生的烟气，经脱硝设施、除尘设施和脱硫设施后由烟囱排入大气，烟气中的主要污染成分包括二氧化硫、氮氧化物、颗粒物（烟尘）、汞及其化合物。挥发性有机物由生态环境部环境工程评估中心给出相应系数，煤场和灰场粉尘无组织排放不涉及。

污染治理技术：除尘装置中，电除尘器、电袋除尘器和袋式除尘器占机组总台数的33.81%、30.72%和19.70%；除湿法脱硫协同装置外，21.60%火电机组设有湿式电除尘器。脱硫装置中，62.49%机组采用了石灰石/石膏法。脱硝装置中，58.05%机组采用了低氮燃烧方式，单独采用SCR、SNCR脱硝方式的机组分别占43.13%、25.73%，采用SCR和SNCR联合脱硝方式的机组占14.22%。

（2）两版系数构成的对比

“2007版”4411电力生产业废水、废气污染物产污系数共计202个，排污系数408个，其中工业废气量、二氧化硫、氮氧化物和烟尘合计产污系数174个，排污系数339个，工业废水量、化学需氧量产污系数28个，排污系数69个。“2017版”中4411电力生产和4412热电联产行业，产污系数共计3443个，污染治理技术去除率2728个，其中工业废气量、二氧化硫、氮氧化物、颗粒物、汞及其化合物等合计产污系数3291个，污染治理技术去除率2654个；工业废水量、化学需氧量、氨氮等合计产污系数152个，污染治理技术去除率74个。

电力生产行业系数变化总体情况见表9-10。

表9-10　电力生产行业系数变化总体情况

项目	"2007版"	"2017版"	变化情况
行业代码	4411	4411、4412	原火力发电分解为4411火力发电和4412热电联产
行业名称	火力发电	火力发电、热电联产	
废气污染物指标	4 工业废气量、二氧化硫、氮氧化物、烟尘	5 工业废气量、二氧化硫、氮氧化物、颗粒物、汞及其化合物	烟尘调整为颗粒物，增加汞及其化合物
核算环节数量	—	—	在4411火力发电和4412热电联产小类行业中不分工段
产品数量及内容	1 电能	2 电能、电能+热能	增加电能+热能
原料数量及内容	7 垃圾、垃圾+煤、煤矸石、煤炭、燃油、石油焦、天然气	8 高炉煤气、焦炉煤气、煤矸石/油页岩、煤炭、燃油、石油焦、天然气、天然气（高炉、焦炉煤气）	以"垃圾、垃圾+煤"为原料的垃圾焚烧发电划到了集中式污染治理设施，增加高炉煤气、焦炉煤气、天然气（高炉、焦炉煤气）
工艺数量	9 层燃炉、 焚烧炉、 固态排渣煤粉炉、 锅炉/燃机、 煤粉炉、 煤粉炉或循环流化床锅炉、 煤粉炉或循环流化床锅炉或层燃炉、 燃机、 循环流化床锅炉	8 层燃炉、 锅炉、 锅炉/燃机、 煤粉炉、 煤粉炉或循环流化床锅炉、 煤粉炉或循环流化床锅炉或层燃炉、 燃机、 循环流化床锅炉	减掉焚烧炉、固态排渣煤粉炉，增加锅炉
规模数量	10	10	无变化
组合数量	30	38	增加8种
产污系数数量	202	3443	增加16倍
末端治理技术数量	33	45	氮氧化物治理技术新增选择性催化还原，汞及其化合物治理技术新增协同脱汞

"2007版"废气污染物指标共4个，"2017版"废气污染物指标共5个，增加了汞及其化合物指标，主要废气指标包括工业废气量、二氧化硫、氮氧化物、颗粒物、汞及其化合物。"2007版"产污系数共计202个，"2017版"产污系数共计3443个，"2017版"系数增加16倍。

9.2.2.2　产排污水平主要影响因素的变化

2007年以来，火电行业产品、原料类型、工艺类型、工艺路线、规模大小并无显著变化，"2007版"部分"四同组合"仍然适用于行业现状。

① 将“2007版”4411火力发电分解为4411火力发电和4412热电联产两个小类行业。两个行业的污染物产排量的关键在于燃料的燃烧和污染防治技术措施的控制，与最终产品是电能还是电能+热能无关，因此，火力发电（4411）及热电联产（4412）行业能够采用同一套污染物产排污指标体系进行污染物排放总量的核算。

②“2017版”将“2007版”以“垃圾、垃圾+煤”为原料的垃圾焚烧发电划分到了集中式污染治理设施，因此原料中不再有“垃圾、垃圾+煤”，增加了高炉煤气、焦炉煤气、天然气（高炉、焦炉煤气）三种原料。

③ 生产工艺上，“2017版”比“2007版”减掉焚烧炉、固态排渣煤粉炉，增加了天然气锅炉。

④ 随着我国火电行业相关排放标准的不断完善，污染治理技术也在不断升级改造。《煤电节能减排升级与改造行动计划（2014—2020年）》（发改能源［2014］2093号）等文件要求我国不同地区新建燃煤发电机组的大气污染物排放浓度逐步达到燃气轮机组排放限值（即在基准氧含量6%条件下，烟尘、二氧化硫、氮氧化物排放浓度分别不高于10mg/m^3、35mg/m^3、50mg/m^3）。除循环流化床和W火焰炉外，100MW级以上机组相继开展超低排放技术改造工作，部分100MW以下机组也可实现超低排放。截至2017年底，火电行业完成超低排放机组占比超过70%。

严格的标准促使火电行业末端治理技术不断改进升级，虽然在污染治理的物理、化学变化机理上除尘、脱硫、脱硝没有太大变化，但多种技术组合应用、工艺设备的改进，使污染治理技术的去除效率得到显著提升。与“2007版”时比较，卧式电除尘法、文丘里水膜除尘法、喷雾干燥法或简易石灰石石膏湿法、管式电除尘法、多管旋风除尘法、单筒旋风除尘法、半干法吸收塔等方法都已淘汰，取而代之的是多种除尘方式组合的高效除尘法。脱硫使用的是高效的石灰石法，且新增脱硝的处理方法，包括高效选择性催化还原法（SCR）等。

9.2.2.3 产排污水平及治理技术水平的变化

火力发电（4411）和热电联产（4412）行业的产排污核算是同一套污染物产排污指标体系的污染物排放总量的核算。根据2017年火电行业实际产品、原料、工艺、规模“四同组合”条件的覆盖情况（表9-11），挑选占比排名靠前的“四同组合”条件，合计占比超过50%，两版系数对比见表9-12～表9-14。

表9-11 “四同组合”条件及占比

产品	燃料	工艺	规模	2017年机组数/台	占全行业比例/%
电能+热能	煤炭	煤粉炉	250～449MW	1197	18.02
			450～749MW	796	11.13
		循环流化床锅炉	9～19MW	622	9.38
	天然气（高炉、焦炉煤气）	锅炉	所有规模	770	11.61

表9-12 火电行业SO_2系数对比分析

产品	原料	工艺	规模	污染物	系数单位	“2007版”产污系数	“2017版”产污系数	“2007版”治理技术	排污系数（折算）	去除率（折算）/%	平均去除率/%	“2017版”治理技术	去除率/%	去除率（折算）/%	平均去除率/%	污染治理技术去除率变化/%
电能+热能	煤炭	煤粉炉	250～449MW	二氧化硫	kg/t原料	16.98Sar①	16.98Sar	石灰石/石膏法	$-0.223Sar^2+1.765Sar$	79.7	84.85	石灰石/石膏法	1.2857Sar+95.43	95.7	94.24	11.07
								海水脱硫法	1.698Sar	90		海水脱硫法	1.7143Sar+93.71	93.88		
								烟气循环流化床脱硫	1.698Sar	90		烟气循环流化床脱硫	2.7143Sar+92.86	93.13		
			450～749MW			17.04Sar	17.04Sar	石灰石/石膏法	−0.224Sar+1.771Sar	89.74	89.87	石灰石/石膏法	0.5714Sar+97.15	99.02	97.64	8.65
												海水脱硫	1.7143Sar+94.29	94.46		
								海水脱硫	1.704Sar	90		高效石灰石/石膏法	0.2Sar+99	99.02		
												高效海水脱硫	0.6Sar+98	98.06		
		循环流化床锅炉	9～19MW			5.77Sar	5.77Sar	直排	5.77Sar	0	0	石灰石/石膏法	1.8571Sar+88.86	89.04	88.06	88.06
												高效氧化镁法	2.413Sar+87.37	87.61		
												高效烟气循环流化床法	3.1571Sar+85.14	85.46		
												氨法	1.4857Sar+89.97	90.12		
	天然气	锅炉	所有规模			70.7	2Sar	直排	70.7	0	0	直排	2Sar	0	0	0

① Sar=0.1。

表9-13　火电行业颗粒物系数对比分析

产品	原料	工艺	规模	污染物	系数单位	“2007版”产污系数	“2017版”产污系数	“2007版”治理技术	排污系数（折算）	去除率（折算）/%	平均去除率/%	“2017版”治理技术	去除率/%	去除率（折算）/%	平均去除率/%	污染治理技术去除率变化/%
电能+热能	煤炭	煤粉炉	250～449MW	颗粒物	kg/t原料	9.21Aar①+11.13	9.21Aar+11.13	静电除尘法	$-0.0005Aar^2+0.042Aar+0.057$	99.50	99.67	静电除尘法	0.0045Aar+99.77	99.77	99.85	0.18
								静电除尘法+石灰石/石膏法	$-0.00026Aar^2+0.022Aar+0.016$	99.84		高效静电除尘法	0.0015Aar+99.922	99.92		
			450～749MW			9.2Aar+9.33	9.2Aar+9.33	静电除尘法	$-0.0005Aar^2+0.042Aar+0.041$	99.56	99.70	静电除尘+其他（湿法脱硫协同）	0.00168Aar+99.916	99.92	99.95	0.25
								静电除尘法+石灰石/石膏法	$-0.00026Aar^2+0.022Aar+0.015$	99.83		高效静电除尘+其他（湿法脱硫协同）	0.00056Aar+99.972	99.97		
		循环流化床锅炉	9～19MW			6.3Aar+8.97+61.94Sar	6.3Aar+8.97+61.94Sar	静电除尘法	0.063Aar+0.09+0.619Sar	98.99	98.99	静电除尘法	0.003Aar+0.027Sar+99.77	99.77	99.85	0.87
												高效静电除尘	0.001Aar+0.009Sar+99.923	99.92		
	天然气	锅炉	所有规模			103.9	103.9	直排	103.9	0	0	直排	103.9	0	0	0

① Aar=0.1。

表9-14　火电行业氮氧化物系数对比分析

产品	原料	工艺	规模	污染物	系数单位	“2007版”产污系数	“2017版”产污系数	产污系数变化率/%	“2007版”治理技术	排污系数	去除率/%	平均去除率/%	“2017版”治理技术	去除率/%	平均去除率/%	污染治理技术去除率变化/%
电能+热能	煤炭	煤粉炉	250～449MW	氮氧化物（低氮燃烧法，煤炭干燥无灰基挥发分≤10%）	kg/t原料	8.01	8.01	0	（低氮燃烧）烟气脱硝	2.8	65.04	35.52	选择性催化还原法	87.5	82.75	158.4
						5.61	4.5	−19.79	（低氮燃烧+SNCR）直排	5.61	0		选择性催化还原法	78		
				氮氧化物（低氮燃烧法，10%<煤炭干燥无灰基挥发分≤20%）		6.65	5.97	−10.23	（低氮燃烧）烟气脱硝	2.33	64.96	32.48	选择性催化还原法	72	79.75	145.5
													高效选择性催化还原法	87.5		
						4.66	0.68	−85.41	（低氮燃烧+SNCR）直排	4.66	0		选择性催化还原法	65	65	65
													高效选择性催化还原法	65		
				氮氧化物（低氮燃烧法，20%<煤炭干燥无灰基挥发分≤37%）		5.82	3.25	−44.17	（低氮燃烧）烟气脱硝	2.04	64.94	32.47	选择性催化还原法	72	78.5	20.88
													高效选择性催化还原法	85		
						4.07	2.41	−40.79	（低氮燃烧+SNCR）直排	4.07	0		高效选择性催化还原法	80	75	75
													选择性催化还原法	70		
				氮氧化物（低氮燃烧法，煤炭干燥无灰基挥发分>37%）		4.07	2.8	−31.2	（低氮燃烧）烟气脱硝	1.42	65.11	32.55	高效选择性催化还原法	83	76.5	17.49
													选择性催化还原法	70		

续表

产品	原料	工艺	规模	污染物	系数单位	“2007版”产污系数	“2017版”产污系数	产污系数变化率/%	“2007版”治理技术	排污系数	去除率/%	平均去除率/%	“2017版”治理技术	去除率/%	平均去除率/%	污染治理技术去除率变化/%
电能+热能	煤炭	煤粉炉	250～449MW	氮氧化物（低氮燃烧法，煤炭干燥无灰基挥发分>37%）	kg/t原料	2.85	1.68	−41.05	（低氮燃烧+SNCR）直排	2.85	0		高效选择性催化还原法	72	68.5	68.5
													选择性催化还原法	65		
			450～749MW	氮氧化物（煤炭干燥无灰基挥发分≤10%）		6.76	8.08	19.52	低氮燃烧（SNCR）合并	4.18	38.17	38.17	高效/选择性催化还原法	88.57	88.57	132
				氮氧化物（10%<煤炭干燥无灰基挥发分≤20%）		5.71	4.82	−15.59	低氮燃烧（SNCR）合并	3.525	38.3	38.3	高效/选择性催化还原法	80.5	80.5	110
				氮氧化物（20%<煤炭干燥无灰基挥发分≤37%）		5.16	2.7	−47.67	低氮燃烧（SNCR）合并	3.19	38.2	38.2	高效/选择性催化还原法	79	79	107
				氮氧化物（低氮燃烧法，煤炭干燥无灰基挥发分>37%）		3.47	2.1	−39.48	低氮燃烧（SNCR）合并	2.15	38.04	38.04	高效/选择性催化还原法	75	75	97.16

（1）二氧化硫产污系数与“2007版”系数基本一致，污染治理技术去除率有明显提升

在火电行业目前应用最多的四种“四同组合”条件下，二氧化硫的产污系数与“2007版”系数基本一致，但污染治理技术不断进步，污染物去除率较“2007版”有明显提升。

二氧化硫的主要治理机理还是以碱液喷淋吸收为主，具体治理技术包括石灰/石膏法、石灰石/石膏法、双碱法、海水脱硫法、氧化镁法等，与“2007版”治理技术的名称和治理机理基本一致，淘汰了个别治理效果较差的技术，如烟气循环流化床脱硫、喷雾干燥法（或）简易石灰石石膏湿法、文丘里水膜除尘法等。与“2007版”相比，污染治理技术的去除效果明显提升，对比的“四同组合”条件下，二氧化硫的平均治理技术去除率“2017版”比“2007版”平均高出27%。其中，煤粉炉250～449MW和450～749MW的二氧化硫去除率平均“2017版”比“2007版”分别提升11.07%和8.65%；循环流化床锅炉9～19MW“2007版”二氧化硫是直排，“2017版”污染去除率为88.06%。

火电行业在2017年出台《火电厂污染防治可行技术指南》（HJ 2301—2017）之后，推荐空塔提效、单塔双pH值分区等超低排放技术，即“超低排放”技术，火电行业废气污染物去除技术水平普遍提升。其中，煤粉炉普遍治理技术去除率高于95%，循环流化床治理技术去除率高于85%，而“2007版”时煤粉炉平均去除率仅为60%，循环流化床以直排为主，因此“2017版”时二氧化硫去除率水平显著提升，高于“2007版”。

（2）颗粒物产污系数与“2007版”系数基本一致，污染治理技术去除率进一步提升

颗粒物的主要治理机理是过滤吸附，具体治理技术包括袋式除尘、电袋组合、电除尘、电袋组合+其他湿法电除尘等，与“2007版”治理技术、治理机理基本一致，较“2007版”淘汰了卧式电除尘、文丘里水膜除尘法、管式电除尘法、多管旋风除尘法、单筒旋风除尘法、半干法吸收塔等，新增了高效电除尘、高效袋式除尘等“超低排放”治理技术。“2007版”时期烟尘的处理技术已经较为成熟，处理率普遍较高，可达到99%以上。但在近些年大气污染治理力度不断加大，以及《火电厂污染防治可行技术指南》（HJ 2301—2017）发布之后，小规模电厂逐步淘汰，火电行业颗粒物污染治理技术水平有了进一步的提升，污染物去除率普遍可达到99.9%以上。

在对比的“四同组合”条件下，颗粒物的平均治理技术去除率“2017版”比“2007版”平均高出0.44%。其中，煤粉炉250～449MW和450～749MW的颗粒物去除率平均分别从99.67%提升至99.85%，以及99.70%提升至99.95%；循环流化床锅炉9～19MW颗粒物去除率从98.99%提升至99.85%；天然气锅炉“2007版”与“2017版”治理技术去除率一致。“2017版”颗粒物去除率呈现进一步提升。

（3）氮氧化物产污系数明显降低，污染治理技术水平显著提升

氮氧化物的治理机理是通过还原反应将氮氧化物还原为氮气或氨，目前的治理技术主要包括低氮燃烧-选择性催化还原法（SCR）、低氮燃烧-高效选择性催化还原法

（SNCR）等，比“2007版”时期增加催化还原法，以及SNCR和SCR搭配使用的治理技术，淘汰了烟气脱硝技术等。《火电厂污染防治可行技术指南》（HJ 2301—2017）发布之后，对氮氧化物的治理有了更为严格的要求，其中推荐的高效低氮燃烧技术、增设脱硝催化剂层数等超低排放技术，即为“2017版”提出的“高效氮氧化物末端治理技术”。

对比的“四同组合”条件，“2007版”时循环流化床锅炉9～19MW和天然气锅炉都没有氮氧化物产污系数，因此只比较了煤粉炉250～449MW和450～749MW两个组合条件。两个组合条件下氮氧化物整体产污系数“2017版”比“2007版”降低27.45%，其中煤粉炉250～449MW氮氧化物产污系数降低34.08%，煤粉炉450～749MW氮氧化物产污系数降20.81%。由于氮氧化物的处理方法SNCR是在炉内喷入氨、尿素或氢氨酸作为还原剂还原氮氧化物，因此使用SNCR治理技术会在产污过程中在一定程度上降低氮氧化物产生量。在“2017版”中SNCR技术已经普遍应用，因此“2017版”氮氧化物产污系数明显低于“2007版”。

污染治理技术去除率整体“2017版”比“2007版”提升90.63%：一方面是在“2007版”低氮燃烧烟气脱硝的基础上，增加了催化还原或高效选择性催化还原法治理技术，治理效率平均提升15%～20%；另一方面“2007版”的低氮燃烧+SNCR治理技术之后均是直排，“2017版”在此基础上又增加了催化还原或高效选择性催化还原法治理技术，使氮氧化物去除率从0提升至70%～90%。因此“2017版”氮氧化物治理技术去除率较“2007版”明显提升。

（4）新增汞及其化合物产污系数及治理技术去除率

“2017版”较“2007版”增加汞及其化合物污染物，相应共新增产污系数21个，污染治理技术为“协同脱汞”，去除率为“25.73MHgar+84.12”（MHgar为收到基汞的含量，μg/g），共21个。

9.2.3 水泥行业

本节以《国民经济行业分类》（GB/T 4754—2017）中30非金属矿物制品业的小类行业——3011水泥制造业为主要对象开展分析。

9.2.3.1 产排污核算框架的变化

（1）行业产排污概况

水泥工业的发展程度是国民经济发展水平和综合实力的重要标志。我国是水泥生产与消费大国，占世界水泥产量的1/2以上。截至2015年，我国水泥产量已经连续30年居世界第一，成为产能严重过剩行业之一。自2008年以来，我国水泥产量增长速度逐步降低，已经进入了长期低速增长的阶段。2015年水泥产量23.48亿吨，首次出现了负增长。

2016年水泥产量24.03亿吨，同比增长3% ～ 5%。2017年水泥产量23.16亿吨，同比减少0.2%。在我国经济处于新常态发展需求下，未来一段时期水泥产量估计还将维持微负增长趋势。

“2007版”中产排污系数的行业分类是基于《国民经济行业分类》（GB/T 4754—2002）制定的。10年来，《国民经济行业分类》（GB/T 4754—2017）代码先后进行了两次修订。“2017版”将“2007版”的3111水泥制造调整为《国民经济行业分类》（GB/T 4754—2017）中的3011水泥制造。在这近十多年来，我国新型干法水泥生产技术取得了长足发展，水泥生产线工艺结构调整取得突破性进展，高产低耗、规模化、效益好的新型干法已基本实现普及。新型干法回转窑产量占比从2000年不到10% 发展到2015年底的97%（来自中国水泥网数据）。据不完全统计，国内现有水泥生产线2300多条，其中新型干法水泥生产线1700多条，粉磨站640多个。

水泥制造行业主要环境问题为废气污染，这些污染物主要产生于燃料端，此外在工艺过程中有一些颗粒物排放。且水泥制造行业一直以来就是能源、资源消耗大户，煤炭消耗量大，约占工业部门能源消耗总量的5%，对大气污染排放具有重大影响。据统计，我国水泥制造行业粉尘、SO_2和NO_x的排放量分别占全国工业生产总排放量的15% ～ 20%、3% ～ 4%、8% ～ 10%，是大气污染的重点排放源。

（2）两版系数构成的对比

“2017版”水泥制造行业基于《第二次全国污染源普查方案》对工业污染源普查内容的总体要求，并参照《第二次全国污染源普查工业污染源产污系数制定（不含VOCs）技术指南》中对污染物指标选择的具体规定，结合水泥制造行业产排污特征，确定了水泥制造行业的污染物指标。水泥制造行业“2017版”与“2007版”污染物指标变化情况见表9-15。

表9-15　水泥制造行业污染物指标变化总体情况

项目	“2007版”	“2017版”	变化情况
污染物指标	工业废水量、化学需氧量、工业废气量（窑炉）、工业废气量（工艺）、烟尘、工业粉尘、二氧化硫、氮氧化物、氟化物	工业废水量、化学需氧量、工业废气量、颗粒物、二氧化硫、氮氧化物、汞、挥发性有机物	“2017版”污染物指标数量由“2007版”的9个调整为8个，主要为对工业废气量（窑炉）、工业废气量（工艺）进行了整合调整，并删除烟尘、工业粉尘、氟化物污染指标，新增颗粒物、汞、挥发性有机物三种污染物指标
组合数量	9	19	“2017版”对系数组合进行了更加细致的划分，增加了10个系数组合
产污系数数量	94	71	“2007版”中二氧化硫等污染物指标，同一个组合对应三个不同的产污系数；“2017版”组合系数对应关系相对更加清晰和明确，一个组合下的污染物指标只对应一个具体的产污系数

“2017版”水泥制造行业确定的污染物指标为废水污染物和废气污染物，水泥制造企业不产生固体废物，故无工业固体废物指标；且重点的污染物指标为废气污染物，除工业废气量外主要为颗粒物、二氧化硫、氮氧化物、汞和挥发性有机物，废水污染物指标为工业废水量和化学需氧量。“2007版”中水泥制造行业的污染物指标包括废水污染物（工业废水量、化学需氧量）及废气污染物［工业废气量（窑炉）、工业废气量（工艺）、烟尘、工业粉尘、二氧化硫、氮氧化物、氟化物］。

随着我国对氮氧化物的控制力度不断加强，“2007版”时水泥窑还没有对氮氧化物指标进行控制，而“2017版”时期从源头控制污染物产生，节能技术推广、清洁生产水平不断提升，对氮氧化物的管控更加系统和完整。同时随着雾霾天气的大气污染现象日益受到关注，“2017版”删除了“2007版”中的烟尘和工业粉尘指标，设立了颗粒物指标，对颗粒物进行重点管控。另删除氟化物，增加了对汞和挥发性有机物等污染物指标的管控。

“2007版”针对水泥熟料煅烧过程中排放的烟气量和水泥生产过程中的原料破碎、生料粉磨、水泥粉磨、水泥包装和散装等有组织排放的废气总量，分别设立了工业废气量（窑炉）和工业废气量（工艺）指标。“2017版”则依据《排污许可证申请与核发技术规范 水泥工业》中水泥生产过程的单位产品基准污染物排气量，对工业废气量（窑炉）、工业废气量（工艺）进行了调整，在新型干法水泥工艺中细分了新型干法（窑尾）、新型干法（窑头）、新型干法（一般排放口），并在新型干法（窑尾）设立工业废气量指标。

9.2.3.2 产排污水平主要影响因素的变化

“2017版”水泥制造行业的产品、原料和生产规模相较于“2007版”均没有发生变化。十年来，水泥制造行业最主要的变化在生产工艺和末端治理技术的调整和升级上。变化总体情况见表9-16。

表9-16 产品/原料/工艺/规模/治理技术的变化总体情况

项目	“2007版”	“2017版”	变化情况
产品数量	2	2	无变化，均为水泥和熟料两种产品
原料数量	2	2	无变化，均为钙、硅铝铁质和熟料混合材料两种原料
工艺数量	3	5	新增两个，在新型干法水泥工艺中细分了新型干法（窑尾）、新型干法（窑头）、新型干法（一般排放口）
规模数量	9	9	无变化，沿用了“2007版”的生产规模分类
末端治理技术数量	6	7	主要增加了SCR和SNCR等处理工艺

① 新型干法水泥生产线是目前我国主流的水泥生产线，工艺流程可概括为“两磨一烧”，即生料制备、熟料煅烧、水泥粉磨，此外还有很少一部分立窑。“2017版”统一采

用污染物去除效率核算排污量，取消了“2007版”排污系数，同时水泥制造90%以上采用新型干法技术。

②“2007版”水泥制造行业还未对二氧化硫和氮氧化物等污染物指标进行针对性的末端治理，基本为直排方式处理。而目前水泥常用的NO_x控制技术主要分为燃烧中和燃烧后控制技术。燃烧中控制技术即燃烧方式的改进，主要包括分级燃烧和低氧燃烧，以及烟气再循环。水泥窑炉常用的燃烧后控制技术，即烟气脱硝技术，分为选择性非催化还原法和选择性催化还原法两大类，“2017版”对于氮氧化物的末端治理也基本以SNCR和SCR为主。而水泥制造行业当前SO_2排放浓度不高，目前基本没有单独使用烟气脱硫装置的企业，末端治理技术为直排或者其他的处理方式。

“2007版”期间水泥制造行业对于烟尘和工业粉尘的末端治理以过滤式除尘和静电除尘为主，至“2017版”调整为颗粒物指标后，末端治理主要为袋式除尘、静电除尘和电袋除尘。在新型干法生产工艺颗粒物的末端治理中，窑头静电除尘器占75%以上，25%的为布袋除尘器；窑尾95%的为布袋除尘器，少数为静电除尘器或电袋除尘器。

9.2.3.3　产排污水平及治理技术水平的变化

水泥制造行业主要的环境污染为产生的大气污染物对大气环境的影响。“2017版”期间水泥制造行业二氧化硫、氮氧化物、颗粒物和挥发性有机物均是排放占比较大的污染物指标。由于“2007版”没有对颗粒物和挥发性有机物进行核算管控，故对二氧化硫和氮氧化物十年来的产排污水平和治理技术水平的变化进行分析。二氧化硫和氮氧化物的产排污水平及治理技术水平的变化主要体现在产排污系数的变化和治理技术处理效率的变化上。对比结果分别见表9-17和表9-18。由对比结果可知，“2017版”水泥产品新型干法生产工艺≥4000t熟料/d、2000～4000t熟料/d、≤2000t熟料/d三种生产规模的二氧化硫产污系数分别平均降低了16.92%、25.75%和34.94%；立窑生产工艺≥10×10^4t水泥/a和＜10×10^4t水泥/a的产污系数分别降低了11.97%和29.63%；熟料产品新型干法生产工艺≥4000t熟料/d和＜4000t熟料/d的产污系数则分别降低了16.81%和25.84%。“2007版”二氧化硫均没有进行末端治理，全部以直排方式处理。至“2017版”，二氧化碳的末端处理以直排和其他处理技术为主，其他处理技术的末端治理效率为30%～40%。氮氧化物水泥产品新型干法生产工艺≥4000t熟料/d、2000～4000t熟料/d、≤2000t熟料/d三种生产规模的产污系数分别平均降低了20.01%、10.02%和10.02%；立窑生产工艺≥10×10^4t水泥/a的产污系数降低了9.88%，＜10×10^4t水泥/a的产污系数则无变化；由于“2007版”和“2017版”熟料产品新型干法生产工艺≥4000t熟料/d和＜4000t熟料/d的产污系数和水泥产品是相同的，故产污系数变化情况也一致。“2007版”氮氧化物的处理方式也均为直排，“2017版”则使用SCR和SNCR等处理技术，处理效率为15%～80%。

表9-17　水泥制造行业二氧化硫系数对比分析

版本	产品	原料	工艺	规模	污染物	系数单位	产污系数	治理技术	去除率/%	排污系数	平均去除率/%	平均排污系数	备注
“2007版”	水泥	钙、硅铝、铁质原料	新型干法	≥4000t 熟料/d	二氧化硫	kg/t 熟料	0.132	直排	0	0.132	0	0.238	①“2017版”将新水泥和熟料的新型干法生产工艺细分为新型干法（窑尾）、新型干法（窑头）、新型干法（一般排放口），并在新型干法（窑尾）给出二氧化硫的产排污系数；②“2007版”二氧化硫产排污系数用区间表达，具体选用时依据燃烧用煤中的全硫含量取值，“2017版”一个组合只对应一个产污系数；③“2007版”和“2017版”水泥和熟料的新型干法生产工艺各自的产污系数相同
							0.198			0.198			
							0.385			0.385			
				2000～4000t 熟料/d			0.146			0.146		0.267	
							0.218			0.218			
							0.436			0.436			
				≤2000t 熟料/d			0.158			0.158		0.304	
							0.238			0.238			
							0.517			0.517			
“2017版”			新型干法（窑尾）	≥4000t 熟料/d		kg/t 产品	0.198	其他	30	0.139	30	0.139	
				2000～4000t 熟料/d			0.198	其他	30	0.139	30	0.139	
				≤2000t 熟料/d			0.198	其他	30	0.139	30	0.139	
“2007版”			立窑	$\geqslant 10\times10^4$t 水泥/a		kg/t 熟料	0.234	直排	0	0.234	0	0.393	
							0.351			0.351			
							0.595			0.595			
				$<10\times10^4$t 水泥/a			0.257			0.257		0.455	
							0.386			0.386			
							0.722			0.722			
“2017版”				$\geqslant 10\times10^4$t 水泥/a		kg/t 产品	0.351	其他	30	0.248	30	0.248	
				$<10\times10^4$t 水泥/a			0.351	其他	30	0.248	30	0.248	

续表

版本	产品	原料	工艺	规模	污染物	系数单位	产污系数	治理技术	去除率/%	排污系数	平均去除率/%	平均排污系数	备注
“2007 版”	熟料	钙、硅铝、铁质原料	新型干法	≥4000t 熟料/d	二氧化硫	kg/t 产品	0.132	直排	0	0.132	0	0.238	
							0.198			0.198			
							0.385			0.385			
				＜4000t 熟料/d			0.146			0.146		0.267	
							0.218			0.218			
							0.436			0.436			
“2017 版”			新型干法（窑尾）	≥4000t 熟料/d			0.198	其他	40	0.119	40	0.119	
				＜4000t 熟料/d			0.198	其他	40	0.119	40	0.119	

表9-18 水泥制造行业氮氧化物系数对比分析

版本	产品	原料	工艺	规模	污染物	系数单位	产污系数	治理技术	去除率/%	排污系数	平均去除率/%	平均排污系数	备注
“2007版”	水泥	钙、硅铝、铁质原料	新型干法	≥4000t熟料/d	氮氧化物	kg/t 熟料	1.584	直排	0	1.584	0	1.584	①“2017版”将新水泥和熟料的新型干法生产工艺细分为新型干法（窑尾）、新型干法（窑头）、新型干法（一般排放口），并在新型干法（窑尾）给出氮氧化物的产排污系数；②“2007版”和“2017版”水泥和熟料的新型干法生产工艺各自的氮氧化物的产污系数相同
				2000～4000t熟料/d			1.746	直排	0	1.746	0	1.746	
				≤2000t熟料/d			1.746	直排	0	1.746	0	1.746	
“2017版”			新型干法（窑尾）	≥4000t熟料/d		kg/t 产品	1.267	SCR	80	0.253	51.67	0.612	
								SNCR	60	0.507			
								其他	15	1.077			
				2000～4000t熟料/d			1.571	SCR	80	0.314	51.67	0.759	
								SNCR	60	0.628			
								其他	15	1.335			
				≤2000t熟料/d			1.571	SCR	80	0.314	51.67	0.759	
								SNCR	60	0.628			
								其他	15	1.335			
“2007版”			立窑	≥10×10^4t水泥/d		kg/t 熟料	0.243	直排	0	0.243	0	0.243	
				<10×10^4t水泥/d			0.202	直排	0	0.202	0	0.202	
“2017版”				≥10×10^4t水泥/d		kg/t 产品	0.219	SNCR	—	—	15	0.186	
								其他	15	0.186			
				<10×10^4t水泥/d			0.202	SNCR	—	—	15	0.172	
								其他	15	0.172			

续表

版本	产品	原料	工艺	规模	污染物	系数单位	产污系数	治理技术	去除率/%	排污系数	平均去除率/%	平均排污系数	备注
“2007 版”	熟料	钙、硅铝、铁质原料	新型干法	≥4000t 熟料/d	氮氧化物	kg/t 产品	1.584	直排	0	1.584	0	1.584	
				＜4000t 熟料/d			1.746	直排	0	1.746	0	1.746	
“2017 版”			新型干法（窑尾）	≥4000t 熟料/d			1.267	SCR	80	0.253	51.67	0.612	
								SNCR	60	0.507			
								其他	15	1.077			
				＜4000t 熟料/d			1.571	SCR	80	0.314	51.67	0.759	
								SNCR	60	0.628			
								其他	15	1.335			

9.2.4 铝冶炼行业

本节以《国民经济行业分类》（GB/T 4754—2017）中32有色金属冶炼和压延加工业的小类行业——3216铝冶炼行业为主要对象开展分析。

9.2.4.1 产排污核算框架的变化

（1）行业产排污概况

铝冶炼行业产污的主要影响因素为生产工艺。氧化铝生产的污染物排放以大气污染物为主，主要污染物类型是颗粒物、二氧化硫和氮氧化物。目前国内氧化铝生产以拜耳法为主，其主要大气污染源是氢氧化铝焙烧炉。国内电解铝企业均采用预焙槽，其烟气中的主要污染物是氟化物、粉尘和二氧化硫。

氧化铝生产过程的产污环节有原燃料贮运、破碎、筛分、石灰炉窑、石灰乳制备、熟料烧成窑、氢氧化铝焙烧炉、氧化铝贮运及包装等。氧化铝生产的主要污染物是颗粒物和SO_2，主要源于熟料烧成窑和氢氧化铝焙烧窑，二者均采用电除尘器除尘。氧化铝生产工业用水在氧化铝生产流程中所起的作用主要体现在设备冷却、物料冷却、物料的配制与洗涤、能量传递（蒸汽加热）、物料（料浆）输送等多方面。氧化铝生产产生的废水经污水处理厂处理后作为补充水用于生产过程，可以做到生产废水“零排放”。

电解铝的产排污源主要为电解槽烟气、物料贮运系统废气、电解槽大修渣等。铝电解预焙槽烟气中的主要污染物是氟化物和粉尘。目前我国预焙槽烟气均采用干法技术治理，技术比较成熟。大型电解槽烟气净化系统基本上能保持正常、高效运行，氟化物净化效率超过98%。电解槽烟气其实是烟气和粉尘的混合物，所以烟气中有气体和固体两种成分。气态物质的主要成分是氟化氢（HF）及二氧化硫（SO_2）等。电解铝厂危险废物以电解槽大修渣为主，该渣浸出液中氟化物浓度＞100mg/L，氰化物浓度有的超过5mg/L。

（2）两版系数构成的对比

铝冶炼行业“2017版”系数与“2007版”系数变化总体情况见表9-19。

“2007版”和“2017版”污染物指标数量分别为11个和12个，“2017版”部分污染物指标做了调整，去除了挥发酚指标，增加了总氮指标和氮氧化物指标。其中，氧化铝产品的系数新增3个产污系数指标：氨氮、总氮、氮氧化物。“2007版”产污系数共计59个，“2017版”产污系数共计26个，新增系数5个，总体数量与“2007版”相比减少了55.93%。“2017版”系数与“2007版”系数相比产品和原料没有变化，但是工艺和规模等做了调整，组合数量减少了2个。

表9-19 铝冶炼行业系数变化总体情况

项目	"2007版"	"2017版"	变化情况
行业代码	3316	3216	原行业代码由3316改为3216
行业名称	铝冶炼行业	铝冶炼行业	
污染物指标	工业废水量、化学需氧量、石油类、氨氮、挥发酚、工业废气量、二氧化硫、工业粉尘、氟化物、固体废物、危险废物	工业废水量、化学需氧量、氨氮、总氮、石油类；工业废气量、二氧化硫、氮氧化物、氟化物、颗粒物；一般工业固体废物、危险废物	增加了总氮、氮氧化物
核算环节数量	—	2	增加电解铝生产和氧化铝生产两个工段
产品数量	2	2	无
原料数量	2	2	无
工艺数量	4	3	减少了烧结法
规模数量	3	1	"2017版"生产规模统一设置为所有规模
组合数量	5	3	减少了2个
产污系数数量	59	26	减少了55.93%
末端治理技术数量	5	3	"2017版"主要是对废水的沉淀分离，对颗粒物的静电除尘，以及对一般工业固体废物的安全处置

9.2.4.2 产排污水平主要影响因素的变化

①"2017版"生产工艺分为拜耳法生产氧化铝、联合法生产氧化铝、熔盐电解法，去除了烧结法工艺。"2007版"氧化铝-铝矿石-联合法"四同组合"修订为氧化铝-铝矿石-混联法"四同组合"。

② 原铝-氧化铝-熔盐电解法"四同组合"的生产规模由槽型等级≥160kA和＜160kA的分类调整为所有规模。

9.2.4.3 产排污水平及治理技术水平的变化

氧化铝企业近年来积极进行工艺技术改造，采取各种治理措施，执行"清污分流、一水多用"后，做到了工业用水和排水封闭循环不外排，工业废水可按照"零排放"计算。电解铝工序不产生工艺废水。铝冶炼业的污染物排放以大气污染物为主，主要污染物类型是颗粒物、二氧化硫和氮氧化物。

由于"2017版"中与"2007版"的氧化铝-铝矿石-拜耳法生产组合相同，其余"四同组合"均有差异，故只对氧化铝-铝矿石-拜耳法生产组合的二氧化硫、颗粒物的产排污系数进行对比分析，对比结果分别见表9-20和表9-21。由对比结果可知，"2017版"产污系数大幅降低，二氧化硫的产污系数平均降低了89.83%，颗粒物的产污系数降低了72.82%，并且颗粒物的排污系数降低了48.67%。

表9-20　铝冶炼业二氧化硫系数对比分析

版本	工段名称	产品	原料	工艺	规模	污染物	系数单位	产污系数			末端治理技术名称	去除率/%	排污系数	备注
“2007版”	不区分	氧化铝	铝土矿	拜尔法	所有规模	二氧化硫	kg/t产品	氢氧化铝焙烧炉	天然气	0.137	直排	0	0.137	产污系数平均降低了89.83%，末端去除效率都是0
									重油	3.5	直排	0	3.5	
									低硫煤煤气或脱硫煤气	0.81	直排	0	0.81	
									中硫煤煤气	1.97	直排	0	1.97	
									高硫煤煤气	4.4	直排	0	4.4	
“2017版”	氧化铝生产	氧化铝	铝土矿	拜尔法	所有规模	二氧化硫	kg/t产品	0.22			—	0	0.22	

表9-21　铝冶炼业颗粒物系数对比分析

版本	工段名称	产品	原料	工艺	规模	污染物	系数单位	产污系数	末端治理技术名称	去除率/%	排污系数	备注
“2007版”	不区分	氧化铝	铝土矿	拜尔法	所有规模	工业粉尘	kg/t产品	51	静电除尘法	99.74	0.135	产污系数降低了72.82%，排污系数降低了48.67%
“2017版”	氧化铝生产	氧化铝	铝土矿	拜尔法	所有规模	颗粒物	kg/t产品	13.86	静电除尘法	99.5	0.0693	

9.2.5　铅锌冶炼行业

本节以《国民经济行业分类》（GB/T 4754—2017）中32有色金属冶炼和压延加工业的小类行业——3212铅锌冶炼行业为主要对象开展分析。

9.2.5.1　产排污核算框架的变化

（1）行业产排污概况

铅冶炼过程中，鼓风炉熔炼或直接熔炼、粗铅初步火法精炼、阴极铅精炼铸锭、鼓风炉渣处理、各类中间产物（如铜浮渣）的处理、鼓风炉烟尘综合回收等工序均有废气产生。废气主要包括二氧化硫、氮氧化物、颗粒物，以及铅、砷、镉、汞等重金属，各工序收尘器所收烟尘均返回生产流程用于金属回收。

铅冶炼生产过程中的废水包括炉窑设备冷却水、烟气净化废水、冲渣废水、初期雨水及冲洗废水等。其中含有重金属的废水主要有烟气净化废水、冲洗废水及初期雨水等，涉及的重金属有铅、砷、镉、汞等。铅冶炼生产过程中产生的固体废物主要有烟化炉渣、浮渣处理炉窑炉渣、煤气发生炉渣、脱硫渣、含砷废渣等。冶炼过程中产生的烟尘、浮渣、阳极泥、氧化铅渣等均属于中间产品，需返回工艺流程或单独处理。

锌冶炼的产排污环节主要在备料工序，在原、辅材料和燃料的贮存、输送和配料过程中，会产生含工业颗粒物、重金属的废气，该废气经除尘器除尘后排放。锌冶炼生产过程中的废水包括炉窑设备冷却水、烟气净化废水、冲渣废水、初期雨水及冲洗废水等。其中含有重金属的废水主要有烟气净化废水、冲洗废水及初期雨水等，涉及的重金属有铅、砷、镉、汞等。锌冶炼过程中的固废产生较多，主要有各种浸出渣、净液滤渣、熔铸浮渣、阳极泥、鼓风炉渣、收尘、废催化剂等，其中的大部分为中间产物，有价元素含量较高，有必要进行回收。

（2）两版系数构成的对比

铅锌冶炼行业“2017版”系数与“2007版”系数变化总体情况见表9-22。

表9-22　铅锌冶炼行业系数变化总体情况

项目	“2007版”	“2017版”	变化情况
行业代码	3312	3212	原行业代码由3312改为3212
行业名称	铅锌冶炼行业		
污染物指标	工业废气量、二氧化硫、烟尘、工业废水量、化学需氧量、汞、镉、铅、砷、一般固体废物、危险废物	工业废气量、二氧化硫、氮氧化物、颗粒物、工业废水量、化学需氧量、氨氮、总磷、总氮、汞、镉、铅、砷、一般固体废物、危险废物	增加了氨氮、总磷、总氮、氮氧化物
产品数量	9	8	减少了11.11%
原料数量	11	13	增加了18.18%
工艺数量	18	21	增加了16.67%

续表

项目	"2007版"	"2017版"	变化情况
规模数量	5	1	调整为所有规模
组合数量	20	22	保留"2007版"14个影响因素组合，新增8个影响因素组合
产污系数数量	124	398	沿用"2007版"63个产污系数，修订61个产污系数，新增274个产污系数，增加了220.97%
末端治理技术数量	13	19	数量增加了46.15%

"2007版"污染物指标为11个，"2017版"污染物指标为15个，增加了氨氮、总磷、总氮、氮氧化物。废气指标包括工业废气量、二氧化硫、氮氧化物、颗粒物；废水指标包括工业废水量、化学需氧量、氨氮、总磷、总氮、汞、镉、铅、砷。"2007版"产污系数共计124个，"2017版"产污系数共计398个。"2017版"中沿用"2007版"63个产污系数，修订61个产污系数，新增274个产污系数，"2017版"系数个数同比增加220.97%。

9.2.5.2 产排污水平主要影响因素的变化

① 与"2007版"相比，"2017版"在产污系数影响因素组合的基础上有所调整，适当补充了部分新原料、新生产工艺的影响因素组合8个（原生铅冶炼新增3组影响因素组合；再生铅冶炼新增3组影响因素组合，原生锌冶炼新增2组影响因素组合）。例如，富氧熔炼-液态高铅渣还原炼铅、闪速熔炼工艺炼铅、短窑熔炼工艺处理废旧铅酸蓄电池产出的铅膏、富氧浸出-湿法炼锌系统等是在"2007版"以后出现的新工艺。原料去除了冰铜铳、冰铜渣、次氧化锌等，增加了铅膏、含铅废料、含锌废料等。"2017版"中，生产规模调整为所有规模。

②"2007版"中污染严重的烧结机工艺已被淘汰，目前通用的炼铅工艺可概括为传统炼铅法与直接炼铅法两大类，而直接炼铅法可简单分为熔池熔炼和闪速熔炼两种。再生铅冶炼主要存在两种工艺路线：一种是和原生铅混合冶炼，采取"富氧熔炼-液态高铅渣还原炼铅+精炼"工艺；另一种是再生铅单独冶炼，主要采取侧吹炉熔炼工艺或短窑熔炼工艺等。

目前通过锌精矿生产精炼锌的冶炼主要有：火法冶炼和湿法冶炼两种工艺。火法炼锌中的竖罐蒸馏炼锌已趋淘汰，电炉炼锌规模小且未见新的发展。密闭鼓风炉炼铅锌是最主要的火法炼锌方法。

9.2.5.3 产排污水平及治理技术水平的变化

铅锌冶炼行业的废气污染物的排放量在有色金属冶炼行业总排放量中占比较高，由于"2007版"没有氮氧化物指标的核算，所以重点比对分析二氧化硫和颗粒物的系数变化，比对结果见表9-23、表9-24。由比对结果可知，生产工艺水平的改变使得产污系数明显降低。

表9-23　铅锌冶炼行业二氧化硫系数变化总体情况

版本	产品	原料	工艺	规模	二氧化硫产污系数	治理技术	去除率/%	排污系数（折算）	备注
“2007版”	焙砂	锌精矿	焙烧炉工艺	所有规模	621.8	烟气制酸-二转二吸	98.92	6.706	“2017版”产污系数”比“2007版”产污系数降低了97.85%，排污系数平均降低了90.92%
						烟气制酸-一转一吸	96.00	24.87	
“2017版”	锌焙砂	锌精矿	焙烧炉工艺	所有规模	13.385	石灰/石灰石-石膏法	90	1.3385	
						有机溶液循环吸收法	90	1.3385	
						金属氧化物吸收法	90	1.3385	
						活性焦吸附法	90	1.3385	
						氨法吸收法	90	1.3385	
						钠碱法	85	2.008	
						双氧水脱硫法	90	1.3385	
“2007版”	粗铅	铅精矿	烧结锅-鼓风炉炼铅	所有规模	504.6	直排	0	504.6	“2017版”比“2007版”产污系数降低了90.51%，排污系数平均降低了98.98%
“2017版”	粗铅	铅精矿	富氧熔炼-鼓风炉还原炼铅工艺	所有规模	48.545	石灰/石灰石-石膏法	90	4.8545	
						有机溶液循环吸收法	90	4.8545	
						金属氧化物吸收法	90	4.8545	
						活性焦吸附法	90	4.8545	
						氨法吸收法	90	4.8545	
						钠碱法	85	7.2818	
						双氧水脱硫法	90	4.8545	
	粗铅	铅精矿	富氧熔炼-液态高铅渣还原炼铅工艺	所有规模	47.259	石灰/石灰石-石膏法	90	4.7259	
						有机溶液循环吸收法	90	4.7259	
						金属氧化物吸收法	90	4.7259	
						活性焦吸附法	90	4.7259	
						氨法吸收法	90	4.7259	
						钠碱法	85	7.0889	
						双氧水脱硫法	90	4.7259	

表9-24　铅锌冶炼行业颗粒物系数变化总体情况

产品	原料	工艺	版本	规模	污染物指标	产污系数	治理技术	去除率/%	排污系数（折算）	小结
粗铅	铅精矿	水口山法炼铅	“2007版”	所有规模	烟尘	320	过滤式除尘法/静电除尘法	99.63	1.196	产污系数降低了51.22%，排污系数升高了58.75%
		烧结锅-鼓风炉炼铅				227.2	过滤式除尘法/湿法除尘法	89.54	23.77	
粗铅	铅精矿	富氧熔炼-鼓风炉还原炼铅工艺	“2017版”	所有规模	颗粒物	133.459	湿式除尘法（喷淋塔）	80	26.69	
							湿式除尘法（文丘里）	90	13.35	
							湿式除尘法（泡沫塔）	95	6.67	
							湿式除尘法（动力波）	99	1.33	
							过滤除尘法（布袋除尘器-覆膜）	99.5	0.67	
							过滤除尘法（布袋除尘器-无覆膜）	99	1.33	
							电除尘技术	99	1.33	
							旋风除尘	65	46.71	
							石灰/石灰石-石膏法、活性焦吸附法、	50	66.73	
							有机溶液循环吸收法、金属氧化物吸收法、氨法吸收法、钠碱法、双氧水脱硫法	75	33.36	
粗锌	焙砂	电炉炼锌工艺	“2007版”	所有规模	烟尘	129.3	过滤式除尘法	96.60	4.4	产污系数升高了14.19%，排污系数升高了398.32%
粗锌	锌焙砂	电炉炼锌工艺	“2017版”	所有规模	颗粒物	147.649	湿式除尘法（喷淋塔）	80	29.53	
							湿式除尘法（文丘里）	90	14.76	
							湿式除尘法（泡沫塔）	95	7.38	
							湿式除尘法（动力波）	99	1.48	
							过滤除尘法（布袋除尘器-覆膜）	99.5	0.74	
							过滤除尘法（布袋除尘器-无覆膜）	99	1.48	
							电除尘技术	99	1.48	
							旋风除尘	65	51.68	
							石灰/石灰石-石膏法、活性焦吸附法	50	73.82	
							有机溶液循环吸收法、金属氧化物吸收法、氨法吸收法、钠碱法、双氧水脱硫法	75	36.91	

续表

产品	原料	工艺	版本	规模	污染物指标	产污系数	治理技术	去除率/%	排污系数（折算）	小结
焙砂	锌精矿	焙烧炉工艺	“2007版”	所有规模	烟尘	117.7	过滤式除尘法/静电除尘法	100	0	产污系数降低了90.59%，排污系数平均降低了8.46%
							过滤式除尘法	98.47	1.797	
锌焙砂	锌精矿	焙烧炉工艺	“2017版”	所有规模	颗粒物	11.072	湿式除尘法（喷淋塔）	80	2.21	
							湿式除尘法（文丘里）	90	1.11	
							湿式除尘法（泡沫塔）	95	0.55	
							湿式除尘法（动力波）	99	0.11	
							过滤除尘法（布袋除尘器-覆膜）	99.5	0.06	
							过滤除尘法（布袋除尘器-无覆膜）	99	0.11	
							电除尘技术	99	0.11	
							旋风除尘	65	3.88	
							石灰/石灰石-石膏法、活性焦吸附法	50	5.54	
							有机溶液循环吸收法、金属氧化物吸收法、氨法吸收法、钠碱法、双氧水脱硫法	75	2.77	

“2017版”产污系数大幅降低，二氧化硫的产污系数平均降低了94.18%，排污系数也实现较大幅降低，降幅为94.95%左右。末端治理技术也由“2007版”二氧化硫的烟气制酸或直排末端处理技术变为有机溶液循环吸收法、金属氧化物吸收法、氨法吸收法等多种治理技术。“2017版”的颗粒物产污系数中有的组合是升高的，有的组合是降低的，平均降低42.54%。

9.2.6 造纸行业

本节以《国民经济行业分类》（GB/T 4754—2017）中22造纸和纸制品业的小类行业——2221机制纸及纸板制造行业为主要对象开展分析。

9.2.6.1 产排污核算框架的变化

（1）行业产排污概况

从2007年第一次全国污染源普查至今，随着产业结构的调整、工艺技术的进步、环境监管及治理力度的加大，产业结构及末端治理水平等均发生了较大的变化，从2009年以来，我国纸及纸板的生产和消费量一直稳居世界第一，在世界制浆造纸工业中起着举足轻重的作用。按照2007～2017年《中国造纸工业年度报告》数据统计，全国纸及纸板总产量总体呈上涨趋势。2007～2017年增速较快，11年间总体增长51.43%，2007～2017年除新闻纸产量出现下滑外，其他类型纸及纸板生产量发展较为平稳，其中箱纸板、瓦楞原纸、未涂布印刷书写纸和白纸板为主要生产类型。

造纸行业“2017版”系数制定与“一污普”时期相比，造纸生产使用的浆种未发生新的明显变化；造纸行业采用的生产工艺，除小部分制浆工艺类型进行了局部改良外，主要生产工艺和产品未发生重大变革；造纸行业生产工艺产污节点（源项）和污染因子，基本未发生新的变化。

随着国家和地方公布一系列产业经济技术及环保政策法规，以及标准的实施，不符合环保要求和经济效益的企业陆续关停，生产线向大规模发展。造纸企业在节能减排、清洁生产方面开展了较多的工作，并且配套完善的污染治理设施，“规模”的影响因素较小，因此“原料”“产品”“工艺”3方面为行业污染物产生与排放的主要影响因素。行业呈现出在产量逐年提升的情况下，资源消耗和污染物排放大幅降低的良性变化趋势。

机制纸及纸板制造生产工艺过程主要为：外购商品纸浆或自产纸浆经备浆工段进行碎浆或磨浆，由流送工段配浆并去除杂质后，上网成型，经压榨部脱水，干燥部烘干，并根据产品要求选择施胶或涂布，再经压光、卷纸生产纸或纸板。废水主要由打浆、流送、成型、压榨、施胶或涂布等工段产生，主要污染物为化学需氧量、五日生化需氧量等。

机制纸及纸板制造生产过程产生的废水经回收纤维后，一级处理一般采用混凝沉淀或气浮，化学需氧量去除率在30%～75%；二级处理采用单独的活性污泥法好氧处理单元，通常可选择完全混合活性污泥法或A/O处理工艺，化学需氧量去除率在60%～90%；企业根据需要选择三级处理工序，一般采用混凝沉淀或气浮，化学需氧量去除率在30%～75%。

（2）两版系数构成的对比

"2007版"中，造纸和纸制品业包含5个小类行业，至"2017版"增至7个小类行业，小类行业数增加了40%；"2007版"中，造纸和纸制品业共有产污系数431个，至"2017版"共有344个产污系数，减幅为20.19%。

2221机制纸及纸板制造行业的"2007版"产排污系数按照产品、原料、工艺的组合分类，基本符合当前行业发展情况。所以"2017版"的机制纸及纸板制造行业的产品、原料、工艺与"2007版"基本一致，"2017版"中将"2007版"的以范围值表述的污染物产污系数确定为唯一数值。机制纸及纸板制造行业"2017版"与"2007版"系数变化总体情况见表9-25。

表9-25　机制纸及纸板制造行业系数变化总体情况

项目	"2007版"	"2017版"	"2017版"变化情况
行业代码	2221	2221	无
行业名称	机制纸及纸板制造	机制纸及纸板制造	
污染物指标	工业废水量、化学需氧量、五日生化需氧量	工业废水量、化学需氧量、五日生化需氧量	无
产品数量	12	12	无
原料数量	8	8	无
工艺数量	2	2	抄纸明确为机械法抄纸
组合数量	37	13	减少24个，"2017版"生产规模统一设置为所有规模
产污系数数量	244	104	减少了57.38%
末端治理技术数量	26	6	减少了76.92%

"2007版"与"2017版"的废水污染指标数量均为3个，分别是工业废水量、化学需氧量、五日生化需氧量。"2017版"产污系数共计104个，"2007版"产污系数共计244个，"2017版"生产规模统一设置为所有规模，与"2007版"相比组合数量减少了24个，产污系数数量与"2007版"相比减少了57.38%。

9.2.6.2　产排污水平主要影响因素的变化

① 工艺名称由"2007版"中的抄纸明确为机械法抄纸。

② 所有产品的核算规模由细分的不同规模等级调整为所有规模。

③ 原来的末端治理技术包括4种物理处理法、3种化学处理法、9种生物处理法及10种组合工艺处理法。“2017版”共有6种处理工艺且均为组合处理工艺，其中4种为3种工艺技术的组合，分别为化学混凝法+好氧生物处理法+化学混凝法、化学混凝法+好氧生物处理法+上浮分离、上浮分离+好氧生物处理法+化学混凝法、上浮分离+好氧生物处理法+上浮分离。

9.2.6.3 产排污水平及治理技术水平的变化

“2007版”中污染物产排污系数均为范围值，“2017版”中将“2007版”的以范围值表述的污染物产污系数确定为唯一数值（表9-26）。

COD排放强度明显下降：造纸行业，COD是重点污染物，相比“2007版”，“2017版”的COD产污系数明显下降。但由于废水污染物处理工艺由单级向多级综合处理转变，污染物处理水平逐渐提升，污染物去除率较“2007版”有明显提高。“2017版”COD排放强度（单位产品的COD排放量）下降40%～80%。

9.2.7 牲畜屠宰和禽类屠宰业

本节以《国民经济行业分类》(GB/T 4754—2017）中13农副食品加工业的小类行业——1351牲畜屠宰及1352禽类屠宰行业为主要对象开展分析。

9.2.7.1 产排污核算框架的变化

自2011年起，将原《国民经济行业分类》(GB/T 4754—2002）中的1351畜禽屠宰分解为1351牲畜屠宰和1352禽类屠宰。牲畜屠宰行业（行业代码1351）主要是指对各种牲畜进行宰杀，以及鲜肉冷冻等保鲜活动（不包括商业冷藏）。禽类屠宰（行业代码1352）指对各种禽类进行宰杀，以及鲜肉冷冻等保鲜活动（不包括商业冷藏）。

（1）行业产排污概况

屠宰行业的主要污染物来自清洗过程中产生的废水（包括待宰间冲洗水、屠宰过程中冲洗胴体水、车辆冲洗水、设备冲洗水等），废水中有机物浓度高，主要污染物为化学需氧量、氨氮、总氮、总磷等。

屠宰行业水污染物的产生主要与屠宰工艺和规模相关。目前国内屠宰加工企业约1/5为规模化屠宰，其余4/5机械化水平低。从2017年全国肉类供应量来看，猪肉产量占比62%，禽类占比22%。

猪牛羊屠宰主要生产工艺过程可分为宰杀和分割两个工段。宰杀生产出白条肉，然后再进行分割生产出分割肉。禽类屠宰主要生产过程工序相对紧凑，通常在一个车间完成，产品主要为禽肉，还有部分羽毛。

表9-26 2221机制纸及纸板制造行业化学需氧量系数对比分析

版本	产品	原料	工艺	规模	污染物	系数单位	产污系数	末端治理技术	去除率/%	排污系数（折算）
“2007版”	新闻纸	机械木浆、废纸浆	抄纸	$\geqslant 10\times10^4$t/a	化学需氧量	g/t产品	10000～31000	A/O工艺	—	1000～2100
								SBR	—	1210～2540
								化学法+生物法	—	1050～2450
				5×10^4～10×10^4t/a			15000～35000	A/O工艺	—	1810～3550
								化学法+生物法	—	1320～2570
				$\leqslant 5\times10^4$t/a			18000～47000	化学混凝法	—	3610～9230
								物理法+化学法	—	2750～7620
								活性污泥法	—	2450～5820
“2017版”	新闻纸	机械木浆、废纸浆	机械法抄纸	所有规模	化学需氧量	g/t产品	1.06×10^4	化学混凝法+好氧生物处理法+化学混凝法	96.94	324.36
								上浮分离+好氧生物处理法+上浮分离	91	954
								化学混凝法+好氧生物处理法+上浮分离	94.75	556.5
								上浮分离+好氧生物处理法+化学混凝法	94.75	556.5
								化学混凝法+好氧生物处理法	91.25	927.5
								上浮分离+好氧生物处理法	85	1590

规模以上屠宰加工企业一般经企业内污水处理站处理后排放，而中小企业则多采用间接排放，由市政污水处理厂集中处理。在废水治理技术方面，多采用生化处理为主、物化处理为辅的综合治理路线。其中规模化企业多采用厌氧与好氧相结合的工艺，在此基础上加入物化处理技术，小型企业主要采用简单的好氧生物处理技术。

（2）两版系数构成的对比

牲畜屠宰行业“2017版”系数与“2007版”系数变化总体情况见表9-27。

“2007版”污染物指标共6个，“2017版”污染物指标共5个，删掉了五日生化需氧量的指标，主要为废水指标：工业废水量、化学需氧量、氨氮、总磷、总氮。“2007版”产污系数共计180个，“2017版”产污系数共计201个。其中“2007版”核算系数有两套，一为以原料核算，二为以活屠重核算，而“2017版”系数均为以原料核算。将“2007版”系数按相同组合去重后为78个，2017版系数数量同比增加157.69%。

表9-27　牲畜屠宰行业系数变化总体情况

项目	“2007版”	“2017版”	变化情况
行业代码	1351	1351	原畜禽屠宰分解为1351牲畜屠宰和1352禽类屠宰
行业名称	畜禽屠宰	牲畜屠宰	
污染物指标	工业废水量、化学需氧量、五日生化需氧量、氨氮、总磷、总氮	工业废水量、化学需氧量、氨氮、总磷、总氮	无五日生化需氧量指标
核算环节数量	—	2	增加屠宰和分割两个工段
产品数量	2	4	增加牛肉、白条肉
原料数量	2	4	增加活牛、白条肉
工艺数量	1	5	增加半机械化屠宰、机械化屠宰、简单机械化屠宰等
规模数量	3	7	猪肉屠宰增加70头以下和70～1500头
组合数量	4	9	增加5个
产污系数数量	180（78）	201	增加157.69%
末端治理技术数量	5	7	增加主要针对小规模屠宰的化粪池、化学混凝等处理方法，以及“沉淀分离+厌氧水解类+生物接触氧化法”“物理化学处理法+厌氧生物处理法+好氧生物处理法”等新技术

禽类屠宰行业“2017版”与“2007版”系数变化总体情况见表9-28。

“2007版”污染物指标共6个，“2017版”污染物指标共5个，删掉了五日生化需氧量的指标，主要为废水指标，如工业废水量、化学需氧量、氨氮、总磷、总氮。“2007版”产污系数共计48个，“2017版”产污系数共计104个，“2017版”系数个数同比增加116.7%。

表9-28　禽类屠宰行业系数变化总体情况

项目	"2007版"	"2017版"	变化情况
行业代码	1351	1352	原畜禽屠宰分解为1351牲畜屠宰和1352禽类屠宰
行业名称	畜禽屠宰	禽类屠宰	
污染物指标	工业废水量、化学需氧量、五日生化需氧量、氨氮、总磷、总氮	工业废水量、化学需氧量、氨氮、总磷、总氮	无五日生化需氧量指标
核算环节数量	—	—	无变化
产品数量	1	3	增加鸭肉和鹅肉
原料数量	1	3	增加活鸭和活鹅
工艺数量	1	1	
规模数量	1	3	鸡肉屠宰分为60000只/d以下和以上两种规模
组合数量	1	4	增加3个
产污系数数量	48	104	增加116.7%
末端治理技术数量	3	7	增加主要针对小规模屠宰的化粪池、化学混凝、沉淀分离等处理方法，以及"沉淀分离+厌氧水解类+生物接触氧化法""物理化学处理法+厌氧生物处理法+好氧生物处理法"等新技术

9.2.7.2　产排污水平主要影响因素的变化

① 牲畜屠宰行业将猪肉屠宰主要生产工艺过程分为宰杀和分割两个工段。宰杀生产出白条肉，然后再进行分割生产出分割肉。

② 牲畜屠宰行业增加牛肉产品，"2017版"产品组合更新为猪的白条肉和分割肉、牛肉、羊肉。禽类屠宰行业增加鸭肉和鹅肉产品及相应的系数组合。"2017版"屠宰对象涵盖了生猪、活羊、活牛、活鸡、活鸭，占我国肉类加工总量的95%以上。

③ 十年来屠宰行业的机械化水平、屠宰技术均有所提升。一些现代化的生猪屠宰成套设备不仅提升了设备生产率（每小时屠宰数量），还降低了屠宰耗水量和废水产生量。采用CO_2致晕技术，生猪能够无痛死亡，血液循环较好，刺杀后放血较彻底，减少污染物排放，降低废水中有机物的浓度。采用干法粪便回收技术可节约该环节废水排放50%，同时降低了废水中的污染物浓度。

④ 规模划分上"2017版"相较"2007版"更细化。"2007版"时期，猪肉的屠宰规模仅区分为1500头/d以上和以下两种规模。而据中国肉类协会提供的数据，我国屠宰规模1500头/d属于较大规模的企业，屠宰量约占总屠宰量的10%，70～1500头/d约

占20%，70%左右的屠宰量由小型屠宰企业完成。因此“2017版”将猪屠宰企业的规模由原来仅区分为＞1500头/d和＜1500头/d，修订为＜70头/d(70%)、70～1500头/d(20%)和＞1500头/d（10%）。

“2007版”时期，鸡肉屠宰不区分规模，“2017版”将鸡肉屠宰分为60000只/d以下和以上两种规模。

⑤ 原来的末端治理技术包括物理+厌氧/好氧生物组合工艺、化学+厌氧/好氧生物组合工艺、物理+好氧生物处理、直排、化学+好氧生物处理、沉淀分离，现在的末端治理技术包括物化技术、厌氧生物处理技术、好氧生物处理技术的组合，基本淘汰了直排和沉淀分离。

9.2.7.3 产排污水平及治理技术水平的变化

(1) 牲畜屠宰行业

由于牲畜屠宰行业排放的化学需氧量（COD）和总磷（TP）在全国排放量占比相对较高，因此重点比对分析这两项污染物的系数变化情况，比对结果分别见表9-29和表9-30。

结果显示，牲畜屠宰行业的污染物产生量受屠宰规模的影响较大，小规模屠宰相比大规模屠宰的产污强度、排放强度高，去除率低。对比相同规模，即1500头/d以上屠宰量的系数组合，COD产污系数“2017版”相比“2007版”下降6.5%，总磷产污系数增加233.33%。

治理技术方面“2017版”相比“2007版”增加主要针对小规模屠宰的化粪池、化学混凝、沉淀分离等处理方法；大规模屠宰增加了沉淀分离+SBR处理方法，最优治理工艺（去除率最高）的化学需氧量排放强度下降29.27%，总磷排放强度下降47.64%。

(2) 禽类屠宰行业

由于禽类屠宰行业总磷在全国排放量占比相对较高，因此重点比对分析总磷污染物的系数变化情况，比对结果见表9-31。

结果显示，禽类屠宰行业的污染物产生量受屠宰规模的影响较大，小规模屠宰相比大规模屠宰的产污强度、排放强度高，去除率低。

对比“2007版”的所有规模，“2017版”系数手册中60000只/d以上屠宰量的总磷产污强度增加30%，60000只/d以下屠宰量的总磷产污强度增加240%。

治理技术方面“2017版”系数手册中相比“2007版”增加主要针对小规模屠宰的化粪池、化学混凝、沉淀分离等处理方法，大规模屠宰增加了沉淀分离+SBR处理方法。60000只/d以上屠宰量总磷最优治理工艺（去除率最高）的总磷排放强度下降67.5%，去除率提高15%。

表9-29　牲畜屠宰行业COD系数对比分析

版本	核算环节	产品	原料	工艺	规模	污染物	系数单位	产污系数	治理技术	去除率（折算）/%	排污系数（折算）	平均去除率/%	平均排污系数	备注
“2007版”	不区分	鲜猪肉	猪	屠宰、分割	＜1500头/d屠宰	化学需氧量	g/头 原料	1093	物理+好氧生物处理	94.24	63	79.57	223.33	①“2017版”将“2007版”的“屠宰、分割”工艺拆分为屠宰和分割两个工段，分别给出系数；②增加了小规模屠宰，小规模屠宰相比大规模屠宰的产污强度、排放强度高，去除率低；③增加主要针对小规模屠宰的化粪池、化学混凝、沉淀分离等处理方法；④对比相同规模，即1500头/d以上屠宰量的系数组合，COD产污系数下降6.5%，增加了沉淀分离+SBR处理方法，最优治理工艺（去除率最高）的排放强度下降46.94%
									化学+好氧生物处理	94.60	59			
									沉淀分离	49.86	548			
					≥1500头/d屠宰			1021	物理+厌氧/好氧生物组合工艺	94.71	54	94.45	56.67	
									化学+厌氧/好氧生物组合工艺	95.00	51			
									物理+好氧生物处理	93.63	65			
“2017版”	屠宰	白条肉	生猪	简单机械化屠宰	<70头/d		g/头 原料	1157	沉淀分离	20	925.6	49.17	588.14	
									化学混凝法	40	694.2			
									化粪池	20	925.6			
									沉淀分离+厌氧生物处理法	50	578.5			
									沉淀分离+厌氧水解类+生物接触氧化法	90	115.7			
									沉淀分离+SBR类	75	289.25			

续表

版本	核算环节	产品	原料	工艺	规模	污染物	系数单位	产污系数	治理技术	去除率（折算）/%	排污系数（折算）	平均去除率/%	平均排污系数	备注
“2017版”	屠宰	白条肉	生猪	半机械化屠宰	70 ～ 1500头/d	化学需氧量	g/头原料	1080	沉淀分离	20	864	57.50	459	
									化学混凝法	40	648			
									化粪池	20	864			
									沉淀分离+厌氧水解类+生物接触氧化法	95	54			
									沉淀分离+厌氧水解类+生物接触氧化法	95	54			
									沉淀分离+SBR类	75	270			
				机械化屠宰	>1500头/d			955	沉淀分离+厌氧水解类+生物接触氧化法	96	38.2	89.33	101.87	
									沉淀分离+SBR类	75	238.75			
									物理化学处理法+厌氧生物处理法+好氧生物处理法	97	28.65			
	分割	分割肉	白条肉	分割	<70头/d		g/t产品	402	沉淀分离+厌氧生物处理法	50	201	71.67	113.9	

续表

版本	核算环节	产品	原料	工艺	规模	污染物	系数单位	产污系数	治理技术	去除率（折算）/%	排污系数（折算）	平均去除率/%	平均排污系数	备注
“2017版”	分割	分割肉	白条肉	分割	<70头/d	化学需氧量	g/t产品	402	沉淀分离+厌氧水解类+生物接触氧化法	90	40.2	71.67	113.9	
									沉淀分离+SBR类	75	100.5			
					70～1500头/d			402	物理化学处理法+厌氧生物处理法+好氧生物处理法	97	12.06	89.00	44.22	
									沉淀分离+厌氧水解类+生物接触氧化法	95	20.1			
									沉淀分离+SBR类	75	100.5			
					>1500头/d			381	物理化学处理法+厌氧生物处理法+好氧生物处理法	97	11.43	89.33	40.64	
									沉淀分离+厌氧水解类+生物接触氧化法	96	15.24			
									沉淀分离+SBR类	75	95.25			

表9-30　牲畜屠宰行业总磷系数对比分析

版本	核算环节	产品	原料	工艺	规模	污染物	系数单位	产污系数	治理技术	去除率（折算）/%	排污系数（折算）	平均去除率/%	平均排污系数	备注
“2007版”	不区分	鲜猪肉	猪	屠宰、分割	＜1500头/d屠宰	总磷	g/头 原料	4	物理+好氧生物处理	12.50	3.5	15.00	3.40	①“2017版”将“2007版”的“屠宰、分割”工艺拆分为屠宰和分割两个工段，分别给出系数；②“2017版”增加了小规模屠宰，小规模屠宰相比大规模屠宰的产污强度、排放强度高，去除效率低；③“2017版”增加了主要针对小规模屠宰的化粪池、化学混凝、沉淀分离等处理方法；④对比相同规模即1500头/d以上屠宰量的系数组合，“2017版”总磷产污系数增加233.33%，最优治理工艺（去除率最高）的排放强度下降14.88%
									化学+好氧生物处理	30.00	2.8			
									沉淀分离	2.50	3.9			
					≥1500头/d屠宰			3	物理+好氧生物处理	76.67	0.7	57.78	1.27	
									化学+好氧生物处理	80.00	0.6			
									沉淀分离	16.67	2.5			
“2017版”	屠宰	白条肉	生猪	简单机械化屠宰	<70头/d		g/头 原料	12	沉淀分离	10	10.8	30.00	8.40	
									化学混凝法	40	7.2			
									化粪池	10	10.8			
									沉淀分离+厌氧生物处理法	20	9.6			
									沉淀分离+厌氧水解类+生物接触氧化法	60	4.8			

续表

版本	核算环节	产品	原料	工艺	规模	污染物	系数单位	产污系数	治理技术	去除率（折算）/%	排污系数（折算）	平均去除率/%	平均排污系数	备注
“2017版”	屠宰	白条肉	生猪	简单机械化屠宰	<70头/d	总磷	g/头原料	12	沉淀分离+SBR类	40	7.2	30.00	8.40	
				半机械化屠宰	70～1500头/d			10	沉淀分离	10	9	43.83	5.62	
									化学混凝法	40	6			
									化粪池	10	9			
									沉淀分离+厌氧水解类+生物接触氧化法	68	3.2			
									沉淀分离+厌氧水解类+生物接触氧化法	40	6			
									沉淀分离+SBR类	95	0.5			
				机械化屠宰	>1500头/d			10	沉淀分离+厌氧水解类+生物接触氧化法	80	2	71.67	2.83	
									沉淀分离+SBR类	40	6			
									物理化学处理法+厌氧生物处理法+好氧生物处理法	95	0.5			

续表

版本	核算环节	产品	原料	工艺	规模	污染物	系数单位	产污系数	治理技术	去除率（折算）/%	排污系数（折算）	平均去除率/%	平均排污系数	备注
“2017版”	分割	分割肉	白条肉	分割	<70头/d	总磷	g/t产品	3.7	沉淀分离+厌氧生物处理法	20	2.96	40.00	2.22	
									沉淀分离+厌氧水解类+生物接触氧化法	60	1.48			
									沉淀分离+SBR类	40	2.22			
					70～1500头/d			3.7	物理化学处理法+厌氧生物处理法+好氧生物处理法	95	0.185	67.67	1.20	
									沉淀分离+厌氧水解类+生物接触氧化法	68	1.184			
									沉淀分离+SBR类	40	2.22			
					>1500头/d			3.3	物理化学处理法+厌氧生物处理法+好氧生物处理法	95	0.165	71.67	0.935	
									沉淀分离+厌氧水解类+生物接触氧化法	80	0.66			
									沉淀分离+SBR类	40	1.98			

表9-31　禽类屠宰行业总磷系数变化总体情况

版本	核算环节	产品	原料	工艺	规模	污染物	系数单位	产污系数	治理技术	去除率（折算）/%	排污系数（折算）	平均去除率/%	平均排污系数	备注
“2007版”	不区分	冻鸡肉	鸡	屠宰、分割	所有规模	总磷	g/百只原料	10	化学+厌氧/好氧生物组合工艺	70.00	3	56.67	4.33	①工艺未发生较大变化，仍以机械或半机械化屠宰为主；②“2017版”增加了小规模屠宰，小规模屠宰相比大规模屠宰的产污强度、排放强度高；③“2017版”增加主要针对小规模屠宰的化粪池、化学混凝、沉淀分离等处理方法；④相比“2007版”，“2017版”大规模（>60000只/d）的最优治理技术排放强度下降67.5%，去除率提高15%
									物理+好氧生物处理	20.00	8			
									物理+厌氧/好氧生物组合工艺	80.00	2			
“2017版”		鸡肉		半机械化屠宰/机械化屠宰	<60000只/d			34	沉淀分离	10.00	30.6	31.67	23.23	
									化学混凝法	40.00	20.4			
									化粪池	10.00	30.6			
									沉淀分离+厌氧生物处理法	20.00	27.2			
									沉淀分离+厌氧水解类+生物接触氧化法	70.00	10.2			
									沉淀分离+SBR类	40.00	20.4			
					>60000只/d			13	沉淀分离+厌氧水解类+生物接触氧化法	75	3.25	70.00	3.90	
									沉淀分离+SBR类	40	7.8			
									物理化学处理法+厌氧生物处理法+好氧生物处理法	95	0.65			

9.2.8 淀粉及淀粉制品制造行业

本节以《国民经济行业分类》(GB/T 4754—2017)中13农副食品加工业的小类行业——1391淀粉及淀粉制品制造行业为主要对象开展分析。

9.2.8.1 产排污核算框架的变化

(1)行业产排污概况

淀粉及淀粉制品制造行业指用玉米、薯类、豆类及其他植物原料制作淀粉和淀粉制品的行业。还包括以淀粉为原料,经酶法或酸法转换得到的糖品生产。主要产品为淀粉及淀粉制品和淀粉糖,淀粉的产量最大。淀粉生产的主要原料为玉米、木薯、马铃薯,其中玉米淀粉产量占淀粉产量的90%以上。

玉米淀粉的生产流程主要由原料的洗涤、磨碎、筛分、分离蛋白质、清洗、脱水和干燥等工序组成。影响淀粉生产过程中污染物排放的主要因素依次为:原料>产品>工艺>生产规模。

淀粉及淀粉制品行业产生的主要污染物是玉米淀粉生产的浸泡工段和淀粉洗涤工段排放的废水、淀粉糖生产的精制工段排放的废水。

目前,我国淀粉及淀粉制品制造生产企业在废水治理方面有以下措施:a. 原料清洗废水经泥浆沉淀后循环利用;b. 中高浓度有机废水采用生化处理。由于中高浓度废水污染负荷较高,一般先经物化预处理,然后再进入生化系统。其中,木薯淀粉及马铃薯淀粉的季节性生产较为明显,生产期短,末端治理设施运行很难达到正常运行水平,废水直排情况较多,在生产期对当地环境影响较大。

(2)两版系数构成的对比

淀粉及淀粉制品制造行业“2017版”系数与“2007版”系数变化总体情况见表9-32。

“2007版”污染物指标共6个,“2017版”污染物指标共5个,删掉了五日生化需氧量的指标,主要为废水指标,如工业废水量、化学需氧量、氨氮、总磷、总氮。“2007版”产污系数共计95个,“2017版”产污系数共计327个,“2017版”系数个数同比增加244.21%。

表9-32 淀粉及淀粉制品制造行业系数变化总体情况

项目	“2007版”	“2017版”	变化情况
行业代码	1391		无
行业名称	淀粉及淀粉制品制造		
污染物指标	工业废水量、化学需氧量、五日生化需氧量、氨氮、总磷、总氮	工业废水量、化学需氧量、氨氮、总磷、总氮	无五日生化需氧量指标

续表

项目	“2007版”	“2017版”	变化情况
核算环节数量	—	—	无
产品数量	4	17	增加F42果葡糖浆、变性淀粉（工业级）、变性淀粉（食品级）、低聚异麦芽糖粉/其他功能性糖粉、低聚异麦芽糖浆/其他功能性糖浆、粉丝/粉条/粉皮、高果糖浆/其他液体糖、结晶果糖、结晶麦芽糖、结晶糖、菊粉、麦芽糊精、其他固体糖、无水葡萄糖、小麦淀粉/面筋等产品及相应的系数组合
原料数量	4	10	
工艺数量	2	4	
规模数量	5	3	
组合数量	6	25	
产污系数数量	95	327	产污系数个数增加244.21%
末端治理技术数量	13	14	部分治理技术变化，增加“汁水还田”等处理方式

9.2.8.2　产排污水平主要影响因素的变化

①“2017版”增加了利用红薯、莲藕/芋头、葛根/蕨根等植物类、豌豆/绿豆等豆类生产淀粉的系数组合，丰富了产品种类，提升了系数的适用性。“2007版”及“2017版”的系数组合示意分别见图9-5、图9-6。

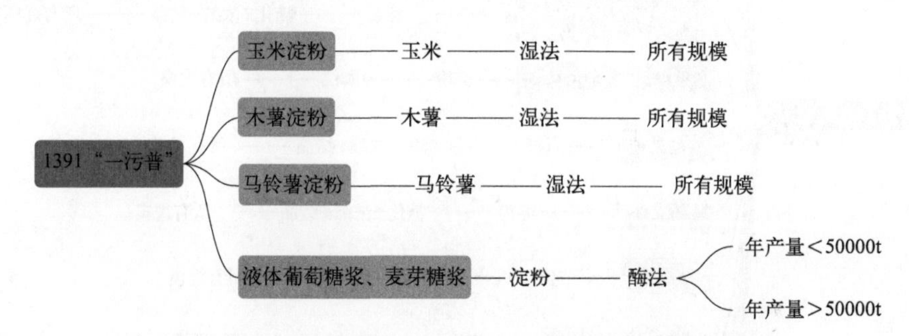

图9-5　淀粉及淀粉制品制造行业“2007版”系数组合示意

② 在技术进步方面，伴随着生物技术和系统工程优化等手段的引入，淀粉行业在绿色环保和精益生产方面取得较大进步，各项工艺指标进一步提高。例如在淀粉生产中引入生物浸泡、酶促分离新技术，突破传统“化学-机械”分离工艺的分离极限；在淀粉糖生产中，开发了新型复合酶制剂及配套新型液化工艺，实现了40%以上（DS%，DS为淀粉衍生物的取代度，表示在每一个D-吡喃葡萄糖基单位上测定所衍生的羟基平均数）浓度玉米淀粉乳的液化糖化。

9.2.8.3　产排污水平及治理技术水平的变化

由于淀粉行业化学需氧量的排放在全国总化学需氧量排放量中占比相对较高，因此重点比对分析化学需氧量污染物的系数变化情况，比对结果见表9-33。

结果显示，过去十年来玉米淀粉生产工艺仍以湿法为主，但由于技术进步等原因，化学需氧量产污强度下降63.82%。

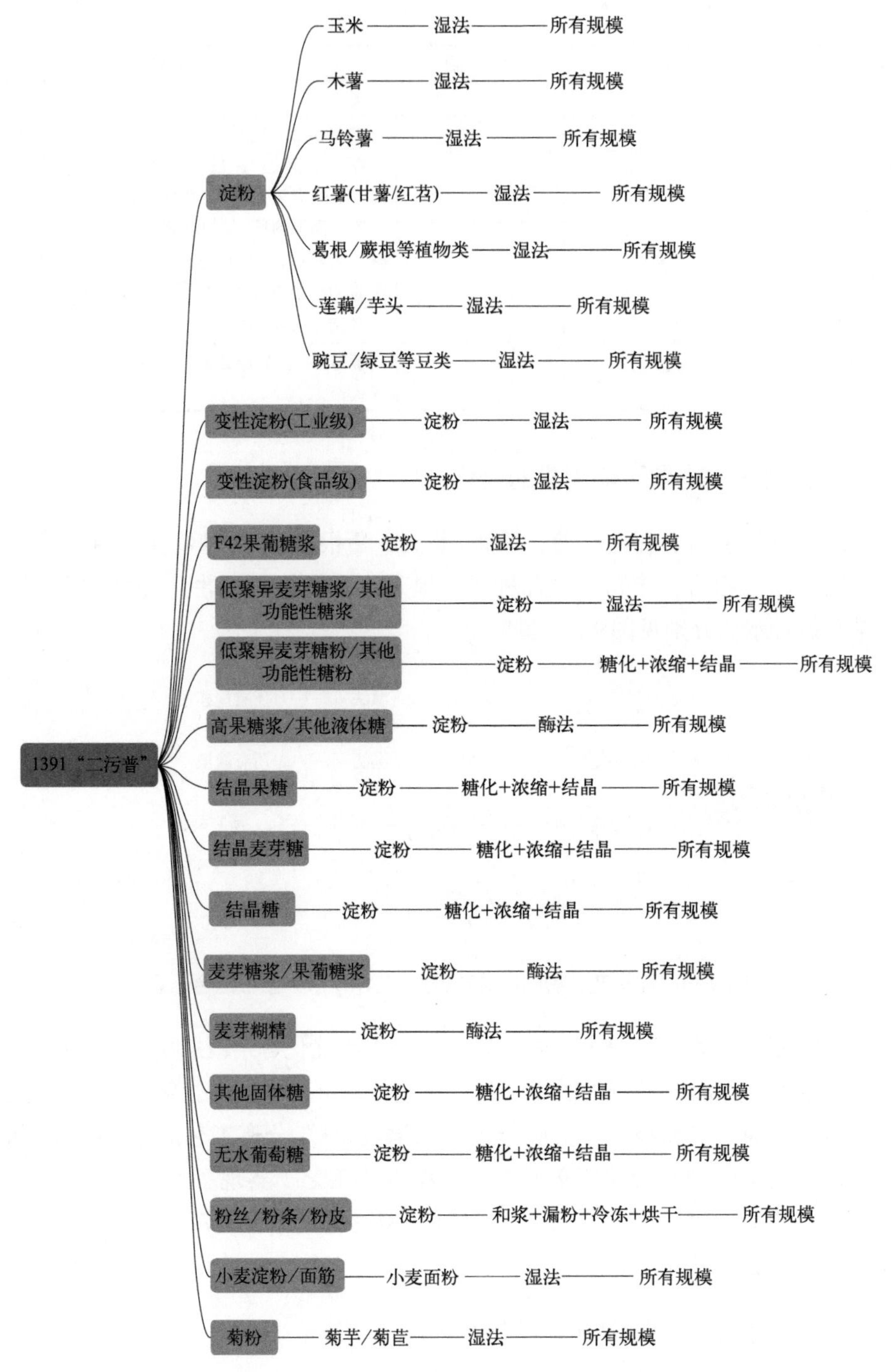

图9-6　淀粉及淀粉制品制造行业“2017版”系数组合示意

治理技术方面，由于淀粉生产过程中高浓度废水污染负荷较高，因此“2017版”相比“2007版”在预处理方面增加了物化预处理，然后再进行生化处理。去除率略有提升，排放强度分别下降58.24%～77.42%。

表9-33 淀粉及淀粉制品制造行业化学需氧量系数对比分析

版本	核算环节	产品	原料	工艺	规模	污染物	系数单位	产污系数	治理技术	去除率（折算）/%	排污系数（折算）	平均去除率/%	平均排污系数	备注
“2007版”	不区分	玉米淀粉	玉米	湿法	所有规模	化学需氧量	g/t产品	31853	沉淀分离+厌氧/好氧生物组合工艺	97.53	785.80	98.22	566.90	产污强度下降63.82%，去除率略有提升，排放强度分别下降58.24%～77.42%
									厌氧/好氧生物组合工艺+上浮分离	98.19	575.50			
									A^2/O	98.67	424.90			
									化学絮凝沉淀+厌氧/好氧生物组合工艺	98.49	481.40			
“2017版”								11522.93	物理处理法+好氧生物处理法	98.70	149.80	98.79	139.43	
									厌氧生物处理法+A^2/O工艺	98.46	177.45			
									物理处理法+厌氧生物处理法+好氧生物处理法	99.04	110.62			
									物理化学处理法+厌氧生物处理法+好氧生物处理法	99.04	110.62			
									厌氧生物处理法+好氧生物处理法+物理处理法	99.04	110.62			
									A^2/O工艺	98.46	177.45			

第10章 系数的应用与前景

□ 系数的应用

□ 系数的研究及应用发展方向

□ 系数动态更新及其实现机制

10.1　系数的应用

迄今为止，工业污染源产排污系数是表征工业生产活动中污染物产生和排放水平最全面的工具，特别是“2017版”系数基本覆盖了我国当前全部的工业行业类别；且产排污系数是基于一定样本量数据测算得到的，反映污染源产排污平均水平，因此能较为客观地反映某一行业或区域的总体排污情况，在环境规划与管理等科学决策研究中有着广泛应用。

10.1.1　用于产排污量的核算

产排污系数是支撑第一次全国工业污染源普查和第二次全国工业污染源普查产排污核算的重要工具，是准确核算各类工业行业污染物产排量，以及总体反映各工业行业环境污染状况的基本技术方法之一。产排污系数是一种重要的环境参数，包含了各种污染物的种类和产排污影响因素等信息，较为客观地代表了不同行业、不同类型污染源的产排污水平，为生态环境保护政策的制定、生态环境保护规划的编制、环境监督执法科学性和精准性的提高和节能减排工作的深入推进，提供了基础性信息。此外，由于产排污系数能够较为客观地反映各行业不同类型污染源产生和排放污染物的种类、数量、产排污节点等信息，除了在普查和调查时作为产排污量核算的重要参数，过去10年来被广泛应用于环境统计、环境影响评价、环境保护标准制修订、清洁生产评价指标体系制修订、排污许可、排污收费、环境税征收、污染源源强核算、大气污染源清单和水污染源清单编制等一系列与工业污染防治相关的制度和政策形成和实施中，为我国环境管理和监督执法、科学研究以及工业节能减排、结构调整和产业升级等提供了重要的科技支撑和数据依据，已成为环境管理的重要工具（见表10-1）。

表10-1　产排污核算与系数在环境管理中的应用

<table>
<tr><th>环境管理制度</th><th>污染物</th><th>支撑作用/应用方向</th></tr>
<tr><td>排污许可</td><td rowspan="6">大气、水污染物与工业固体废物</td><td rowspan="7">排放量核算</td></tr>
<tr><td>环境统计</td></tr>
<tr><td>环境税</td></tr>
<tr><td>污染源普查</td></tr>
<tr><td>污染源源强核算</td></tr>
<tr><td>工业园区环境管理</td></tr>
<tr><td>环境应急/风险管理</td><td>重金属等有毒有害特征污染物</td></tr>
<tr><td>行业/综合污染物排放标准</td><td rowspan="2">大气、水污染物</td><td rowspan="2">标准的制修订与后评估</td></tr>
<tr><td>清洁生产评价指标体系</td></tr>
<tr><td>环境影响评价</td><td>大气、水污染物与工业固体废物</td><td rowspan="4">污染源活动水平分析与排放量核算</td></tr>
<tr><td>大气污染源排放清单</td><td>大气污染物</td></tr>
<tr><td>重污染天气应急预案</td><td>大气污染物</td></tr>
<tr><td>水污染源排放清单</td><td>水污染物</td></tr>
</table>

10.1.2 用于节能减排与产业结构调整

产排污系数可为工业行业节能减排、结构调整、产业升级等提供重要科技支撑和数据依据。例如，通过获取相同生产过程不同组合下产排污系数及区域或行业的活动水平数据，可进行区域/行业环境污染物排放量的核算或测算、区域/行业污染物减排潜力分析、区域/行业环境管理水平（或污染治理水平）等的分析。通过比较分析同一产品、同一原料不同规模、工艺的产排污水平的差异，为区域环境准入提供数据支持；或以区域/流域重点行业内所有工业污染源（企业）为样本单元，重点围绕主要产品、原料工艺、规模等，从产污强度、工艺技术路线先进性等方面进行产污绩效评价，分析识别重点行业的清洁生产与减排潜力。

10.1.3 用于生命周期评价

产排污系数所富含的丰富的污染物产排量的定量化信息可作为生命周期评价中排放清单数据库构建的主要依据之一，可为不同行业、主要产品开展生命周期评价或物质流分析提供数据支撑。

生命周期评价是对一个产品系统的生命周期中的输入、输出及其潜在环境影响的汇编和评价。在界定完评价目标和系统边界后，需要对系统边界内所有的资源、能源投入和产品产出、污染物排放数据进行分类收集，形成清单。对于中国生命周期评价数据库而言,资源与原材料消耗数据可依据工艺技术资料,环境排放数据中有相当一部分数据来源于产排污系数。

由于目前我国生命周期评价数据库来源于产排污系数，产排污系数数据的质量直接影响生命周期评价数据库的数据量和精准程度。通过对产排污系数存在的问题进行分析，可以看出生命周期评价数据库存在以下问题：部分小类行业产排污系数缺失、污染物指标数据覆盖面不全、能耗系数缺失等；同时由于工艺变化较大，产排污系数与实际生产情况存在偏差，亟须建立一套基于大数据的产排污系数更新机制。

10.1.4 用于碳排放清单的编制与建立

产排污系数所富含的丰富的污染物产排量的定量化信息可作为各类排放清单数据库构建的主要依据之一，可为不同行业、主要产品开展生命周期评价、物质流分析、碳排放清单的编制提供数据支撑。

摸清碳排放“家底”是做好“碳达峰”和“碳中和”工作的基石。目前碳排放清单的建立主要依据系数法。由书后附表11可知，碳排放的核算主要围绕发电企业、电网企业等行业展开，但由于制定和发布部门不统一等原因，不同核算指南在系数与核算方法等方面不一致。下一步可借助产排污核算原理，建立统一规范的碳排放系数与核算体系。

10.2　系数的研究及应用发展方向

工业污染源产排污系数广泛应用于污染源普查、排污许可、环境统计、环境税征收和污染源排放清单编制等工作中，在未来一段时间内仍将发挥重要作用。经过“二污普”对系数的修订和完善，形成了目前最为系统、行业覆盖面最全的产排污核算方法体系。但受产业升级、结构调整、行业更替、工艺进步以及环境管理水平提升等因素影响，在研究和应用中还存在一些需要深入拓展和推动的方向。

10.2.1　研究方面

（1）拓展系数制定方法的定量化研究

对部分行业污染物的产排污环节和污染物种类的认识及其系数的定量化研究需进一步加强。受系数形成机制的影响，在系数制定时，产排污环节的识别与污染物指标的筛选在一定程度上受调查或普查目标、经费和时间等条件的限制。尽管“二污普”系数在行业覆盖度上大幅提升，但在污染物指标上对有毒有害污染物无法全覆盖，对温室气体等当前受广泛关注的污染物指标尚不涉及，尚缺少无组织排放源、行业特征污染物、与原料中杂质相关的污染物等产污系数的核算技术，还需要不断完善产污系数核算的理论体系和技术方法。

（2）系数组合及样本企业筛选的定量化研究

系数核算时样本数据采集本身的不确定性和相对有限的校验手段，使得系数在具体企业应用时的适应性及整体的精度水平均有待进一步研究和加强。工业生产活动多样性和复杂性的特征决定了部分行业系数的适用性需持续提升。首先是系数组合的划分和筛选难度较大。按照《国民经济行业分类》（GB/T 4754—2017），工业源涵盖41个大类行业、666个小类行业，必然存在难以枚举的“产品”“原料”“工艺”“规模”等组合，特别是原料和产品种类繁多的化工行业，既有同类型产品多达千万家的企业，也有同类型产品全国仅几家企业的情况。

（3）建立系数的多维度状态评估模型，充实系数的不确定性评估方法

目前我国在产排污系数不确定性的评估方法方面还没有进行过深入的研究。从多维

度可以考虑系数的适用性、符合性、代表性、地区差异性等，开发系数多维度状态评估模型，结合对行业动态变化情况和数据的追踪，进行深入的评估，为系数修订和更新提供依据。

（4）开发宏观匡算系数，丰富系数体系

建立不同层面的系数，提高点上的准确度、面上的代表性。分层次的系数体系，所谓的一次和二次，就是分层的，企业更精准，行业上更具备代表性。层次越多越细致的，适合自下而上的核算体系；层次越少越简单的，适合自上而下的核算体系。

10.2.2 应用方面

（1）建立动态化更新的产排污系数数据库

由于缺乏系数动态更新机制，随着时间的推移，系数时效性不足的问题会逐步显现。对于工业污染源来说，企业的产排污水平与技术进步、工艺改进升级以及原材料的替代、产品的更新换代都有着密切关系。每10年1次的制修订频次影响了系数的时效性。10年间，无论产污水平还是污染治理水平都在发生着变化，系数难以有效支撑污染源数据的更新和维护，这在一定程度上影响了环境管理决策的针对性和有效性。

（2）推动系数制定方法的标准化

系数制定既需要遵循不同工业行业的污染物产生和排放规律，又需要实现各行业系数表达与核算体系的统一，系数制定标准化问题急需解决。系数核算需要对各行业不同类型污染源产排污环节和规律充分分析和研究，涉及核算环节与样本选取、数据获取、实地监测、数据加工处理、系数表达、误差分析和系数验证等过程。建立完善和规范的系数核算技术体系是实现系数的代表性、可更新性和可扩展性的必要保障。通过系数在“二污普”工作中的应用发现，系数合理有效的使用是污染物排放量准确核算的前提之一。长期以来，由于缺乏标准化的支撑，不同研究及管理领域使用的产排污系数不尽相同，缺乏统一认识。此外，不同专业背景的系数使用人员对系数的理解和使用方面因缺乏统一的技术规范和指导，影响了污染物排放量核算的准确性。

（3）增加污染物指标

由于目前产排污系数对重金属、持久性有机污染物、放射性物质等数据的统计不够详细，因此对以上几类污染物产生的人体毒性、生态毒性有待进一步量化。虽然这些污染物的产生量与排放量与常规污染物相比相对较少，但产生的环境影响程度较高，危害更大。从产排污系数在生命周期评价数据库的应用角度来看，未来应进一步完善重金属、持久性有机污染物、放射性物质等产排污数据的核算与统计。

（4）开展区域本地化的系数研究

产排污系数是我国环境管理系统中最重要、最基础的数据库，建立健全产排污系统的更新和开发模式，定期定时发布与行业发展同步的产排污系数的具体数据，建立不同地域各自产业特征和生产工况条件下的产排污系数数据库，这种模式必然成为我国环境管理领域的一种趋势。

10.3　系数动态更新及其实现机制

工业污染源产排污系数及产排污量核算方法是我国工业污染源排放量核算的基础和核心之一，具有很强的现实性。由于工业污染源不仅情况复杂，而且受政策、技术等多重因素影响，变化多端，建立工业污染源产排污系数的动态更新机制，及时更新和维护不同行业产排污系数数据库，是保证已有工业污染源排放量统计体系生命活力和管理有效性的重要技术途径之一。

产排污系数本质上表征污染源的数据信息。一般来说，信息的动态更新机制是指：通过一种规范或制度，实现让信息持续更新，从而达到为管理者提供决策支撑的目的。

从理论上，产排污系数动态更新机制的主要内容可以概述为：在对管理部门需求分析的基础上，通过对系数更新的时间（何时更新）、更新的方式方法（如何更新）和主要执行人（由谁更新）进行任务分解、细化和落实，推进系数常态化更新。

10.3.1　更新目的和内容

为进一步支撑和满足环境统计、排污许可、环境税等多项环境管理制度对工业污染源产排污量的核算需求，为实施精准治污的数据基础和对工业污染源污染治理形势的总体判断提供技术支持，依据我国工业行业生产工艺及污染防治形势不断变化及发展迅速的现实情况，可在“2017版”产排污系数成果的基础上，通过系数制定方法的标准化、系数更新年度实施计划等方式推进实现产排污系数的动态更新，达到产排污系数准确性和时效性逐步提升的目的。

10.3.2　主要任务

由于动态更新是一个持续性的过程，需在前期准备、确立更新基础和制度后，定期对其开展运行维护。

动态更新应包括三个阶段，分别是确立更新机制体系的前期准备阶段、开展系数制定与更新的组织实施阶段，以及及时发布结果和后评估的定期发布阶段。各阶段及主要任务内容见图10-1。

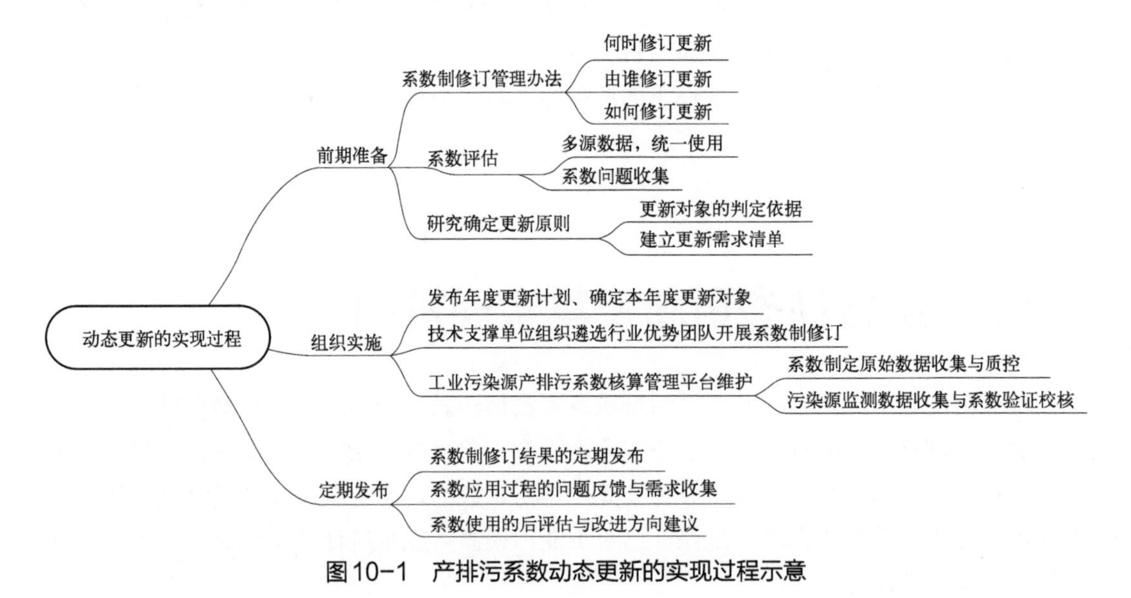

图10-1　产排污系数动态更新的实现过程示意

（1）前期准备阶段

① 系数制修订管理办法。依据我国工业行业生产工艺及污染防治形势不断变化及发展迅速的现实情况，逐步建立系数制修订与更新的技术规范等标准体系，提出规范化的技术方法和流程，促进系数动态更新机制的常态化和业务化运行，指导和鼓励不同地区、行业在统一规范要求下开展系数修订和更新相关研究及应用实践，不断丰富完善系数。

② 系数评估。立足“多源数据，统一使用”，系统收集整理各类工作中系数使用的问题，根据动态更新判别方法，对已有系数的适用性、实效性、准确性进行评估，按照拟更新、拟补充、拟校核等分类明确系数修订重点对象。

③ 研究确定更新原则和对象。配合污染防治攻坚战的重点任务，结合排污许可、环境统计等管理工作对重点行业或特殊污染物（特征污染物、VOCs、重金属、碳排放等）的核算需求，提出更新对象的判定依据，建立行业工业污染源产排污系数更新的需求清单。

（2）组织实施阶段

① 按照准备阶段确立的更新原则和需求清单，制定更新的年度实施计划，确定本年度更新对象。

② 由系数制定的主要技术支持单位按照年度计划，遴选行业内具有研究基础和优势的团队组织，按照系数制定标准化方法或指南，开展系数的制修订工作，并对系数成果进行技术把关。

③ 充分利用“工业污染源产排污系数管理与核算平台”：一方面收集系数制定的原始数据，实现系数制定过程的质量控制；另一方面收集各类污染源的监测信息，不断扩充系数制定的样本数据库，为系数的校核验证提供支撑。

(3) 定期发布阶段

① 及时向系统内各业务处室、全社会发布经论证把关后的系数更新结果。

② 根据系数的使用对象，分类收集系数使用过程中的问题，以及系数缺失的情况。

③ 根据系数发布结果及使用情况，开展系数后评估研究，形成系数制修订建议清单。

通过上述“系数标准化—年度系数更新—系数应用—问题反馈—后评估—持续改进”的系列流程，实现系数在不同环境管理工作中应用的规范化，为多源数据的融合和统一提供基础，为生态环境保护系统化、科学化、法治化、精细化、信息化提供常态化的数据支撑。

10.3.3　技术需求

在系数制定方法标准化及系数动态更新过程中，仍存在一些技术问题需要不断深入推进和逐步解决。

① 开展系数后评估，立足“多源数据，统一使用”，系统收集整理各类工作中系数使用的问题，分类明确系数改进的重点与方向。

② 加强核算填报的技术指导。不同专业背景的系数使用人员对系数的理解和使用对核算结果影响较大，应进一步加强核算填报的技术指导和支持。

③ 根据环境管理的需求，及时识别具有技术更替快、产品更新快、产业结构调整快、污染治理技术发展快和污染控制标准提升程度高等特征的行业，建立系数更新的优先名录或优先序判断原则。对重点行业开展持续跟踪研究，不断完善样本企业库。

④ 加强工业污染源产排污系数核算和动态更新的能力建设，形成专业的工业污染源管理学科方向，定期或不定期发布校核的系数成果，实现系数的动态更新。

⑤ 探索基于大数据的污染源数据挖掘及利用机器学习开展系数制定等现代信息技术方法的拓展应用；深入开展重点工序工业污染源产排污动态模型模拟研究，提升系数的适用性。

参考文献

[1] 环境管理标准化技术委员会. 环境管理 生命周期评价 原则与框架：GB/T 24040—2008[S]. 北京：中国标准出版社，2008: 11.

[2] 刘夏璐，王洪涛，陈建，等. 中国生命周期参考数据库的建立方法与基础模型[J]. 环境科学学报，2010, 30(10): 2136-2144.

附表

- 附表 1　样本企业调查表
- 附表 2　主要产品、原辅材料调查表
- 附表 3　废水污染物产污系数计算表
- 附表 4　废水治理设施信息表
- 附表 5　废水污染物排放量核算表
- 附表 6　废气污染物产污系数计算表
- 附表 7　废气治理设施信息表
- 附表 8　废气污染物排放量核算表
- 附表 9　一般工业固体废物调查表
- 附表 10　危险废物调查表
- 附表 11　工业行业碳排放相关系数指南（部分）

附表1　样本企业调查表

<table>
<tr><td>行业（大类）代码</td><td></td><td>行业（中类）代码</td><td></td><td></td><td>行业（小类）代码</td><td></td></tr>
<tr><td>行业（大类）名称</td><td></td><td>行业（中类）名称</td><td></td><td></td><td>行业（小类）名称</td><td></td></tr>
<tr><td>影响因素组合名称</td><td colspan="6"></td></tr>
<tr><td>企业名称</td><td colspan="3"></td><td>企业代码（企业名称的首字母大写和三位顺序码）</td><td colspan="2"></td></tr>
<tr><td>省（自治区、直辖市）</td><td></td><td>地（区、市、州、盟）</td><td></td><td></td><td>县（区、市、旗）</td><td></td></tr>
<tr><td>企业所在地址</td><td colspan="6"></td></tr>
<tr><td>经度</td><td colspan="3"></td><td>纬度</td><td colspan="2"></td></tr>
<tr><td>投产时间</td><td></td><td colspan="2">企业规模</td><td></td><td>工业总产值/万元</td><td></td></tr>
<tr><td>年生产时间/（h/a）</td><td></td><td colspan="2">调研时间</td><td></td><td>样本企业编号</td><td></td></tr>
<tr><td>企业联系人</td><td></td><td colspan="2">联系电话</td><td></td><td>邮箱</td><td></td></tr>
<tr><td>调研人员</td><td></td><td colspan="2">联系电话</td><td></td><td>邮箱</td><td></td></tr>
<tr><td colspan="7"></td></tr>
<tr><td colspan="7">产排污节点示意图：需要单独上传文件</td></tr>
</table>

附表2　主要产品、原辅材料调查表

工段名称											
样品批次	取样时间	主要产品						主要原辅料			
		序号	产品名称	年生产能力	计量单位	测量周期实际产量	计量单位	序号	原辅料名称	测量周期实际用量	计量单位
工段名称											
样品批次	取样时间	主要产品						主要原辅料			
		序号	产品名称	年生产能力	计量单位	测量周期实际产量	计量单位	序号	原辅料名称	测量周期实际用量	计量单位
工段名称											
样品批次	取样时间	主要产品						主要原辅料			
		序号	产品名称	年生产能力	计量单位	测量周期实际产量	计量单位	序号	原辅料名称	测量周期实际用量	计量单位

注：1. 样品批次与取样时间与“附表3　废水污染物产污系数计算表”“附表6　废气污染物产污系数计算表”中样品批次和取样时间一致。

2. 样品批次编号采用顺序编号，由001开始（样品数量超过1000可从0001开始）。

附表3　废水污染物产污系数计算表

工段名称			工段1															
采样点位	样品批次	取样时间	指标	计量单位	化学需氧量	氨氮	总磷	总氮	石油类	挥发酚	氰化物	汞	镉	铅	铬	砷	其他（请注明）
	个体产污系数																

注：1. 样本批次：同一样本企业内不同采样批次或不同来源数据批次，顺序编号。表格可自行复制。

2. 取样时间：历史数据取样时间为历史数据产生或发生的时间。

附表4 废水治理设施信息表

序号	废水类型名称	治理设施名称	设计处理能力	年运行时间	年实际处理水量	排放方式	运行率参数一	运行率参数二	运行率参数三	治理设施实际运行率（k）
1	—	—								
2										
3	—	—								
…										

附表5 废水污染物排放量核算表

采样点位	样品批次	取样时间	工段1														
			指标	计量单位	化学需氧量	氨氮	总磷	总氮	石油类	挥发酚	氰化物	汞	镉	铅	铬	砷	其他（请注明）
			治理技术名称	—													
			进口浓度														
			数据属性	—													
			排口浓度														
			数据属性	—													
			处理效率														
			数据属性	—													
			污染物排放量														
			数据属性	—													
			进口浓度														
			数据属性	—													
			排口浓度														
			数据属性	—													
			处理效率														
			数据属性	—													
			污染物排放量														
			数据属性	—													

续表

采样点位	样品批次	取样时间	工段1														
			指标	计量单位	化学需氧量	氨氮	总磷	总氮	石油类	挥发酚	氰化物	汞	镉	铅	铬	砷	其他（请注明）
			治理技术名称	—													
			进口浓度														
			数据属性	—													
			排口浓度														
			数据属性	—													
			处理效率														
			数据属性	—													
			污染物排放量														
			数据属性	—													
执行的排放标准限制				mg/L													
样本平均处理率				%													
样本实际平均排放量																	
样本核算排放量																	

注：1. 数据属性：A为本次实测数据；B为本次在线监测数据；C为历史在线监测数据；D为历史监督性监测数据；E为历史企业自测数据；F为其他（请注明）。后期计算过程中，若计算所涉及的指标数据来源不同，只要有一项为实测数据，则计算结果数据属性为实测数据。

2. 样本平均处理效率：同一工段、同一采样点位不同批次（或数据来源）的平均处理效率，或加权平均处理效率。

3. 样本实际平均排放量：同一工段、同一采样点位不同批次（或数据来源）进出口浓度差值及废水量计算得出的污染物排放量的均值或加权均值。

4. 样本核算排放量：依据排放量=产生量（$1-k\eta$）公式所计算出的污染物排放量。

附表6 废气污染物产污系数计算表

采样点位	样品批次	取样时间	工段1											
			指标	计量单位	二氧化硫	氮氧化物	颗粒物	氨	汞	镉	铅	铬	砷	其他（请注明）
			进口浓度											
			数据属性	—										
			废气量											
			数据属性	—										
			污染物产生量											
			数据属性	—										
			产污系数											
			数据属性	—										
			进口浓度											
			数据属性	—										
			废气量											
			数据属性	—										
			污染物产生量											
			数据属性	—										
			产污系数											
			数据属性	—										
			进口浓度											
			数据属性	—										
			废气量											
			数据属性	—										
			污染物产生量											
			数据属性	—										
			产污系数											
			数据属性	—										
个体产污系数														

附表7　废气治理设施信息表

类别	指标	工段1			
		计量单位	一级处理	二级处理	三级处理

附表8　废气污染物排放量核算表

采样点位	样品批次	取样时间	工段1											
			指标	计量单位	二氧化硫	氮氧化物	颗粒物	氨	汞	镉	铅	铬	砷	其他（请注明）
			治理技术名称	—										
			进口浓度											
			数据属性	—										
			排口浓度											
			数据属性	—										
			处理效率											
			数据属性	—										
			污染物排放量											
			数据属性	—										
			进口浓度											
			数据属性	—										
			排口浓度											
			数据属性	—										
			处理效率											
			数据属性	—										
			污染物排放量											
			数据属性	—										

续表

采样点位	样品批次	取样时间	工段1											
			指标	计量单位	二氧化硫	氮氧化物	颗粒物	氨	汞	镉	铅	铬	砷	其他（请注明）
			治理技术名称	—										
			进口浓度											
			数据属性	—										
			排口浓度											
			数据属性	—										
			处理效率											
			数据属性	—										
			污染物排放量											
			数据属性	—										
执行的排放标准限值				mg/L										
样本平均处理率				%										
样本实际平均排放量														
样本核算排放量														

附表9　一般工业固体废物调查表

属性	序号	固体废物名称	产生环节	形态	主要成分	产生量	计量单位	产生系数	计量单位	处置情况
一般工业固废物										
	总计									

附表10　危险废物调查表

属性	序号	危险废物名称	危险废物代码	产生环节	形态	主要成分	产生量	计量单位	产生系数	计量单位	处置情况
危险废物											
	总计										

附表11 工业行业碳排放相关系数指南（部分）

序号	名称	发布时间	发布单位	覆盖的行业范围
1	工业企业温室气体排放核算和报告通则	2015.11	国家质量监督检验检疫总局、国家标准化管理委员会	工业企业
2	中国发电企业温室气体排放核算方法与报告指南（试行）	—	国家发展改革委委托北京中创碳投科技有限公司	发电企业
3	中国电网企业温室气体排放核算方法与报告指南（试行）	—	国家发展改革委委托北京中创碳投科技有限公司	电网企业
4	中国石油天然气生产企业温室气体排放核算方法与报告指南（试行）	—	国家发展改革委委托国家应对气候变化战略研究和国际合作中心	石油天然气生产
5	中国石油化工企业温室气体排放核算方法与报告指南（试行）	—	国家发展改革委委托国家应对气候变化战略研究和国际合作中心	石油化工企业
6	中国独立焦化企业温室气体排放核算方法与报告指南（试行）	—	国家发展改革委委托国家应对气候变化战略研究和国际合作中心	独立焦化企业
7	中国煤炭生产企业温室气体排放核算方法与报告指南（试行）	—	国家发展改革委委托国家应对气候变化战略研究和国际合作中心	煤炭生产企业
8	中国钢铁生产企业温室气体排放核算方法与报告指南（试行）	—	国家发展改革委委托国家应对气候变化战略研究和国际合作中心	钢铁生产企业
9	中国化工生产企业温室气体排放核算方法与报告指南（试行）	—	国家发展改革委委托国家应对气候变化战略研究和国际合作中心	化工生产企业
10	中国电解铝生产企业温室气体排放核算方法与报告指南（试行）	—	国家发改委委托清华大学	电解铝生产企业
11	中国镁冶炼企业温室气体排放核算方法与报告指南（试行）	—	国家发改委委托清华大学	镁冶炼企业
12	中国平板玻璃生产企业温室气体排放核算方法与报告指南（试行）	—	国家发改委委托清华大学	平板玻璃生产企业
13	中国水泥生产企业温室气体排放核算方法与报告指南（试行）	—	国家发改委委托清华大学	水泥生产企业
14	中国陶瓷生产企业温室气体排放核算方法与报告指南（试行）	—	国家发展改革委委托国家应对气候变化战略研究和国际合作中心	陶瓷生产企业
15	中国民用航空企业温室气体排放核算方法与报告指南（试行）	—	国家发展改革委委托北京中创碳投科技有限公司	民用航空企业
16	造纸和纸制品生产企业温室气体排放核算方法与报告指南（试行）	—	国家发改委委托清华大学	造纸和纸制品生产企业
17	其他有色金属冶炼和压延加工业企业温室气体排放核算方法与报告指南（试行）	—	国家发改委委托清华大学	其他有色金属冶炼和压延加工业企业
18	电子设备制造企业温室气体排放核算方法与报告指南（试行）	—	国家发展改革委委托北京中创碳投科技有限公司	电子设备制造企业

续表

序号	名称	发布时间	发布单位	覆盖的行业范围
19	矿山企业温室气体排放核算方法与报告指南（试行）	—	国家发展改革委委托国家应对气候变化战略研究和国际合作中心	矿山企业
20	食品、烟草及酒、饮料和精制茶企业温室气体排放核算方法与报告指南（试行）	—	国家发展改革委委托北京中创碳投科技有限公司	食品、烟草及酒、饮料和精制茶企业
21	公共建筑运营企业温室气体排放核算方法和报告指南（试行）	—	国家发改委委托清华大学	公共建筑运营企业
22	陆上交通运输企业温室气体排放核算方法与报告指南（试行）	—	国家发展改革委委托国家应对气候变化战略研究和国际合作中心	陆上交通运输企业
23	氟化工企业温室气体排放核算方法与报告指南（试行）	—	国家发展改革委委托国家应对气候变化战略研究和国际合作中心	氟化工企业
24	工业其他行业企业温室气体排放核算方法与报告指南（试行）	—	国家发展改革委委托国家应对气候变化战略研究和国际合作中心	工业其他行业企业

索引

A

B

C

D

E

F

G

H

J

K

L

M

N

O

X

Y

Z

其他

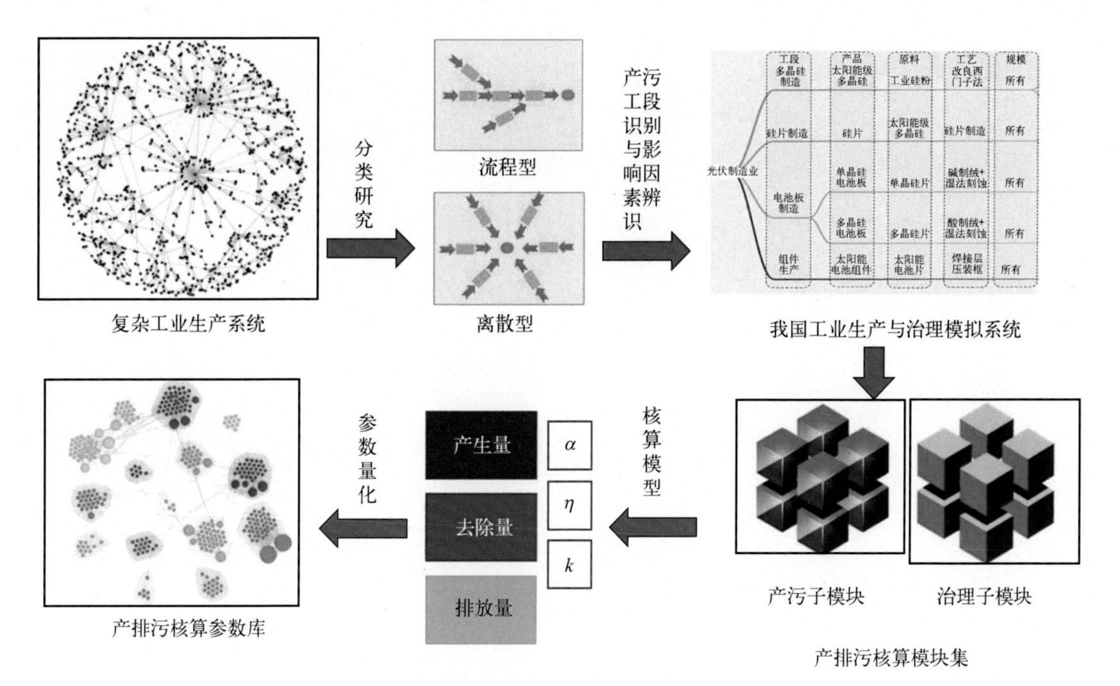

图4-1　模块化系统结构模型建立过程示意

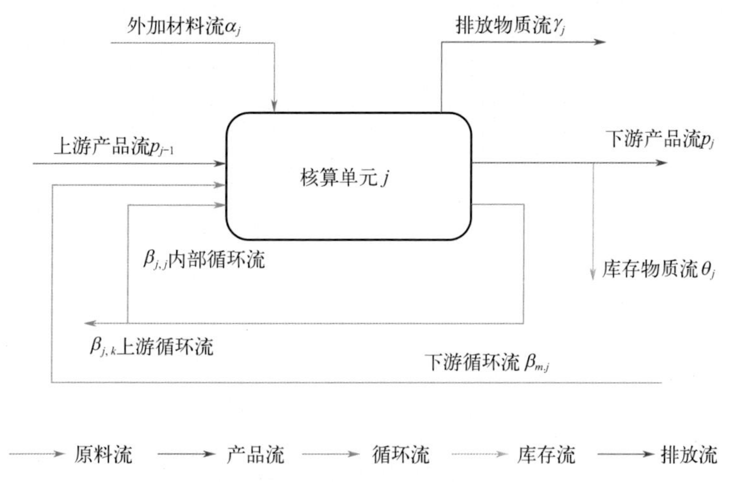

图5-1　核算单元的物质流

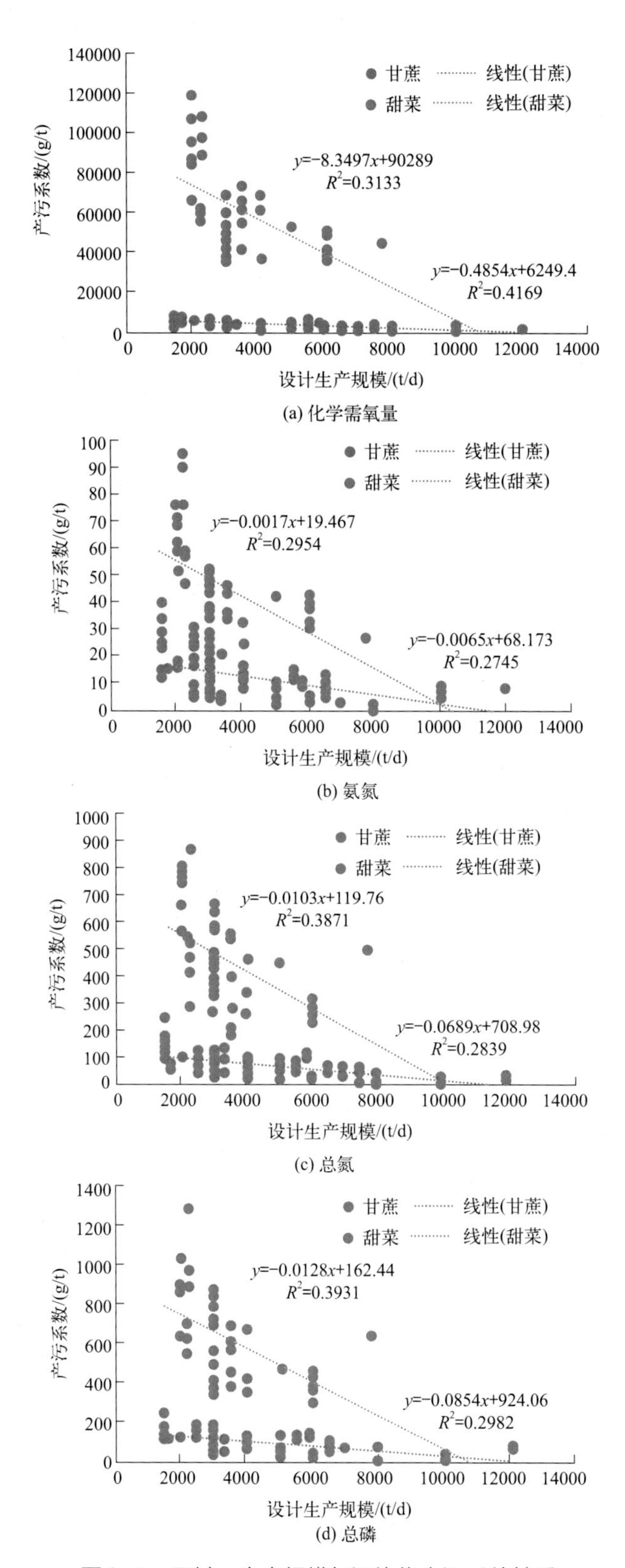

图6-4　原料、生产规模与污染物产污系数关系

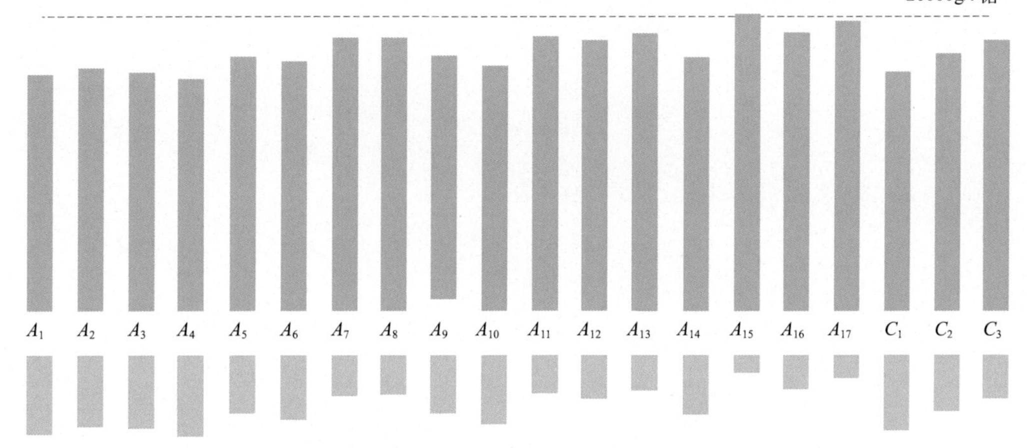

图6-5　化学需氧量产污系数样本及组合数据与“2007版”产污系数差值

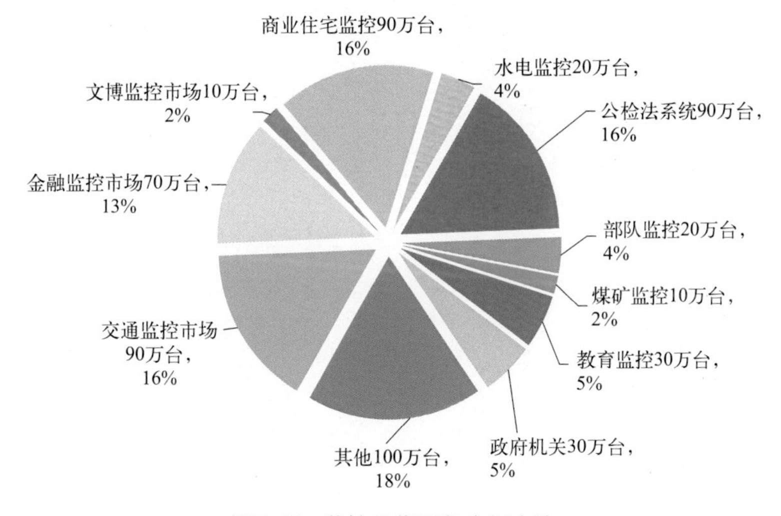

图6-7　监控录像设备市场占比

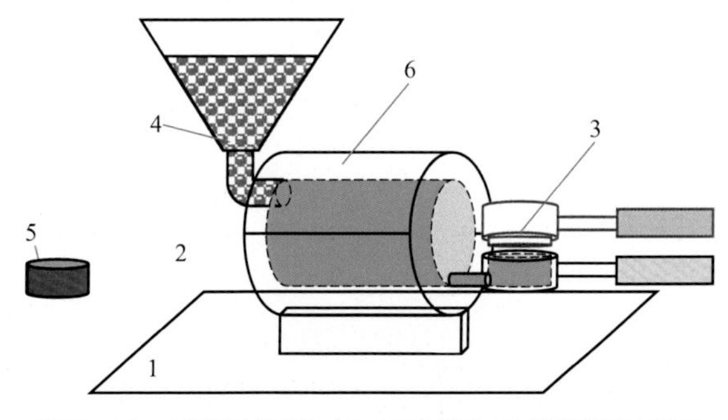

图6-12　模拟注塑机（加热套管）及模具原理示意

1—内部工作台；2—模拟注塑机；3—模拟注塑模具；
4—塑料颗粒原料；5—成型塑料；6—加热套管

图6-13　加热套管照片

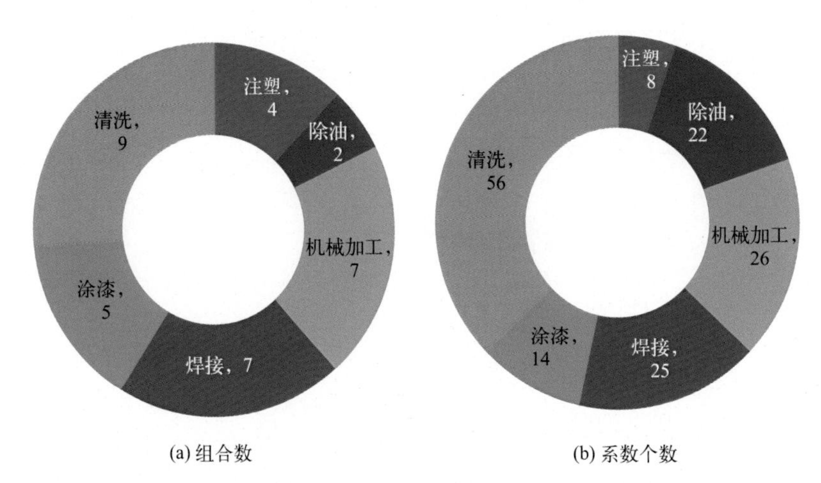

图6-16　不同产污工段影响因素组合数和产污系数个数

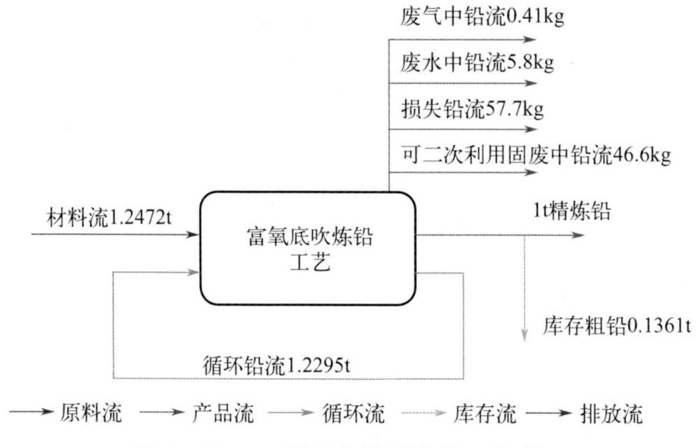

图6-19　Pb的最终代谢产物及代谢量